全国测绘地理信息类职业教育规划教材

地形测量

主　编　李永川

副主编　王冬梅　彭维吉

黄河水利出版社

· 郑州 ·

内容提要

本书的编写是基于工作过程、任务引领知识的基本思路，按照项目、任务、知识点和技能点的架构，进行项目化设计。编写过程中，针对高等职业教育特色，理论与实践并重，简明易懂，特别注重教材的"简练""易用"和"新颖"。本书共包含 10 个项目，主要内容有测量基础知识、测量误差传播、水准测量、角度测量、距离测量、直线定向与坐标测量、导线测量、三角高程测量、交会测量和大比例尺地形图测绘等。

本书可供高职高专院校的工程测量技术专业、地籍测量与土地管理专业、测绘地理信息技术专业、摄影测量与遥感技术专业、测绘工程技术专业、矿山测量、水利水电工程测量、工程地质技术专业等教学使用，也可作为从事以上相关专业的在职专业技术人员的参考用书。

图书在版编目（CIP）数据

地形测量/李永川主编. —郑州：黄河水利出版社，2019.8(2023.9　修订重印)
全国测绘地理信息类职业教育规划教材
ISBN 978-7-5509-2369-0

Ⅰ. ①地… Ⅱ. ①李… Ⅲ. ①地形测量-高等职业教育-教材　Ⅳ. ①P217

中国版本图书馆 CIP 数据核字（2019）第 099389 号

策划编辑:陶金志　电话:0371-66025273　E-mail:838739632@qq.com

出　版　社:黄河水利出版社　　　　　　　　　　网址:www.yrcp.com
　　　　地址:河南省郑州市顺河路黄委会综合楼 14 层　邮政编码:450003
发行单位:黄河水利出版社
　　　　发行部电话:0371-66026940、66020550、66028024、66022620(传真)
　　　　E-mail:hhslcbs@126.com
承印单位:河南承创印务有限公司
开本:787 mm×1 092 mm　1/16
印张:18.25
字数:422 千字
版次:2019 年 8 月第 1 版　　　　印次:2023 年 9 月第 3 次印刷

定价:48.00 元

前　言

党的二十大报告对深入实施科教兴国和人才强国作出了战略部署,全面贯彻党的教育方针,落实立德树人根本任务,培养德智体美劳全面发展的社会主义建设者和接班人,关键在育人。教材具有鲜明的意识形态属性、价值传承功能,是立德树人的核心载体,是育人的重要支撑。建设高质量教材体系,是办好高质量的教育,办好人民满意的教育的重要基础和保障。本书的编写全面贯彻党的二十大精神,旗帜鲜明地体现党和国家意志,体现马克思主义中国化的最新成果,帮助学生牢固树立对马克思主义的信仰,对中国共产党和中国特色社会主义的信念。

本书是根据教育部《关于全面提高高等职业教育质量的若干意见》的文件精神,为配合高职高专教育教学改革,培养、开发与"工学结合"人才培养模式相适应的高职高专教育测绘类专业课程体系。

地形测量课程是高职测绘类专业学生入学后开始学习的第一门专业课程,该课程的内容涉及面比较广泛,几乎涉及测绘领域的各个方面,它既是一门专业性很强的专业课程,又是测绘专业学生学习其他后续课程的基础。通过本课程的学习,能够培养学生的仪器操作和使用能力、测绘计算能力、导线测量能力、高程测量能力、测绘地形图的能力等,并为通过国家工程测量员和地形测量工职业资格的证书考试提供指导用书。

本书编写的总体设计思路是将传统的以知识为主线构建的学科性课程模式,转变为以能力为主线,以任务引领知识,以生产过程组织教学的职业项目化课程模式。教材的编写自始至终贯穿着"基于工作过程"教学理念。本课程是以学生为中心,以就业为导向,以能力为本位、以岗位需求和职业标准为依据,满足学生职业生涯发展的需求,适应测绘、国土资源、水利、交通、农林业、地质等企事业单位地形测量岗位要求,在行业专家对本专业所涵盖的岗位群进行的任务和职业能力分析的基础上,以职业能力为依据,设计整合课程内容,根据学生的认知特点,基于生产过程采用递进与并列相结合的结构来展开教学内容,边学边练,通过测量知识准备、测量误差传播、水准测量、角度测量、距离测量、直线定向与坐标测量、导线测量、三角高程测量、交会测量和地形图测绘等活动来组织教学,采用集中实训方式设计教学内容,倡导学生在项目中掌握地形测量的基本概念与技能,培养学生初步具备专业生产过程中需要的基本职业能力。

本书共分 10 个项目,由李永川担任主编,王冬梅、彭维吉担任副主编。项目一由黄河水利职业技术学院杨传宽编写;项目二由黄河水利职业技术学院孔令惠编写;项目三、项目四、附录由黄河水利职业技术学院李永川编写;项目五由重庆三峡职业学院赵金霞编写;项目六和项目九由黄河水利职业技术学院王冬梅编写;项目七由黄河水利职业技术学院齐建伟编写;项目八由山东水利职业学院李玉芝编写,项目十由黄河水利职业技术学院彭维吉编写。全书由李永川、王冬梅负责统稿、定稿,并对部分内容进行补充和修改。

　　本书的编写得到全国测绘地理信息职业教育教学指导委员会和黄河水利出版社的大力支持,同时,在编写过程中,很多专家提出了宝贵的意见,为本书的出版做了大量的工作,谨此表示感谢;同时,作者参阅了大量的资料,在此向他们表示衷心的感谢。

　　为了不断提高教材质量,编者于 2023 年 8 月,根据近年来国家及行业最新颁布的规范、标准、规定等,以及在教学实践中发现的问题和错误,对全书进行了一定程度的修订完善。本次修订以习近平新时代中国特色社会主义思想为指导,全面贯彻落实党的二十大精神。

　　限于作者的水平,且时间仓促,书中难免有欠妥之处,敬请专家和广大读者不吝指教。

编　者

2023 年 9 月

目　录

项目一　测量基础知识

项目概述

测量基础知识主要包括测量学的任务、作用和工作原则,如何表达地面上的点位,测绘坐标系统和高程系统,测量三项主要工作任务。

学习目标

通过本项目的学习,同学们须了解测量学的任务和作用,理解测绘工作的基本原则,能区分不同的坐标表达方式,理解高斯平面直角坐标系的建立原理,理解高程与高差,了解地形测量的基本工作程序。

【导入】

在中学阶段,大家已经学习了平面几何的知识,认识了笛卡儿坐标系,也知道了山峰的高度通常用海拔来表示,也了解了经纬度,这些都是日常生活中常见的一些知识。测量工作也是在平面上进行的,也需要点位的坐标,需要知道某一点高程。有了坐标和高程,我们就可以描述点位,但测量上的坐标和数学上的坐标有什么不同呢? 珠穆朗玛峰的海拔是怎么测得的呢?

【正文】

▌ 任务一　测量学概述

一、测量学的内容与任务

测量学是研究如何测定地面点位的空间位置,将地球表面的地物、地貌及其他信息测绘成图,以及将规划设计的点和线在实地定位的一门科学。从以上定义可见,测量工作大致分为两部分:测定(也叫测量)和测设(也叫施工放样)。测定是指使用测量仪器和工具,通过测量和计算,得到一系列测量数据,或把地球表面的地形按比例缩绘成地形图,供经济建设、规划设计、科学研究和国防建设使用。测设是指把图纸上规划设计好的建筑物、构筑物等的位置在地面上标定出来,作为施工的依据。

广义的测量科学根据研究的重点内容和应用范围来分类,可以分为大地测量学、摄影测量学、工程测量学、地形测量学等几门主要分支学科。

(一) 大地测量学

大地测量学是测绘学的一个分支,是研究和测定地球形状、大小和地球重力场,以及测

定地面点几何位置的学科。

大地测量学中测定地球的大小,是指测定地球椭球的大小;研究地球形状,是指研究大地水准面的形状;测定地面点的几何位置,是指测定以地球椭球面为参考的地面点的位置。将地面点沿法线方向投影于地球椭球面上,用投影点在椭球面上的大地纬度和大地经度表示该点的水平位置,用地面点至投影点的法线距离表示该点的大地高程。这点的几何位置也可以用一个以地球质心为原点的空间直角坐标系中的三维坐标来表示。

大地测量工作为大规模测制地形图提供地面的水平位置控制网和高程控制网,为用重力勘探地下矿藏提供重力控制点,同时也为发射人造地球卫星、导弹和各种航天器提供地面站的精确坐标和地球重力场资料。大地测量是研究在地球表面广大区域内建立国家大地控制网,测定地球形状、大小的理论、技术和方法的学科。大地测量的主要任务是为其他测量工作提供起算数据,为空间技术和军事用途提供控制基础,为研究地球形状、大小,地壳变形,地震预报等科学问题提供资料。

(二)摄影测量学

摄影测量学是通过影像研究信息的获取、处理、提取和成果表达的一门学科。传统的摄影测量学是利用光学摄影机摄得的影像,研究和确定被摄物体的形状、大小、性质和相互关系的一门科学与技术。它包括的内容有:①获取被研究物体的影像;②单张和多张像片处理的理论、方法、设备和技术;③将所测得的成果如何用图形、图像或数字表示。

随着遥感技术的迅速发展,摄影方式和研究对象越来越多,摄影测量在多种领域内都得到了广泛应用,它的任务已不只是局限于测绘地形图了。

(三)工程测量学

工程测量学是研究各种工程建设在勘测设计、施工建设和运营管理阶段所进行的各种测量工作的学科。工程测量学也是研究地球空间(地面、地下、水下、空中)中具体几何实体的测量描绘和抽象几何实体的测设实现的理论方法和技术的一门应用性学科。它主要以建筑工程、机器和设备为研究对象,研究矿山、道路、水利、军事、工业与民用建筑等工程建设在规划设计、建筑施工、运营管理等各个阶段如何进行测量工作的理论、技术与方法的学科。工程测量的任务就是提供规划设计所必需的地形图、断面图和其他观测数据,进行建筑物的施工放样和竣工测量,并进行长期的安全监测工作。工程测量根据研究对象不同,又分为水利工程测量、建筑工程测量、矿山工程测量等。

工程测量学主要包括以工程建筑为对象的工程测量和以设备与机器安装为对象的工业测量两大部分,在学科上可划分为普通工程测量和精密工程测量。工程测量学的主要任务是为各种工程建设提供测绘保障,满足工程所提出的要求。精密工程测量代表着工程测量学的发展方向,大型特种精密工程建设是促进工程测量学科发展的动力。

(四)地形测量学

地形测量学是研究测绘地形图的理论、技术与方法的学科,指的是测绘地形图的作业,即对地球表面的地物、地形在水平面上的投影位置和高程进行测定,并按一定比例缩小,用符号和注记绘制成地形图的工作。中小比例尺地形图的测绘基本上采用航空摄影测量方法,但面积较小的或者工程建设需要的地形图,常采用平板仪测量方法或全站仪野外测图。地形测量的任务就是将地球表面的地物、地貌及其他信息测绘成按一定比例尺和图式符号表示的地形图,以满足国民经济建设、国防建设、科学研究等各个方面的需要。

以上各门学科,既自成系统,又密切联系、互相配合。本课程主要讲述地形测量学的主要内容,着重介绍测量的基本知识、基本技能以及测量仪器的使用、大比例尺地形图的测绘方法和应用等内容。

各种工程建设以及工程建设的各个阶段都离不开测量工作。比如在河道上修建水库时,首先应测绘坝址以上该流域的地形图,作为水文计算、地质勘探、经济调查等规划设计的依据;初步设计后,又要为大坝、涵闸、厂房等水工建筑物的设计测绘较详细的大比例尺地形图;在施工过程中,又要通过施工放样指导开挖、砌筑和设备安装;工程竣工时,检查工程质量是否符合设计要求,还要进行竣工测量;在工程的使用管理过程中,为了监视运行情况,确保工程安全,应定期对大坝进行变形观测。由此可见,测量工作贯穿于工程建设的始终。作为一名工程技术人员,必须掌握必要的测量知识和技能,才能担负起工程勘测、规划设计、施工及管理等各项任务。

测绘工作常被人们称为建设的尖兵,在经济建设和国防建设中具有重要作用。这是由于不论是国民经济建设还是国防建设,其勘测、设计、施工、竣工及保养维修等阶段都需要测绘工作,而且都要求测绘工作走在这类任务的前面。如农田水利建设、国土资源管理、地质矿藏的勘探与开发、交通航运的设计、工矿企业和城乡建设的规划、海洋资源的开发、江河的治理、大型工程建设等,都必须首先进行测绘并提供地形图与数据等资料,才能保证规划设计与施工的顺利进行。因此,在国防建设中,军事工程的设计与施工、火炮及导弹武器的发射、战役及战斗方案的部署、各军兵种军事行动的协同等,都离不开地形图和测绘工作的保障。所以,人们形象地称地形图是"指挥员的眼睛"。在其他领域,如地震灾害预报、航天、考古、探险,甚至人口调查等工作中,也都需要测绘工作的配合。

二、测量的基本工作

如图 1-1 所示,欲确定地面点山峰上 A、B、C 的平面位置,应先测定以上各点组成的多边形各边长度和邻边所夹水平角 β,以及 AB 边与北方向的夹角 α,同时假定 A 点的坐标为 (x_a, y_a),则可用图解法或解析法描绘出该图形的平面位置 a、b、c;如果再测定相邻点间的高差 h,并推算出各点的高程 H_A、H_B、H_C,则地面点 A、B、C 的空间位置便完全确定了。因此,距离、水平角和高差是确定地面点位的三个基本要素。角度测量、距离测量和高差测量是测量的三项基本工作。

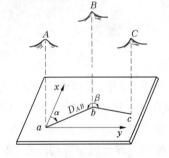

图 1-1　测量工作

三、测量工作的基本原则

测绘地形图,通常是在选定的点位上安置仪器,测绘地物、地貌。但是在一个选定的点位上施测整个测区所有的地物、地貌,则是十分困难甚至是不可能的。如图 1-2 所示,在 T-01 点只能测绘 T-01 点附近的房屋、道路、地面起伏等地物地貌,对于房屋的另一面或较远的地方就观测不到了,因此必须连续地逐个设站观测,而且若干设站必须控制在统一的坐标系和高程系下。这就是说测量工作必须按照一定的原则进行。这个原则就是"先整体后局部""先控制后碎部""从高级到低级"。所谓"先整体后局部""先控制后碎部",即布局上先考虑整体,再考虑局部;工作步骤是先进行控制测量,再进行碎部测量。

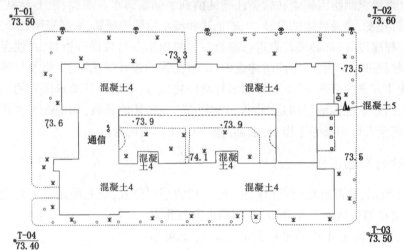

图 1-2　控制点及碎部点

　　在图 1-2 中,先在整个测区范围内均匀选定若干数量的点,如图中的 T-01、T-02、T-03、T-04 诸点,以控制整个测区,这些点称为控制点。如果区域更大,选定的更多控制点应按照一定方式连接成网形,称为控制网,图 1-2 中控制网为闭合多边形。以较精密的测量方法测定网中各个控制点的平面位置和高程,这项工作称为控制测量;然后分别以这些控制点为依据,测定点位附近地物、地貌的特征点(碎部点),并勾绘成图,这项工作称为碎部测量。

　　按照"先整体后局部""先控制后碎部""从高级到低级"的原则能有效地避免测量误差逐点传递、逐渐积累。由于建立了统一的控制系统,使整个测区各个局部都具有相同的误差分布或精度,尤其对于大面积的分幅测图,不但为各图幅的同步作业提供了便利,同时也有效地保证了各个相邻图幅的拼接和使用。

四、测量学的发展概况

　　测绘科学在我国具有悠久的历史。公元前 21 世纪,夏禹治水时,就发明和应用了"准、绳、规、矩"等测量工具和方法。春秋战国时期发明的指南针,至今仍在广泛使用。东汉张衡创造的"天球仪",对天象做了形象和正确的表达,在天文测量史上留下了光辉的一页。公元 724 年,唐代南宫说在现今河南丈量了 300 km 的子午线弧长,是世界上第一次子午线弧长测量。宋代的沈括曾使用罗盘、水平尺进行了地形测量。元代郭守敬拟订了全国纬度测量计划并测定了 27 个点的纬度。清代康熙年间进行了全国测绘工作,出现了我国第一部实测的省级图集和国家图集。

在国外,17 世纪初望远镜的发明和应用,对测量技术的发展起了很大作用。1683 年,法国进行了弧度测量,证明地球是两极略扁的椭球体。1794 年,德国高斯创立的最小二乘法理论,对测量理论作出了较大贡献,至今仍是处理测量成果的理论基础。20 世纪初,飞机的发明和使用使航空摄影测量技术得到了迅速发展,大大减轻了野外测图的劳动强度。

中华人民共和国成立后,我国的测绘事业进入了一个蓬勃发展的新阶段。在全国范围内建立和统一了全国坐标系统和高程系统;建立了遍及全国的大地控制网、国家水准网、基本重力网和卫星多普勒;完成了国家大地网和水准网的整体平差及国家基本网的测绘工作等。

新的科学技术的发展,大大推动了测绘事业的发展。20 世纪 60 年代初,激光红外技术的兴起,开辟了电磁波测距的新天地,目前各类电磁波测距仪在测量工作中得到了广泛应用。电子计算技术的出现,使计算技术得到了根本性的变革,几十年来,电子计算机类型之多、更新之快、发展之迅速实属空前,用计算机实施测量计算,尤其对大规模的控制网严密平差既迅速,又准确,减轻了繁重的内业计算工作。

十几年来制成的电子经纬仪,与电磁波测距仪、电子计算器和记录装置相配合,组成了全站型的电子速测仪,可以自动记录和运算,迅速获得地面点的三维坐标,构成由外业测量到数据存储、计算机处理乃至打印与绘图的自动化流程,大大提高了工作速度。

随着航天技术和遥感技术的迅速发展,测量技术已由常规的大地测量发展到人造卫星大地测量,由航空摄影发展到航天遥感,测量对象已由单一的地球表面扩展到空间星体,由静态发展到动态。目前测量工作正在向着多领域、多品种、高精度、自动化、数字化的方向发展,以 GNSS(全球卫星导航系统)、GIS(地理信息系统)、RS(遥感技术)为核心的"3S"集成技术、三全(全天候、全天时、全球观测)、三高(高空间分辨率、高光谱分辨率、高时间分辨率)、三多(多平台、多传感器、多角度)动态测绘地理空间地理信息已经到来。

总之,随着传统测绘技术走向数字化测绘技术,测量科学的服务面不断拓宽,与其他不同学科的互相渗透交叉不断加强,新技术、新理论的引进和应用更加深入。因此,今后测量学总的发展趋势为:测量数据采集和处理向一体化、实时化、数字化方向发展;测量仪器向精密化、自动化、智能化、信息化方向发展;测量产品向多样化、网络化、社会化方向发展。

■ 任务二 地面点位置的表示方法

一、地球的形状与大小

人类进行了很久的探索,最早由麦哲伦实现环球航行,证实了地球大致是一个球体。随着人类科技的发展和现代探测技术的运用,人们最终发现地球是个两极稍扁、赤道略鼓的不规则球体,如图 1-3 所示。随着测绘科学的发展,通过实测和分析,人们终于得到确切的数据:地球的平均赤道半径为 6 378.38 km,极半径为 6 356.89 km。同时还发现,北极地区约高出 18.9 m,南极地区则低下 24~30 m。看起来,地球形状像一只梨子:它的赤道部分鼓起,是"梨身";北极有点放尖,像个"梨蒂";南极有点凹进去,像个"梨脐"……因此,地球被叫作"梨形地球"。确切地说,地球是个三轴椭球体。

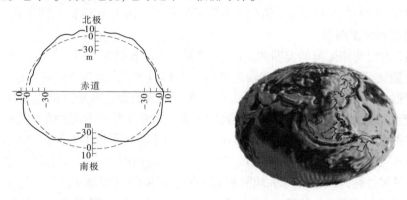

图 1-3   地球形状

地球是一个极其不规则的椭球体,地球表面有高山、丘陵、平原、盆地、海洋等。最高处珠穆朗玛峰高出海平面 8 844.43 m,海洋最深处的马利亚纳海沟深达 11 022.0 m,看起来起伏变化非常之大,但是这种起伏变化与庞大的地球(半径约 6 371 km)比较起来是微不足道的。同时,就地球表面而言,海洋面积约占 71%,陆地仅占 29%,所以海水面所包围的形体基本上代表了地球的形状和大小。

(一)水准面

我们研究地球的形状主要是指弹性地球外壳的自然形状,以及陆地和海洋(底)的表面形状。由于地球自然表面的复杂性,为准确研究它的形状,就必须把地球表面划分为若干个区域,在每个区域内仔细研究表面点的坐标,最后把它们综合起来。

假设有一个静止的海水面向陆地延伸,封闭地球,从而形成一个封闭的曲面,该曲面称为水准面,如图 1-4 所示。人们把由此形成的封闭体看作地球的基本形体。

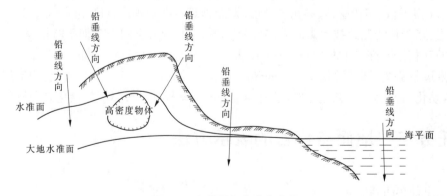

图 1-4   水准面与大地水准面

(二)铅垂线

由于地球的自转运动,地球上任何一质点同时受到地球引力与离心力的作用,两者的合力就是我们所说的重力,重力的方向线称为铅垂线。水准面是受地球重力影响而形成的,是一个处处与重力方向垂直的连续曲面(见图1-4),并且是一个重力场的等位面。与水准面相切的平面称为水平面。铅垂线是测量外业工作所依据的基准线。

(三)大地水准面

水准面可高可低,因此符合上述特点的水准面有无数多个,我们把其中与平均海水面相吻合并向大陆、岛屿内延伸而形成的闭合曲面(见图1-5),称为大地水准面。大地水准面是测量工作的基准面。大地水准面所包围的地球形体,叫作大地体。从总体形状来看,地球的形状可以用大地体来表述。

(四)参考椭球面

由于地球引力大小与其内部质量分布有关,而地球内部质量的分布又不均匀,从而引起地面点的铅垂线产生不规则的变化,因此大地水准面实际上是一个有一定起伏且不规则的曲面。

如果在这个复杂曲面上进行数据处理,是非常困难的。为了解决这个问题,在测绘工作中常选用一个表面非常接近大地水准面,并且可以用数学模型表达的几何形体来代替地球的几何形状,此几何形体通常称为地球椭球体。

地球椭球体是一个椭圆绕其短轴旋转而成的形体,地球椭球体又称为旋转椭球体(见图1-6),亦即选取合适的长半轴、短半轴的椭圆绕其短轴旋转一周而得到的形体,其表面称为旋转椭球面,又称为参考椭球面,如图1-7所示,其表面作为测量计算工作的基准面。通过椭球面上任一点 P 且与过 P 点切平面垂直的直线 PK,称为 P 点的法线,法线是测量计算的基准线。

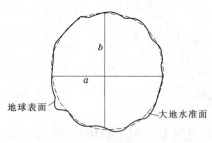

图1-5　大地水准面

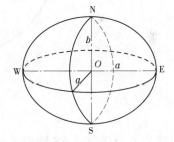

图1-6　旋转椭球体

若对参考椭球面的数学式加入地球重力异常变化参数的改正,便得到大地水准面的近似数学式。但在实际工作中,通常是以大地水准面作为测量的基准面,以铅垂线为基准线,因此在大范围测量时需进行转化。在小范围测量时,对测量成果要求不高时可以不必转化。

参考椭球的元素有长半径 a、短半径 b 和扁率 α,扁率与半径的关系见式(1-1),只要知道其中两个元素,即可确定参考椭球的形状和大小,通常采用 a 和 α 两个元素。

$$\alpha = \frac{a-b}{a} \tag{1-1}$$

我国过去采用的是克拉索夫斯基椭球($a = 6\ 378\ 245\ \text{m}, \alpha = 1:298.3$),由于该椭球的表面与我国大地水准面情况不相适应,故自1980年以后,采用国际大地测量与地球物理学联合会(IUGG)1975年十六届大会推荐的椭球 $a = 6\ 378.140\ \text{km}, \alpha = 1:298.257$。

由于参考椭球的扁率很小,在普通测量中又近似地把大地体视作圆球体,其半径采用与参考椭球同体积的圆球半径,其值 $R=6\ 371\ km$。当测区范围较小时,又可以将该部分球面当成平面看待,亦即将水准面当成平面看待。

二、地面点位置的表示方法

地面点的空间位置须由三个参数来确定,即该点在大地水准面上的投影位置(两个参数)和该点的高程。表示地面点位置的常用坐标系统主要有大地坐标系、高斯平面直角坐标系、平面直角坐标系。高程常用的主要有绝对高程和相对高程。

(一)地面点的坐标

1.大地坐标系

用大地经度 L 和大地纬度 B 表示地面点在参考椭球面上投影位置的坐标,称为大地坐标。如图 1-7 所示,O 为参考椭球的球心,NS 为椭球的旋转轴,通过该轴的平面称为子午面(见图 1-7 中的 NPS 面)。子午面与椭球面的交线称为子午线,又称为经线,其中通过英国伦敦格林尼治天文台的子午面和子午线分别称为起始子午面和起始子午线。

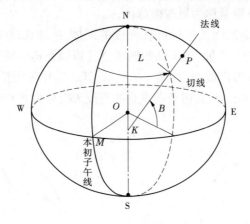

图 1-7 大地坐标

通过球心 O 且垂直于 NS 轴的平面称为赤道面(见图 1-7 中的 WOME 面),赤道面与参考椭球面的交线称为赤道。椭球面上任一点 P,沿法线到参考椭球面的距离被称为大地高。地面上任一点都可以向参考椭球面作一条法线。地面点在参考椭球面上的投影,是通过该点的法线与参考椭球面的交点。

大地经度 L,即通过参考椭球面上某点的子午面与起始子午面的夹角。由起始子午面起,向东 $0°\sim180°$,称为东半球,向西 $0°\sim180°$,称为西半球。同一子午线上各点的大地经度相同。

大地纬度 B,即参考椭球面上某点的法线与赤道面的夹角。从赤道面起,向北 $0°\sim90°$ 称为北纬,向南 $0°\sim90°$ 称为南纬。纬度相同的点的连线称为纬线,它平行于赤道。

地面点的大地经度和大地纬度可以通过大地测量的方法确定。大地坐标系是数学上严密规范的坐标系,是大地测量的基本坐标系。它对大地点精确位置的表示、对大地测量计算、研究地球形状和大小、测绘地形图等都具有不可替代的作用。

2. 地心空间直角坐标系

以参考椭球为基础,还可以建立空间大地直角坐标系。如图1-8所示,以椭球中心 O 为坐标原点,用相互垂直的 X、Y、Z 三个轴表示,以起始子午面与赤道面的交线为 X 轴,Z 轴与地球旋转轴重合,Y 轴垂直于 XOZ 平面,与 X 轴、Z 轴构成 O-XYZ 右手空间直角坐标系。

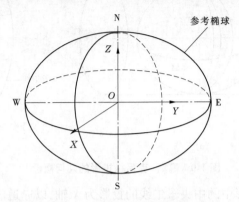

图1-8　地心空间直角坐标

目前,由于卫星大地测量日益发展,常用地心空间直角坐标来表示空间一点的位置。地心空间直角坐标系可以统一各国的大地控制网,可以使各国的地理信息"无缝"衔接。地心空间直角坐标已在军事、导航及国民经济各部门得到广泛应用,并成为一种实用坐标。该坐标系已被世界各国认可,所以地心空间直角坐标系又称为世界坐标系。

3. 高斯平面直角坐标系

大地坐标的优点是对于整个地球有一个统一的坐标系统,用它来表示地面点的位置形象直观。但它的观测和计算都比较复杂,而且实用时更多的则是需要把它投影到某个平面上来。我国大面积的地形图测绘,采用高斯平面直角坐标系。这种坐标系由高斯提出,经克吕格改进而得名,故称为高斯-克吕格(Gauss-Kruger)投影,简称高斯投影。

它是采用分带(经差6°或3°为一带)投影的方法进行投影,将每一投影带经投影展开成平面后,以中央子午线的投影为 X 轴,赤道投影为 Y 轴而建立的平面直角坐标系。地面点在该坐标系内的坐标称为高斯平面直角坐标。我国现行的大于1:50万比例尺的各种地形图都采用高斯投影。从地图投影的变形角度来看,高斯-克吕格投影属于等角投影,该投影没有角度变形。

1)高斯投影的几何概念

从几何概念来分析,高斯-克吕格投影是一种横切椭圆轴投影。它是假想一个椭圆柱横套在地球椭球体上,使其与某一条纬线(称为轴子午线或中央子午线)相切,椭圆柱的中心轴通过地球椭球的中心,用解析法按等角条件,将椭球面上轴子午线东西两侧一定经差范围内的区域投影到椭球柱面上,再沿着过极点的母线将椭圆柱剪开,然后将椭圆柱展开成平面,即获得投影后的图形,如图1-9所示。

2)高斯投影的基本条件

高斯投影的基本条件:中央子午线的投影为直线,而且是投影的对称轴,赤道的投影为直线并与中央子午线正交;投影后没有角度变形,即经纬线互相垂直,且同一地点各方向的长度比不变;中央子午线上没有长度变形。

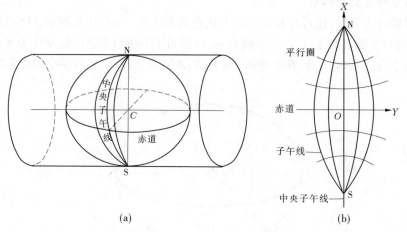

(a)   (b)

图 1-9   高斯-克吕格投影的几何概念

若以高斯-克吕格投影中的中央子午线的投影为 X 轴,以赤道的投影为 Y 轴,两轴的交点为原点,则就构成高斯-克吕格平面直角坐标系,如图 1-9(b)所示。

3)高斯-克吕格投影变形的规律

高斯-克吕格投影变形的规律:中央子午线没有长度变形;沿纬线方向,离中央子午线越远变形越大;沿经线方向,纬度越低变形越大;最大投影变形在赤道和投影最外一条经线的交点上;其他子午线的投影为凹向中央子午线的曲线;纬线的投影为凸向赤道的曲线;投影前后的角度保持不变,且小范围内的图形保持相似;具有对称性,面积有变形。

4)6°带与 3°带

如在 6°分带投影中,长度最大变形为 0.138%。显然,随着投影带的增大,变形误差会继续增加,这就是采取分带投影的原因。我国 1∶2.5 万~1∶50 万地形图均采用 6°分带投影,1∶1 万及更大比例尺地形图采用 3°分带投影,以保证地图有必要的精度。

(1)6°分带法。从格林尼治 0°经线(子午线)开始,自西向东每 6°为一投影带,全球共分 60 个投影带,各带的编号用自然数 1,2,3,…,60 表示,如图 1-10 上侧所示。各投影带中央子午线的经度为(6n-3)°,其中 n 为投影带号。我国领土位于东经 73°~135°,共包括 11 个 6°投影带,即 13~23 带。

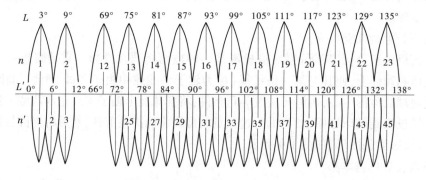

图 1-10   高斯-克吕格投影分带

(2)3°分带法。从东经 1°30′经线开始,每 3°为一投影带,共将全球分为 120 个投影带,如图 1-10 下侧所示。各投影带中央子午线的经度为 $(3n')°$，n' 为投影带号，我国横跨 22 个 3° 投影带，即 24~45 带。

（3）中央子午线与带号关系。如图 1-10 所示为 6° 带与 3° 带的中央子午线与带号关系。若 6° 带的带号为 n，则各带中央子午线的经度 L_0 为

$$L_0 = n × 6° - 3° \tag{1-2}$$

若 3° 带的带号为 n'，则各带中央子午线的经度 L_0' 为

$$L_0' = n' × 3° \tag{1-3}$$

由于 3° 带是从东经 1°30′ 开始的，因而 3° 带的中央子午线，奇数带同 6° 带的中央子午线重合，偶数带同 6° 带的分带子午线重合，如图 1-10 所示。因此，3° 带奇数带与相应 6° 带的坐标是相同的，不同的只是带号。6° 带的带号 n 与 3° 带的带号 n' 之间的关系为 $n' = 2n - 1$。

5）高斯平面直角坐标系的建立

在投影面上，中央子午线和赤道的投影都是直线，并且以中央子午线和赤道的交点 O 为坐标原点，以中央子午线的投影为纵坐标轴，以赤道的投影为横坐标轴，如图 1-11 所示，这样便形成了高斯平面直角坐标系。

6）国家统一坐标

我国领土南起北纬 4°，北至北纬 54°，西由东经 73° 起、东至东经 135°，东西横跨 11 个 6° 投影带，22 个 3° 带。由于我国位于北半球，在高斯平面直角坐标系中，X 坐标均为正，Y 坐标有正有负，为避免出现负的横坐标，可在横坐标上加 500 km，如图 1-12 所示。此外，为了便于区分某点位于哪一个投影带，还应在坐标前面冠以带号，这种坐标称为国家统一坐标。如某点 $Y = 19\,313\,456.793$ m，该点位于 19 带内，其相对于中央子午线而言的横坐标：首先去掉带号，再减去 500 km，最后得 $Y = -186.543.207$ m。此外，由于采用了分带方法，各带的投影完全相同，具有相同坐标值的点在每个投影带中均有一个对应点，为确定该点在地球上的正确位置，还需要在其横坐标之前加上带号，这样的坐标称为通用坐标。

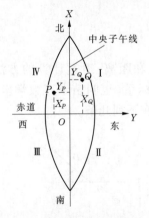

图 1-11 高斯平面直角坐标系

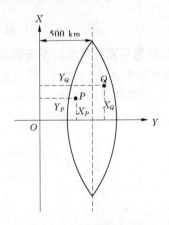

图 1-12 国家统一坐标

【例 1-1】 有某一国家控制点的通用坐标：$X = 3\,102\,467.280$ m，$Y = 19\,367\,622.380$ m，可得：

（1）该点位于 6° 带的第 19 带；

（2）该投影带中央子午线经度 111°；

（3）先去掉带号，原始横坐标 $Y = 367\ 622.380 - 500\ 000 = -132\ 377.620$ m，该点在中央子午线的西侧；

（4）该点距该投影带中央子午线 132 377.620 m，距赤道 3 102 467.280 m。

由于分带造成了边界子午线两侧的控制点和地形图处于不同的投影带内，为了把各带连成整体，一般规定各投影带要有一定的重叠度，其中每一带向东加宽，向西加宽，这样在上述重叠范围内，控制点将有两套相邻带的坐标值，地形图将有两套千米格网，从而保证了边缘地区控制点间的互相应用，也保证了地图的拼接和使用。

4.平面直角坐标系

对于小范围的测区，以水平面作为投影面，地面点在水平面上的投影位置用平面直角坐标表示。

如图 1-13 所示，在水平面上选定一点作为坐标原点，建立平面直角坐标系。纵轴为 X 轴，与南北方向一致，向北为正，向南为负；横轴为 Y 轴，与东西方向一致，向东为正，向西为负。将地面点 A 沿着铅垂线方向投影到该水平面上，则平面直角坐标 (X_A, Y_A) 就表示了 A 点在该水平面上的投影位置。如果坐标系的原点是任意假设的，则称为独立的平面直角坐标系。为了不使坐标出现负值，对于独立测区，往往把坐标原点选在测区西南角以外适当位置。

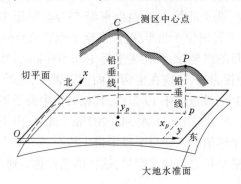

图 1-13　平面直角坐标系

（二）测量平面直角坐标系与数学坐标系的区别

地面点的平面直角坐标，可以通过观测有关的角度和距离，通过计算的方法确定。图 1-14（a）是测量平面直角坐标系，图 1-14（b）是数学坐标系（也叫笛卡儿数学坐标系）。测量平面直角坐标系与数学坐标系是有很大区别的，具体有下列几条。

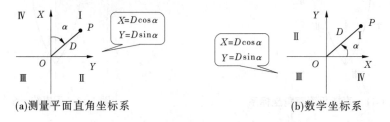

图 1-14　测量平面直角坐标系与数学坐标系

1.X、Y 轴互异

测量平面直角坐标系以纵坐标轴为 X 轴，表示南北方向，正半轴指向北方；横坐标轴为

Y 轴,表示东西方向,正半轴指向东方;而数学坐标系横坐标轴为 X 轴,纵坐标轴为 Y 轴。

2. 表示直线方向的方位角定义不同

测量平面直角坐标系以 X 轴正向为起始边,顺时针方向旋转至方向线构成的夹角为方位角 α;数学坐标系以 X 轴正向为起始边,逆时针方向旋转至方向线构成的夹角为方位角 α。

3. 坐标象限不同

测量平面直角坐标系象限从 X 轴正向 Y 轴正向顺时针方向旋转分为Ⅰ、Ⅱ、Ⅲ、Ⅳ象限;数学坐标系从 Y 轴正向 X 轴正向逆时针方向旋转分为Ⅰ、Ⅱ、Ⅲ、Ⅳ象限。

4. 相同点

三角函数计算公式相同,如图 1-14 所示,某点的坐标 $X = D\cos\alpha$,$Y = D\sin\alpha$。

(三)地面点的高程

确定地面点位置,除要知道它的平面坐标外,还要确定它的高程。前面我们介绍了大地水准面,通常指用平均海水面代替且延伸到大陆内部的水准面。它包围的球体可以代表地球的形状和大小,可见选择这样一个面作为高程系的起算面是比较理想的。

然而,我们知道大海是无风三尺浪,海水面是一个时刻变动着的曲面。为了求得平均海水面,须在沿海港湾设立验潮站,经过长期的连续观测海水面的高度,最后取其平均值作为该站平均海水面的位置。

我国以青岛验潮站 1950—1956 年连续验潮的结果求得的平均海水面作为全国统一的高程基准面。由此基准面起算的高程系,称为"1956 年黄海高程系"。在青岛观象山上建立了一个与该平均海水面相联系的水准点,这个水准点叫作国家水准原点,如图 1-15 所示,分别是水准原点外貌和水准原点标志。用精密水准测量方法测出该原点高出黄海平均海水面 72. 289 m,它就是建立国家高程控制网的高程起算点。

(a)水准原点外貌　　　　　　　　　　(b)水准原点标志

图 1-15　水准原点外貌和水准原点标志

1985 年,国家测绘局又把根据该站 1952—1979 年连续观测的潮汐资料求得的平均海水面作为国家的高程基准面,并确定国家水准原点的高程值为 72. 260 m,以此定名为"1985 国家高程基准",于 1987 年 5 月正式通告启用,同时"1956 年黄海高程系"即相应废止。各部门各类水准点成果将逐步归算至"1985 国家高程基准"上来。

1. 绝对高程

地面点沿铅垂线方向至大地水准面的距离称为绝对高程,亦称海拔。在图 1-16 中,地面点 A 和 B 的绝对高程分别为 H_A 和 H_B。

2. 相对高程

地面点沿铅垂线方向至任意水准面的距离称为该点的相对高程,亦称为独立高程。在图 1-16 中,地面点 A 和 B 的相对高程分别为 H'_A 和 H'_B。

3. 高差

两点高程之差称为高差,以符号"h"表示。图 1-16 图中, h_{AB} 为 A、B 两点间的高差,即

$$h_{AB} = H_B - H_A = H'_B - H'_A \tag{1-4}$$

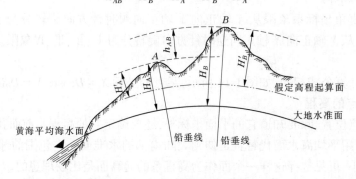

图 1-16　绝对高程与相对高程

由此可见,两点之间的高差与高程起算面无关。

三、我国的坐标系统

(一) 1954 北京坐标系

中华人民共和国成立初期,我国测绘技术水平相当落后,国家建设又急切需要一个稳定的大地坐标系。1954 北京坐标系正是在这样的环境下产生的,它可以看成是苏联 1942 坐标系在我国的延伸。1954 北京坐标系首先是从我国东北地区联测传入我国,随后扩展、加密而遍及全国。其坐标原点不在我国境域内,参考椭球选择与定位也不是最优于我国疆域。

1954 北京坐标系的特点:

(1)参心大地坐标系。坐标系的原点在所选参考椭球的中心,它只是局部与某区域地球表面相似。

(2)大地原点在苏联的普尔科沃。1954 北京坐标系是利用苏联的坐标框架,所以它的大地原点在苏联境内。

(3)高程基准采用 1956 黄海高程基准。

(4)采用多点定位法进行椭球定位。选择椭球后如何将椭球定位到实际的地球上就称为椭球定位。为了使定位准确,一般选择多点定位。有时候可以选择单点定位。

(5)克拉索夫斯基椭球的几何参数:长轴: $a = 6\ 378\ 245$ m;扁率: $\alpha = 1:298.3$;第一偏心率: $e = 0.006\ 693\ 421\ 622\ 966$。

(二) 1980 西安坐标系

1978 年,我国决定建立新的国家大地坐标系统,并且在新的大地坐标系统中进行全国天文大地网的整体平差,中华人民共和国大地原点是国家大地坐标系统的起算点,于 1977 年由国家测绘局投资建设,1978 年建成交付使用,点址位于陕西省泾阳县永乐镇,距西安市约 36 km,总占地面积 39 200 m^2。这个坐标系统定名为"1980 西安坐标系"。

中华人民共和国大地原点,由主体建筑、中心标志、仪器台、投影台四部分组成。主体为

7 层塔楼式圆顶建筑,高 25.8 m,半球形玻璃钢屋顶,可自动开启,以便天文观测,如图 1-17(b)所示。中心标志是原点的核心部分,用玛瑙做成,半球顶部刻有"十"字线,如图 1-17 所示。它被镶嵌在稳定埋入地下的花岗岩标石外露部分的中央,永久稳固保留,"十"字中心就是测量起算中心,坐标为东经 108°55′,北纬 34°32′,海拔 417.20 m。仪器台建在中心标志上方,为空心圆柱形,高 21.8 m,顶部供安置测量仪器用。

(a)　　　　　　　　　　　　　　(b)

图 1-17　大地原点

1980 西安坐标系的特点:

(1)参心大地坐标系。

(2)大地原点在陕西省泾阳县永乐镇。

(3)高程基准采用 1985 国家高程基准。

(4)多点定位方式进行定位,椭球短轴平行于地球质心指向 JYD 1968.0 极原点的方向,起始大地子午面平行于格林尼治平均天文台子午面。

(5)采用 1975 年国际大地测量与地球物理学联合会第十六届推荐的椭球参数。长轴:$a = 6\ 378\ 140$ m;扁率:$\alpha = 1:298.257$;第一偏心率:$e = 0.006\ 943\ 849\ 995\ 9$。

(三)2000 国家大地坐标系

随着 GNSS 等新空间定位技术的发展,构建国家大地坐标系的方法发生了巨大的变化,新的地心坐标必须建立。2000 国家大地坐标系就是在这样的环境下产生的。2000 国家大地坐标系简写为 CGCS2000,是由国家 GNSSA、B 级网,全国 GPS 一、二级网及全国地壳 GNSS 监测网联合平差而得的。

CGCS2000 的定义与国际地球参考系统(ITRS)协议的定义一致。其特点如下:

(1)坐标系原点为地球质心,并且是指包括海洋和大气在内的整个地球的质量中心。

(2)长度单位为米(m),是在广义相对论框架下的定义。

(3)Z 轴从地心指向国际时间局(BIH)确定的协议地球极点 BIH1984.0。CGCS2000 的参考历元为 2 000.0。

(4)X 轴从地心指向格林尼治平均天文台子午面与协议地球极(CTP)赤道的交点。

(5)Y 轴与 XOZ 平面垂直而构成右手坐标系。

(6)时间演变基准是使用满足全球地壳无整体旋转(NNR)条件的板块运动模型,来描

述地球各块体随时间的变化。

(7)CGCS2000采用GRS80椭球,其几何中心与坐标系的原点重合,其旋转轴与坐标系的 Z 轴一致。参考椭球面在几何上代表地球表面的数学形状,在物理上代表一个等位椭球(水准椭球),其椭球面是地球正常重力位的等位面。

国务院已经批准 CGCS2000 于 2008 年 7 月 1 日起使用。目前 CGCS2000 的维持主要依靠连续运行 GNSS 参考站,它们是 GNSS2000 的骨架,其坐标精度为毫米级,速度精度为±1 mm/a。CGCS2000 框架由 2000 国家 GNSS 大地控制网点构成,共有约 2 600 个三维大地控制点,其点位精度约为±3 cm。目前,我们的测绘成果和大地坐标系统都必须统一到CGCS2000。

(四)地方独立坐标系

地方坐标系——局部地区建立平面控制网时,根据需要投影到任意选定面上和(或)采用地方子午线为中央子午线的一种直角坐标系。

在我国许多城市测量与工程测量中,若直接采用国家坐标系下的高斯平面直角坐标,则可能会由于远离中央子午线,或由于测区平均高程较大,而导致长度投影变形较大,难以满足工程上或实用上的精度要求。

另一方面,对于一些特殊的测量,如大桥施工测量、水利水坝测量、滑坡变形监测等,采用国家坐标系在实用中也会很不方便。因此,基于限制变形,以及方便实用、科学的目的,在许多城市和工程测量中,常常会建立适合本地区的地方独立坐标系。

建立地方独立坐标系,实际上就是通过一些元素的确定来决定地方参考椭球与投影面。地方参考椭球一般选择与当地平均高程相对应的参考椭球,该椭球的中心、轴向和扁率与国家参考椭球相同。

■ 任务三　用水平面代替水准面的限度

当测区范围较小时,为了简化投影计算,通常用水平面代替水准面,即以平面代替曲面。但当测区范围较大时,就必须考虑地球曲率的影响,那么多大范围内才允许用水平面代替水准面呢?下面就来讨论用水平面代替大地水准面对水平距离、水平角度、高差的影响。

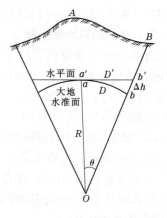

一、用水平面代替水准面对水平距离的影响

如图 1-18 所示,设地球是半径为 R 的圆球,地面上 A、B 两点投影到大地水准面的距离为弧长 D,投影到水平面上的距离为 D',显然两者之差即为用水平面代替水准面所产生的距离误差,设其为 ΔD,则:

图 1-18　水平面代替水准面引起的误差

$$\Delta D = D' - D = R\tan\theta - R\theta = R(\tan\theta - \theta)$$

$$(1-5)$$

在小范围测区 θ 角很小,式(1-5)可按 $\tan\theta$ 可用级数展开,略去五次项,则:

$$\Delta D = R\left[\left(\theta + \frac{1}{3}\theta^3 + \cdots\right) - \theta\right] = R\frac{\theta^3}{3}$$

用 $\theta = \dfrac{D}{R}$ 代入 $\Delta D = R\dfrac{\theta^3}{3}$，得：

$$\frac{\Delta D}{D} = \frac{1}{3}\left(\frac{D}{R}\right)^2 \tag{1-6}$$

以地球半径 $R = 6\,371$ km 和不同的 D 值代入式(1-6)，计算结果见表 1-1。

表 1-1　用水平面代替水准面对水平距离的影响

D(km)	1	10	15	20	25
ΔD(mm)	0.008	8.2	27.7	65.7	128.3
$\Delta D/D$	1/12 500 万	1/120 万	1/54 万	1/30 万	1/19 万

计算表明，两点相距 10 km 时，用水平面代替水准面产生长度误差为 8.2 mm，相对误差为 1/120 万，相当于精密测距的精度(1/100 万)，所以在半径为 10 km 测区内，可以用水平面代替水准面，其产生的距离投影误差可以忽略不计。

二、地球曲率对水平角度的影响

由球面三角学知道，同一空间多边形在球面上的投影 ABC 的各内角之和，较其在平面上投影 $A'B'C'$ 的各内角之和大一个球面角超 ε 的数值，如图 1-19 所示。

其公式为：

$$\varepsilon = \rho\frac{P}{R^2} \tag{1-7}$$

式中：ρ 为弧度化角度常数，值为 206 265″；P 为球面多边形面积；R 为地球半径。

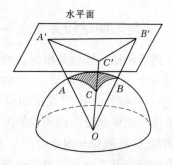

图 1-19　水平面代替水准面

在测量工作中实测的是球面面积，绘制成图时则绘成平面图形的面积。由式(1-7)计算可得表 1-2 中数据。这些计算表明，对于面积在 100 km² 以内的多边形，地球曲率对水平角的影响，只有在最精密的测量中才需要考虑，一般的测量工作是不必考虑的。

表 1-2　地球曲率对水平角的影响

P(km²)	10	100	400	2 500
ε(″)	0.05	0.51	2.03	12.70

以上两项分析说明：在面积为 100 km² 范围内，不论是进行水平距离或水平角度测量，都可以不考虑地球曲率的影响；在精度要求较低的情况下，这个范围还可以相应扩大。

三、用水平面代替水准面对高差的影响

在图 1-18 中，用水平面代替大地水准面时，产生高差误差 $\Delta h = bb'$，由图 1-18 可得：

$$(R + \Delta h)^2 = R^2 + D'^2$$

$$\Delta h = \frac{D'^2}{2R + \Delta h}$$

在分母中,因 Δh 相对于 R 很小,可以略去,两点间投影的水平距离与在大地水平面上的弧长相差很小,可用 D 代替 D',于是可写成:

$$\Delta h = \frac{D^2}{2R} \tag{1-8}$$

以 $R=6\,371$ km 和不同的 D 值代入式(1-8),算得相应的 Δh 如表 1-3 所示。

表 1-3　用水平面代替水准面对距离的影响

$D(\mathrm{m})$	10	50	100	150	200	1 000
Δh（mm）	0.0	0.2	0.8	1.77	3.1	78.5

由表 1-3 可以看出,用水平面代替水准面所产生的高程误差,随着距离的平方的增加而增加,很快就达到了不能允许的程度。所以,即便是距离很短,也不能忽视地球曲率对高程的影响,在观测过程中必须采取措施,消除或减弱其影响。

任务四　课程概述

一、地形测量任务与内容

地形测量工作就是根据已测定的控制点,采用野外测量方法,按照规范的要求,对地物、地貌及其他地理要素进行的测量,并按照规定的符号将地物、地貌测绘成地形图。地形测量工作流程如图 1-20 所示,通常分为控制测量、碎部测量和内业绘图三项主要工作。大面积地形图的测绘基本上采用航空摄影测量方法,利用航空像片主要在室内测图。但面积较小的或者工程建设需要的地形图,主要采用野外测图。地形测量包括控制测量、碎部测量和内业绘图等工作。

(一)控制测量

控制测量是测定一定数量的平面和高程控制点,为地形测图提供依据。控制测量通常分首级控制测量和图根控制测量。首级控制测量以高等级控制点为基础,用三角测量、导线测量或 GNSS 测量方法在整个测区内测定一些精度较高、分布均匀的控制点。图根控制测量是在首级控制下,用图根导线、交会定点、GNSS-RTK 等方法加密满足测图需要的控制点。图根控制点的高程通常用三角高程测量或水准测量方法测定。

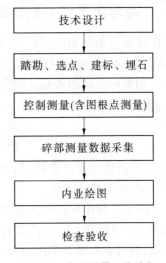

图 1-20　地形测量工作流程

(二)碎部测量

碎部测量就是测定碎部点的平面位置和高程。根据比例尺要求,运用地图综合原理,利用图根控制点对地物、地貌等地形图要素的特征点,用测图仪器进行测定并对照实地用等高线、地物、地貌符号和高程注记、地理注记等绘制成地形图的测量工作。测绘地物、地貌的作业,地物特征点、地貌特征点统称为碎部点。如图 1-2 所示,房屋的特征点就是碎部点,其平面位置常用极坐标法、GNSS-RTK 等方法测定。

根据所用仪器不同,早期测图方法主要为白纸测图(平板仪测图法、经纬仪和小平板仪联合测图法、经纬仪配合轻便展点工具测图法等),它们的作业过程基本相同。测图前将绘图纸或聚酯薄膜固定在测图板上,在图纸上绘出坐标格网,展绘出图廓点和所有控制点,经检核确认点位正确后进行测图。

测图时,用测图板上已展绘的控制点或临时测定的点作为测站,在测站上安置整平平板仪并定向,然后用望远镜照准碎部点,通过测站点的直尺边即为指向碎部点的方向线,再用视距测量方法测定测站至碎部点的水平距离和高程,按测图比例尺沿直尺边自测站截取相应长,即碎部点在图上的平面位置,并在点旁注记高程。这样逐站边测边绘,即可测绘出地形图。

现在主要为数字成图,外业使用全站仪或 GNSS-RTK 采集碎部点,内业将采集的数据通过测图软件传输到计算机中处理并进行图形绘制。

(三)内业绘图

内业绘图主要按照国家大比例尺图式规范的要求,把外业测量的碎部点按照一定的投影方式,绘制成图。白纸测图主要使用图板、铅笔、三棱尺等工具,在白纸或聚酯薄膜上进行地形图绘制。数字测图则使用专门的成图软件,如南方 CASS、EPSW 全息测绘系统等,在计算机上通过人机交互来完成数字地形图的绘制、编辑与整饰。

二、课程在测绘类专业中的地位

地形测量是测绘技术专业技术人员所必须要掌握的基本技能和重要学习内容,是学习其他专业课程和技能的基石,是测绘专业的核心专业课程之一,具有既是培养学生基本专业技能的载体又是学生学习其他专业技能的基础的基本特点。要致力于学生的地形测量技能培养,同时注重对学生的专业素养的培育和养成。为学生在全面发展和专业技术领域的发展奠定基础,地形测量的多功能性和奠基作用,决定了它在测绘专业教学中的重要地位。

(一)地形测量课程特点

地形测量课程是测绘专业学生入学后开始学习的第一门专业课程,该课程的内容涉及的面比较广泛,几乎涉及测绘领域的各个方面,它既是一门专业性很强的专业课程,又是测绘专业学生学习其他后续课程的基础,因此应该对该课程的学习引起足够的重视,同时还要注意教学内容的安排应遵循"工学结合的工程实践不断线"的人才培养模式,重点突出专业技能的培养,在技能训练的过程中,渗透对各种相关的测量规范和规程的学习和掌握。通过该课程的学习,使学生具有测绘工作的初步体验。

地形测量课程是一门实践性很强的课程,应重点培养学生的仪器操作和使用能力、测绘计算能力、导线测量能力、高程测量能力、测绘地形图的能力等;而培养这些能力的主要途径也应该是测绘工作的实践,根据高等职业技术教育的特点和要求,不刻意追求课程内容的系统性和完整性,打破原有的课程学科体系,对知识的学习以够用为度。在有限的课时教学过程中,坚持有用的必须学会,基本技能必须熟练掌握的原则。使学生逐步通过大量的实践教学,领悟测绘工作的要求和工作特点。

地形测量课程还应考虑测绘行业对绘图技能训练、地形图图式的学习、地形图的制图基本要求和特点,在教学过程中逐步培养学生在这些方面的基本素质和能力。地形测量课程中的综合性工程实践训练,有利于学生在感兴趣的实践活动中全方位提高地形测量工作的

基本素养,而且是培养学生基本专业技能、职业道德、敬业精神、团结协作精神的重要途径。

(二)初步培养学生的专业素养

测绘专业高等职业技术教育的地形测量课程,必须面向高职测绘类专业的全体学生,使学生获得地形测量方面的各项基本技能和专业素养的培养,地形测量课程应在使学生初步学习一些与地形测量工作相关的基础测绘知识的同时,着重培养和锻炼学生能够从事地形测量工作所应具备的各项基本专业技能,使他们具有适应实际需要的基础测量知识、基本测绘仪器的操作和使用能力、基础测绘的基本计算能力、地形测量工作所需要的观测能力、导线测量能力、高程测量能力、地形测图能力和地形图的拼接、清绘能力。地形测量还应重视对本专业学生的敬业精神,吃苦耐劳精神,团队精神和认真仔细、一丝不苟的作业态度的培养,使他们逐步具备一个合格的测绘人员所必须具备的良好的职业道德,促进德、智、体、美的和谐发展。

(三)课程定位

地形测量是测绘专业最重要的一门课程。从测绘专业课程设置来看,一般可分为基础课、专业基础课和专业课。地形测量对于测绘专业来说,既是一门专业基础课,也是一门专业课。地形测量涵盖了测量的基本知识和基本技能,通过学习能够掌握测量的基本方法、基本技能,所以说是一门专业基础课;地形测量又包含了地形图测绘的知识和方法,从这个角度讲又是一门专业课。此外,地形测量还融入了误差基本理论和小区域控制测量内容,几乎是测量学科的"浓缩",地形测量课程学习的好坏直接影响其他专业课的学习,因此地形测量课程在测绘专业中起着非常重要的作用。

地形测量课程是测绘专业的一门专业基本技能课程,也是获取工程测量员国家职业资格、地形测量工测绘行业职业资格和精湛技能证书的课程,在课程教学中引入《国家三、四等水准测量规范》(GB/T 12898—2009)、《国家基本比例尺地图图式 第1部分:1:500 1:1 000 1:2 000 地形图图式》(GB/T 20257.1—2017)和《城市测量规范》(CJJ/T 8—2011)等国家及行业测量规范。

地形测量课程在测绘专业课程体系中占有重要地位,培养学生从事地形测量内、外业工作所必备的数据获取、数据处理、数据表达和应用的能力,不仅是工程测量员和地形测量工职业资格的证书课程,也是本专业其他专业核心技能课程的基础,其知识、技能和态度的学习在控制测量、工程测量和 GNSS 测量等岗位均有应用。

■ 项目小结

本项目主要介绍了一些测绘学科最基本的知识,既有平面几何的知识,又有地理常识。测绘主要就是解决地球上某一点的位置,以及这个位置的属性问题。坐标系、高程系都是为了描述点位,由于测绘学涉及的知识面广,且要求高,属于综合性很强的学科,所以本项目介绍的内容以实用性为主,有很多值得拓展和深入学习的知识点,比如大地高、CGCS2000 等。

■ 思考与习题

1. 测量工作的基本任务是什么?

2. 确定地面点的位置必须进行的三项基本测量工作是什么？

3. 什么是水准面、大地水准面和参考椭球面？

4. 测量工作的基准面和基准线是什么？

5. 测量中的平面直角坐标系和数学坐标系有哪些不同？

6. 什么是绝对高程(海拔)、相对高程和高差？

7. 确定地面点位的基本测量工作是什么？

8. 已知 A 点的高程为 72.334 m, B 点到 A 点的高差为 -23.118 m, 则 B 点高程为多少？

9. 某地面点的相对高程为 -15.46 m, 其对应的假定水准面的绝对高程为 72.55 m, 则该点的绝对高程是多少？并绘出示意图。

项目二　测量误差传播

项目概述

　　测量误差是测量过程中永远存在的,我们把它称为误差公理。本项目主要介绍误差的来源与分类、偶然误差的特性,衡量精度的指标及测量中处理误差常用的方法——误差传播定律。

学习目标

　　通过本项目的学习,理解测量中一些操作步骤的作用和目的,掌握设置限差的方法,掌握由给定的已知条件的中误差、真误差求解某些相关量的中误差或方差的方法,使学生可以应用误差传播定律解决实际测量问题。

【导入】

　　测量误差是我们测量工作中不可避免会遇到的一大问题,如何利用其规律性检验出误差属于哪类性质的,并采用一定的测量方法削弱或减小误差;采用数据处理方法求解相关量的方差或中误差值,是本项目主要解决的问题。

【正文】

任务一　测量误差

一、测量误差的概念

　　我们把使用一定的仪器或工具对观测对象进行测量之后得到的结果称为被测量对象的观测值(用 L 表示)。观测对象自身有一个实际存在的、不以人的意志为转移的理论值,我们把这个真实存在的值称为被测量对象的真值(用 L' 表示)。

　　测量工作是一项精细的工作,其中任何一个环节出现一些情况,都会使测量结果不尽理想;观测者的操作习惯不一定严格准确也会造成观测结果不是理想的值;或者观测时外界环境、气象条件不太好,使观测者不好找到合适的方法或者精确照准观测对象最准确的位置,都会造成观测得到的成果与被观测量真值之间有差值,我们把这种观测值与被测量对象的真值之间的差值称为测量误差 Δ,写作:

$$\Delta = L' - L \tag{2-1}$$

二、产生误差的原因

　　观测过程主要受观测所使用的仪器、观测者和外界环境条件的影响,因此误差产生的原因主要考虑以下三个方面。

（一）观测仪器

测量过程中常常要使用仪器，观测仪器精度的高低直接影响观测结果的精确度。一般来讲，观测仪器精度较高，则观测结果就比较好；反之，观测仪器精度较低则观测结果就不太好。例如，用一根尺端有磨损的皮尺去测量一个人的身高，必然使被测量者的身高值不准确。

（二）观测者

观测者是观测过程中最活跃的因素，人的辨识能力有差异，会造成观测者水平直接影响观测结果精度的情况。

（三）外界环境条件

测量工作所处的环境中温度、气压、湿度、风速、大气折光等都会影响到仪器的稳定和水平等，使观测的结果受到影响。气象条件好（温度适宜、无风等），观测者易于整平仪器、照准目标、方便读数等，就会使观测的结果比较好。

综上几点，可以把观测结果的影响因素称为观测条件。很显然，观测条件好，则观测结果较好；观测条件不好，则观测结果不太理想。观测条件相同，称为同精度观测。

三、测量误差的分类

测量误差按其对测量结果影响的不同，一般可分为粗差、系统误差和偶然误差三种。

（一）粗差

由于观测者的粗心大意造成观测的结果出现的较大误差，称为粗差，比如用全站仪在某山地观测水平距离时，错将站点与目标的斜距作为结果记录下来。

（二）系统误差

在一些观测中，如果出现的误差在符号和数值上都相同或呈现出一定的规律性，这种误差称为系统误差。因此，对于系统误差，我们应该设法找到其规律，采取措施，将其予以抵消或削弱。如上面举过的用尺端有磨损的皮尺丈量身高，均会比实际值偏大。使用时，可先丈量一个已知长度的距离，将尺子显示的距离减去已知的长度，检验出尺子磨损多长；再用该尺丈量时，要将尺子显示的高度减去磨损量，即为被丈量对象的较准确的高度。

（三）偶然误差

在同样的观测条件下，对某一个量进行一系列的观测，若误差在符号和数值大小上均不同，也看不出有什么明显的规律性，这样的误差我们称为偶然误差。比如在相同观测条件下多次测量同一量时，得到一组数据，其误差的绝对值和符号往往以不可预见的方式变化。影响观测结果的可能是一些很微小的因素，例如噪声干扰、空气扰动、大地微振等，我们把这些因素称为随机因素。偶然误差就是这些随机因素共同作用的结果。

对于以上三种误差，粗差，我们要避免；系统误差，我们一定要找到其明显的规律性加以抵消或削弱；偶然误差，我们要作为重点研究对象，对大量的观测数据进行统计学分析，再进行处理。本书中下面再出现的误差，指去掉了粗差和系统误差之后仅剩的偶然误差。

想要使观测结果中仅剩偶然误差，采用的方法是进行多于必须观测次数的观测，我们称为多余观测。例如，想知道某个三角形的三个内角分别是多少度，如果仅测量其中的任意两个角，一定可以计算出第三个角，如图 2-1 所示，那观测两次就是必须要进行的观测，称为必要观测。想知道观测的过程中是否有误差,就需要把三个内角都观测出来,其和不等于180°,则肯定存在误差。所以,那些比必要观测次数多的观测,就属于多余观测。

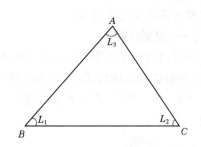

图 2-1　观测的三角形

四、偶然误差的特性

(一)偶然误差的统计

如某次外业工作中,独立(各误差值的大小和符号互不影响称独立)观测了590个三角形,其内角之和与180°之差的统计结果见表2-1。

表 2-1　三角形内角和的误差

误差区间 dΔ(″)	+Δ		−Δ		|Δ|	
	k	k/n	k	k/n	k	k/n
0.0″~ 0.4″	101	0.171	99	0.168	200	0.339
0.4″~ 0.8″	76	0.129	72	0.122	148	0.251
0.8″~ 1.2″	51	0.086	55	0.093	106	0.180
1.2″~ 1.6″	30	0.051	31	0.053	61	0.103
1.6″~ 2.0″	21	0.036	17	0.029	38	0.064
2.0″~ 2.4″	12	0.020	10	0.017	22	0.037
2.4″~ 2.8″	9	0.015	6	0.010	15	0.025
2.8″以上	0	0	0	0	0	0

因三角形内角和的真值为180°,所以各三角形内角和与其理论值180°之差,称为三角形内角和的真误差,用表达式写作

$$\Delta_i = 180° - (L_1 + L_2 + L_3)_i \quad (i = 1, 2, \cdots, 590) \qquad (2\text{-}2)$$

式(2-2)中,$(L_1 + L_2 + L_3)_i$ 表示各三角形内角和的观测值。

由表 2-1 可以看出,绝对值较小的误差比绝对值较大的误差多,每个区间中正负误差出现的个数相近,误差的绝对值不会超过一定的限度。我们把表2-1中的数据放在以误差 Δ 的数值为横坐标、以 $\dfrac{\dfrac{k}{n}}{d\Delta}$ 为纵坐标的坐标系中,把所有出现的情况绘制成直方图,如图2-2所示。每个小方块面积为 k/n,即为误差出现在该区间的频率(或称相对个数)。可见,绝对值较小的长方形较高,因各区间(底边)相同,故其面积越大,也即出现的频率越高;绝对值较大的长方形较矮,即其面积越小,出现的频率越低。误差在绝对值大于2.8″以上的区间没有长方形出现,表明其不会发生。

另外,与表2-1一致,误差出现的所有长方形面积之和等于1。

若无限减小区间,观测的次数 n 无限增大,则直方图中的点连接起来将会变成一条光滑的曲线,称为概率密度曲线或误差分布密度曲线,简称误差曲线。它和数学中的正态分布曲

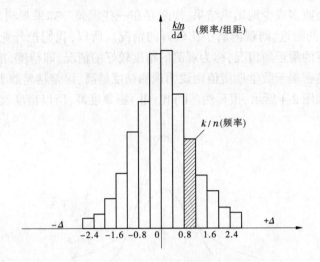

图 2-2　误差统计直方图

线极为相似,如图 2-3 所示,可以认为偶然误差的分布是随着 n 的无线增大以正态分布为其极限分布的。

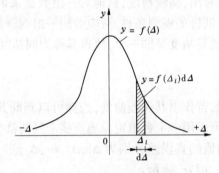

图 2-3　误差正态分布曲线

(二) 偶然误差的统计特性

由误差曲线可以看出,偶然误差具有以下统计特性:

(1)观测误差的绝对值不会超过一定的限值,称为偶然误差的有界性。

(2)观测值中,绝对值较小的误差比绝对值较大的误差出现的概率大,称为偶然误差的居中性。

(3)绝对值相等的正负误差出现的概率大致相等,称为偶然误差的对称性。

(4)由第三个特性可以看出,偶然误差的算术平均值的极限值为 0,即偶然误差具有抵偿性。

■ 任务二　衡量精度的指标

通过前面的学习,我们知道,观测条件会直接影响观测结果的好坏。这里有一个测量精度的概念。

我们观测时最希望出现的结果是测量的误差为零(没有误差),即 $E(\Delta) = 0$。但因观测条件不尽完美,都会或多或少地影响结果,使之存在一些误差。如果观测多次,其误差都集中在零(数学期望)的附近,则观测属于比较好的情况。所以,我们把外业观测了大量的数据,误差都集中在零的附近的情况,称为观测的精度较好的情况,即精度,指观测误差的密集或离散程度,误差越密集于数学期望值则说明观测精度越高,误差越离散于数学期望值则说明观测精度越低,如图2-4所示,很显然(Ⅰ)比(Ⅱ)密集度高,所以精度就相对高。

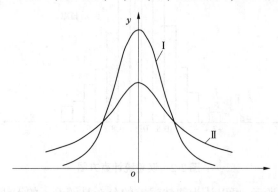

图2-4　误差正态分布离散程度不同的曲线

从精度的概念我们可以看出,衡量精度,只能对一组数据来说,不能针对一个误差数据的值即判断其精度的高低。同样的观测条件,对应着同一组观测数据,其误差的密集或离散程度都在同一条曲线上,因此其精度是同一个,故将其称为同精度观测。

一、中误差

对一组含有误差的数据,若作出其误差曲线,当然可以判断其密集程度,但因要绘图使用起来并不方便,如果我们可以用一个数值定量地直接来判断就会方便一些。

设一组同精度独立观测值的真误差分别为 $\Delta_1, \Delta_2, \cdots, \Delta_n$,定义这组独立误差的平方的平均值为该组观测值的方差,用 σ^2 表示:

$$\sigma^2 = \lim_{n \to \infty} \frac{[\Delta\Delta]}{n} \qquad (2\text{-}3)$$

式(2-3)中的 $[\Delta\Delta]$ 为求 n 个偶然误差的平方和,可以因此计算出方差。我们把方差的算术平方根中为正值的那个称为中误差,即 σ:

$$\sigma = \lim_{n \to \infty} \sqrt{\frac{[\Delta\Delta]}{n}} \qquad (2\text{-}4)$$

实际工作不可能为无限多个观测量,因此也计算不出中误差。我们用下面的公式可以计算出方差和中误差的近似值。

$$\hat{\sigma}^2 = \frac{[\Delta\Delta]}{n} \qquad (2\text{-}5)$$

$$\hat{\sigma} = \sqrt{\frac{[\Delta\Delta]}{n}} \qquad (2\text{-}6)$$

式(2-5)和式(2-6)中的 $\hat{\sigma}^2$ 和 $\hat{\sigma}$ 分别称为方差的估值和中误差的估值,实际计算时可以用 $\hat{\sigma}^2$ 和 $\hat{\sigma}$ 代替方差和中误差,直接写作 σ^2 和 σ。

【例2-1】 某测区布设三角网,共观测了20个三角形的内角和,其误差分别如下,试求三角形内角和的中误差。

+3.1″　−0.6″　−3.2″　+0.8″　−1.1″　+1.4″　−0.9″　+2.1″ −0.7″ +1.3″

−2.2″　0.0″　　+0.3″　−1.9″　+2.3″　−4.1″　−1.5″　+1.8″ +2.6″ −2.7″

解：将三角形内角和的真误差代入式(2-6)中,得三角形内角和的中误差为

$$\hat{\sigma} = \sqrt{\frac{(+3.1)^2 + (-0.6)^2 + (-3.2)^2 + \cdots + (+2.6)^2 + (-2.7)^2}{20}}$$

$$= \sqrt{4.08} = 2.02''$$

即三角形内角和的中误差为2.02″。

二、极限误差

由偶然误差的有界性我们可以判断,在测量的过程中如果观测值中的误差超过了一定的限度,则可能不仅存在偶然误差,而且存在粗差或系统误差。

根据偶然误差服从正态分布的特性,正态分布的规律有:误差大部分(68.3%)在$(-\sigma, +\sigma)$内;更大的范围为$(-2\sigma, +2\sigma)$,可能性为95.5%;最大的范围可以确定为$(-3\sigma, +3\sigma)$,可能性为99.7%。所以,偶然误差落在$(-3\sigma, +3\sigma)$之外的可能性为小概率事件,我们可以认为不可能发生。因此,可将3倍中误差设为极限误差,凡是超出3倍中误差的情况即是存在系统误差或粗差。

$$\Delta_{限} = 3\sigma \tag{2-7}$$

测量中有一些精度要求严格的也可设定2倍中误差作为极限误差,即

$$\Delta_{限} = 2\sigma \tag{2-8}$$

如某段距离丈量时观测值及其中误差为225.030 m±11 mm,其真误差的范围是多大?若取2倍中误差作为极限误差,则

$$\Delta_{限} = 2\sigma = 2 \times 11 = 22(mm)$$

三、相对误差

通过中误差的值可以判断出一组观测数据的精度情况,但是仅由其值的大小作比较也不一定得出完全准确的情况,如某次钢尺量距两段,丈量1 km的中误差为2 mm,丈量2 km的中误差为3 mm,若仅比较中误差值,则会得出丈量1 km那段中误差值较小,因此精度较高的结论,但是这并不正确。

此时,我们需要引入相对误差的概念进行比较,即

$$\sigma_{距离相对} = \frac{\sigma}{D} = \frac{1}{N} \tag{2-9}$$

则两次丈量的,相对中误差分别为

$$\sigma_{距离相对1} = \frac{\sigma}{D} = \frac{2\ mm}{1\ km} = \frac{1}{5 \times 10^5}$$

$$\sigma_{距离相对2} = \frac{\sigma}{D} = \frac{3\ mm}{2\ km} = \frac{1}{6.67 \times 10^5}$$

由此可见丈量的第二段相对中误差较小,因此精度更高。

除了相对中误差,我们还可以把真误差与其距离相除 $\left(\dfrac{\Delta}{D}\right)$,称为相对真误差(结果也化为 $\dfrac{1}{N}$ 的形式);把极限误差与其距离相除 $\left(\dfrac{\Delta_{极限}}{D}\right)$ 称为相对极限误差(结果也常化为 $\dfrac{1}{N}$ 的形式)。

因此,与上面这些相对精度衡量的量对比,我们就把真误差、极限误差、方差和中误差称为绝对误差。

■ 任务三　误差传播定律

很多时候我们知道某些量的中误差,想求出该量的函数的中误差,这里我们讨论一下如何由变量的中误差求解变量的函数的中误差。

一、倍乘函数

有很多函数是倍乘关系,如 $y = kx$,k 为常数。

若已知 σ_x 的值,欲求解 σ_y,仅有式(2-5)或式(2-6)可以用来求解 σ^2 和 σ。因此,必须将用于计算 $\sigma_y{}^2$ 的值的量都计算出来。因 $\sigma^2 = \dfrac{[\Delta\Delta]}{n}$,故欲求 σ_y^2 需求 Δ_y^2。

因为 $$y = kx$$

所以 $$\tilde{y} = k\,\tilde{x}$$

$\tilde{y} - y = k(\tilde{x} - x)$ 即 $\Delta_y = k\Delta_x$,等式两边平方,即得:$\Delta_y^2 = k^2\Delta_x^2$

所以 $$\sigma_y^2 = k^2\sigma_x^2$$

或者 $$\sigma_y = k\sigma_x \qquad (2\text{-}10)$$

即倍乘函数的中误差依然保持倍乘关系。

【例2-2】　如果视距测量中,已知距离 D 和视距间隔 d 之间的关系为 $D = 100d$,若量测中误差 $\sigma_d = 0.3 \text{ mm}$,求两点间距离中误差 σ_D 的值。

解:根据倍乘函数误差传播律,得

$$\sigma_D = 100\sigma_d = 100 \times 0.3 = 30(\text{mm})$$

二、和差函数

如果测量中有些量(通常定义为函数)的精度情况可由另一些过程量决定,设这样的函数为 $z = x \pm y$,则最终 z 的精度指标 σ_z 怎样,我们用上面简单函数的中误差求解过程计算其结果。

若过程量 x 和 y 均含有误差,其真误差分别为 Δ_x 和 Δ_y,因此也存在 Δ_z,且

$$\Delta_z = \Delta_x \pm \Delta_y$$

若 x 和 y 分别有一组同精度观测值 $x_1, x_2, \cdots, x_n$ 和 $y_1, y_2, \cdots, y_n$,其真误差分别为 Δ_{x_1},$\Delta_{x_2}, \cdots, \Delta_{x_n}$ 和 $\Delta_{y_1}, \Delta_{y_2}, \cdots, \Delta_{y_n}$。

这两组观测值的中误差为 σ_x 和 σ_y,则由 x 和 y 引起的 z 的误差为

$$\Delta_{z_i} = \Delta_{x_i} \pm \Delta_{y_i}$$

若 σ_{ij} 称为两组数据相关程度的指标,称为协方差,其值为

$$\sigma_{xy} = \lim_{n \to \infty} \frac{[\Delta_{x_i} \Delta_{y_i}]}{n} \qquad (2\text{-}11)$$

同样,平时计算只能用有限多个量来计算其估值,并用估值代替协方差值,即

$$\sigma_{xy} = \frac{[\Delta_{x_i} \Delta_{y_i}]}{n} \quad (i = 1, 2, \cdots, n; j = 1, 2, \cdots, n) \qquad (2\text{-}12)$$

若 x 和 y 这两组观测值相互独立,则 x_i 和 y_i 两组数据不相关,$\sigma_{xy} = 0$,则 $\Delta_{z_i}^2 = \Delta_{x_i}^2 + \Delta_{y_i}^2$
即

$$\sigma_z^2 = \sigma_x^2 + \sigma_y^2 \qquad (2\text{-}13)$$

如果影响 z 的量不止两个,而是有多个且相互独立,则函数式可以写作:

$$z = f_1 \pm f_2 \pm \cdots \pm f_n \qquad (2\text{-}14)$$

同理:

$$\sigma_z^2 = \sigma_{f_1}^2 + \sigma_{f_2}^2 + \cdots + \sigma_{f_n}^2 \qquad (2\text{-}15)$$

特殊情况下,若各观测值精度相同,均为 σ 时,则:

$$\sigma_z^2 = n\sigma^2 \quad \text{或} \quad \sigma_z = \sqrt{n}\,\sigma \qquad (2\text{-}16)$$

【例 2-3】 若对某一个量 L 同精度(中误差为 σ)观测 n 次,最后取这 n 个量的算术平均值 $\frac{1}{n}(L_1 + L_2 + \cdots + L_n)$ 作为结果,求该算术平均值的方差。

解: 依题意,函数式写作: $L = \frac{1}{n}(L_1 + L_2 + \cdots + L_n)$

所以

$$\sigma_L^2 = \frac{1}{n^2}(\sigma_{L_1}^2 + \sigma_{L_2}^2 + \cdots + \sigma_{L_n}^2)$$

$$= \frac{1}{n^2} \times \sigma^2 \times n = \frac{1}{n} \times \sigma^2$$

所以

$$\sigma_L = \frac{1}{\sqrt{n}}\sigma$$

【例 2-4】 如施工中,有一个已知坐标点 A 和一个方向 AN,需要放样该方向一个点 P 使 $AP = 50$ m,并在地面上标定。若各项工作中误差均为 ± 2 mm,请求待放样点 P 的中误差 σ_P。

解: 欲放样点位 P,首先要在已知点 A 处架设仪器,然后照准 N 方向,再放样出距离 AP,之后在地面上钉桩。在过程中,对中、整平、定向、放样距离和钉桩,都存在误差,将这些误差分别设为 $x_{对中}$、$x_{整平}$、$x_{定向}$、$x_{量距}$、$x_{钉桩}$,设最终 P 点点位的误差为 x_P,则

$$x_P = x_{对中} + x_{整平} + x_{定向} + x_{量距} + x_{钉桩}$$

$$\sigma_{x_P}^2 = \sigma_{x_{对中}}^2 + \sigma_{x_{整平}}^2 + \sigma_{x_{定向}}^2 + \sigma_{x_{量距}}^2 + \sigma_{x_{钉桩}}^2 = 5\sigma^2$$

所以

$$\sigma_{x_P} = \sqrt{5}\sigma = \pm 4.7 \text{ mm}$$

三、线性函数

测量工作中往往有很多函数存在,如水准测量从已知点 A 测到待测点 B,由若干段组成,各段设置的路线长度或测站数可能不同,则待求点的高程为

$$H_B = H_A + p_1 h_1 + p_2 h_2 + \cdots + p_n h_n \tag{2-17}$$

其中, H_A 为已知值, p_1、p_2、p_n 为系数,所以上面 H_B 计算式子为线性函数,若求这样的线性函数的方差,过程如下。

因 H_A 为已知量,没有误差,如果各测段观测量之间相互独立,则有:

$$\sigma_{H_B}^2 = p_1^2 \sigma_{h_1}^2 + p_2^2 \sigma_{h_2}^2 + \cdots + p_n^2 \sigma_{h_n}^2 \tag{2-18}$$

如果各观测量之间不相互独立,则存在协方差 $\sigma_{h_1 h_2}$、$\sigma_{h_1 h_3}$、$\cdots$、$\sigma_{h_{n-1} h_n}$,简写为 σ_{12}、$\cdots$、σ_{1n}、$\sigma_{(n-1)n}$,为了书写方便,设观测的量为 $L = (L_1, L_2, \cdots, L_n)$,定义其方差阵为

$$D_{LL} = \begin{bmatrix} \sigma_1^2 & \sigma_{12} & \cdots & \sigma_{1n} \\ \sigma_{21} & \sigma_2^2 & \cdots & \sigma_{2n} \\ \vdots & \vdots & & \vdots \\ \sigma_{n1} & \sigma_{n2} & \cdots & \sigma_n^2 \end{bmatrix} \tag{2-19}$$

当观测量之间相互独立时,所有的协方差均为零,即矩阵中除主对角线元素有值外,其余均为零,变成了下式:

$$D_{LL} = \begin{bmatrix} \sigma_1^2 & 0 & \cdots & 0 \\ 0 & \sigma_2^2 & \cdots & 0 \\ \vdots & \vdots & & \vdots \\ 0 & 0 & \cdots & \sigma_n^2 \end{bmatrix} \tag{2-20}$$

当观测量之间不相互独立时,令 $P = (K_1 \quad K_2 \quad K_3 \quad K_4)$。

若按式(2-18)解 $\sigma_{H_B}^2$ 的值,可以写作:

$$\sigma_{H_B}^2 = D_{H_B H_B} = P D_{LL} P^{\mathrm{T}} \tag{2-21}$$

【例2-5】 若水准测量路线由 4 段组成,4 段路线相互独立且其 p 值分别为 1、2、2、4,各段中误差分别为 2σ,2σ,σ,σ,试求 σ_{H_B}。

解:依题意知:

$$P = (p_1 \quad p_2 \quad p_3 \quad p_4) = (1 \quad 2 \quad 2 \quad 4)$$

所以

$$\sigma_{H_B}^2 = \begin{bmatrix} 1 & 2 & 2 & 4 \end{bmatrix} \begin{bmatrix} 4\sigma^2 & 0 & 0 & 0 \\ 0 & 4\sigma^2 & 0 & 0 \\ 0 & 0 & \sigma^2 & 0 \\ 0 & 0 & 0 & \sigma^2 \end{bmatrix} \begin{bmatrix} 1 \\ 2 \\ 2 \\ 4 \end{bmatrix} = 40\sigma^2$$

$$\sigma_{H_B} = 2\sqrt{10}\,\sigma$$

四、一般函数

若观测的量之间并非线性函数关系,而是三角函数或指数函数等非线性函数关系,则无

法直接用式(2-20)计算,设 $x_i(i=1,2,\cdots,n)$ 为影响某量的因素(自变量),将某量用函数表示为

$$Z = f(x_1,x_2,\cdots,x_n) \tag{2-22}$$

令 $x=(x_1,x_2,\cdots,x_n)^\mathrm{T}$,其方差阵为

$$D_{XX} = \begin{bmatrix} \sigma_1^2 & \sigma_{12} & \cdots & \sigma_{1n} \\ \sigma_{21} & \sigma_2^2 & \cdots & \sigma_{2n} \\ \vdots & \vdots & & \vdots \\ \sigma_{n1} & \sigma_{n2} & \cdots & \sigma_n^2 \end{bmatrix}$$

当 x_i 具有真误差时,函数 Z 也因此产生真误差 Δ,根据高等数学知识,误差都是微小量,可以近似用函数的全微分表示,对式(2-22)两边全微分,得

$$\mathrm{d}Z = \frac{\partial f}{\partial x_1}\mathrm{d}x_1 + \frac{\partial f}{\partial x_2}\mathrm{d}x_2 + \cdots + \frac{\partial f}{\partial x_n}\mathrm{d}x_n \tag{2-23}$$

用 Δ_Z 代替 $\mathrm{d}Z$,Δ_{x_i} 代替 $\mathrm{d}x_i$,则式(2-23)变为

$$\Delta_Z = \frac{\partial f}{\partial x_1}\Delta_{x_1} + \frac{\partial f}{\partial x_2}\Delta_{x_2} + \cdots + \frac{\partial f}{\partial x_n}\Delta_{x_n} \tag{2-24}$$

用 $k_i = \dfrac{\partial f}{\partial x_i}$ 替代式(2-24)中的系数,得

$$\Delta_Z = k_1\Delta_{x_1} + k_2\Delta_{x_2} + \cdots + k_n\Delta_{x_n} \tag{2-25}$$

式(2-25)形式上和前述线性函数类似,但每项的系数并不是简单的整数,而是一个偏导数。之后求解其方差和中误差的过程直接应用式 $\sigma_{H_B}^2 = D_{H_BH_B} = PD_{LL}P^\mathrm{T}$ 的同型式求解:

$$\sigma_Z^2 = D_{ZZ} = KD_{XX}K^\mathrm{T} \tag{2-26}$$

总之,对于非线性函数关系的测量问题,要首先写出函数表达式,接着用求偏导数的方法,将式(2-23)求出,再写出真误差式(2-24),再用式(2-25)求解函数的方差及中误差。

【例2-6】 三角高程测量时,测得已知点 A 与待测点 B 高差 $h_{AB} = D\tan\alpha + i - v$,很显然观测的量水平距离 D、竖直角 α、仪器高 i 和中丝读数均存在误差,若此4个量均独立,且 $D = 60\text{ m} \pm 2\text{ mm}$;$\alpha = 30° \pm 3''$;$i = 1.65\text{ m} \pm 3\text{ mm}$;$v = 1.40\text{ m} \pm 2\text{ mm}$。求 $\sigma_{h_{AB}}^2$ 和 $\sigma_{h_{AB}}$。

解:函数式为 $h_{AB} = D\tan\alpha + i - v$

所以,其真误差式可以写作 $\Delta_{h_{AB}} = D\mathrm{d}(\tan\alpha) + \tan\alpha\mathrm{d}D + \mathrm{d}i - \mathrm{d}v$,即

$$\Delta_{h_{AB}} = D\left(\frac{1}{\cos^2\alpha}\right)\Delta_\alpha + \tan\alpha\Delta_D + \Delta_i - \Delta_v$$

所以 $$\sigma_{h_{AB}}^2 = \left[D\left(\frac{1}{\cos^2\alpha}\right)\right]^2\sigma_\alpha^2 + (\tan\alpha)^2\sigma_D^2 + \sigma_i^2 + \sigma_v^2$$

解得:$\sigma_{h_{AB}}^2 = 333.75\text{ mm}^2$

$\sigma_{h_{AB}} = 18.27\text{ mm}$

■ 项目小结

测量过程中由于各种因素的影响,必然存在一定的误差,而误差不能超过一定的限度。

本项目主要介绍了误差的来源和分类,偶然误差的统计特性,衡量精度的指标,误差传播定律。通过本项目的学习,了解测量过程中限差制定的原则、测量精度高低的比较方法,掌握由观测值的误差推算函数误差的过程。

思考与习题

一、问答题

1. 什么是观测值? 什么是真实值?

2. 简述观测误差的概念。

3. 三角形内角和的闭合差是否为真误差?

4. 偶然误差 Δ 服从什么分布? 该分布是一种什么性质的曲线?

5. 偶然误差有哪几个特性?

6. 相同观测条件下的一组观测值,其精度是否相同? 真误差是否相同?

7. 我们能计算出的方差值严格来讲是估值还是真实值?

8. 相对误差有哪些分类?

9. 衡量观测量的精度的指标有哪些?

10. 叙述一般函数利用误差传播律解算方差和中误差的过程?

11. 观测向量一般定义为行向量还是列向量?

12. 观测向量中各观测值都相互独立时,观测向量的方差阵哪些位置上的数值不为零?

13. 同精度独立观测一些数据,取这些观测值的算术平均值作为结果时,方差值是增大了还是减小了?

14. 同精度独立观测了若干段水准路线,总的路线的方差比单个水准段的方差大了还是小了? 为什么?

15. 若干独立误差联合影响时适用于哪种函数的误差传播律?

二、选择题

以下(　　　　　)选项造成的误差属于偶然误差,(　　　　　)选项造成的误差属于系统误差,(　　　　　)选项造成的误差属于粗差?

A. 观测者本应照准某一水塔目标,不小心照成了其旁边的有线电视天线

B. 观测过程中仪器由于没有踩实一直在下沉,造成读数不准确

C. 观测者由于眼睛构造问题每次瞄准总是稍微偏左一点

D. 观测中使用的仪器刻度刻划不均匀

E. 观测过程中,仪器被旁边同学碰动而不再对中后继续进行的观测

F. 观测过程中临时起风造成仪器晃动

G. 观测过程中温度有一些变化造成读数忽大忽小

H. 观测过程中气压变化造成读数的偏大偏小

三、判断题,在错误的选项后面打"×",正确选项后面打"√"

1. 偶然误差就是形式上大小没有规律性的误差。　　　　　　　　　　　　　　(　　)

2. 偶然误差的聚中性使得制定测量中的限差有了可能性。　　　　　　　　　　(　　)

3. 因偶然误差的数学期望为零,故偶然误差具有对称性。　　　　　　　　　　(　　)

4.若两组观测量的中误差相等,则两组数据的精度相同。　　　　　　　　　（　　）

5.若两个观测值的中误差相等则它们的真误差必相等。　　　　　　　　　（　　）

6.两个独立观测值和的中误差等于两个观测值中误差之和。　　　　　　　（　　）

7.当且仅当观测条件中的三要素:观测者、观测仪器、观测环境都相同的观测才称为等精度观测。　　　　　　　　　　　　　　　　　　　　　　　　　　　　　　　　　（　　）

8.等精度观测的一组数据其真误差值也必相等。　　　　　　　　　　　　（　　）

9.观测向量的方差阵里一般没有协方差值。　　　　　　　　　　　　　　（　　）

10.协方差的值不能为零。　　　　　　　　　　　　　　　　　　　　　（　　）

四、计算题

1.某次同精度观测一组数据,分别如下:

$$3 \quad -3 \quad 2 \quad 4 \quad -2 \quad -1 \quad 0 \quad -3 \quad -2 \quad 1$$
$$0 \quad -1 \quad -4 \quad 2 \quad 1 \quad -1 \quad 3 \quad 0 \quad -3 \quad 1$$

若将这些观测量的平均值作为其理论值,用定义式计算出方差的估值 $\hat{\sigma}^2$。

2.已知观测向量 $L =(L_1 \quad L_2 \quad L_3)^{\mathrm{T}}$,方差阵为 $D_{LL} = \begin{bmatrix} 4 & -2 & 3 \\ -2 & 16 & 5 \\ 3 & 5 & 25 \end{bmatrix}$,求解 σ_{L_1}、σ_{L_2}、σ_{L_3} 的值,并说明三个观测量是否独立,为什么?

3.已知两段距离的长度及其中误差分别为 200 m±2 mm 和 350 m±2.8 mm,求两段的长度的相对中误差,并比较哪一个精度高?

4.请计算上题中的两个观测量和的中误差与差的中误差,并说明哪一个精度高?

5.同精度观测了某一个角 4 次,每次观测中误差为 3 mm,请计算出它们的平均值的中误差为多少毫米?

6.观测向量 $L =(L_1 \quad L_2 \quad L_3)^{\mathrm{T}}$ 均为独立观测量,其中误差均为 σ,求下列函数的中误差值。

(1) $x = L_1 + 2L_2 - 3L_3$;　(2) $y = \dfrac{1}{2}L_1 + 3L_2 - \dfrac{4}{5}L_3$;(3) $y = \dfrac{L_1}{L_3}$;

(4) $x = L_2^2 + 3L_3$;　　　(5) $z = 1 - \dfrac{1}{2}L_1 L_2$;　　　(6) $z = \sin L_1 + \cos L_2 + L_3$。

7.角度观测一个测回的中误差为 $6''$,若想使最终结果中误差不大于 $2''$,请问至少需要观测该角多少测回?

8.在测某三角形时,同精度的观测了其中的两个内角(中误差为 σ),如果第三个角的值由这两个角推出,试计算第三个角的中误差。

9.水准测量时,相同观测条件测了 2 站,每站中误差为 σ,请问测量这 2 站的结果的中误差为多少?

10.同精度观测了若干站水准测量,每站中误差为 2 mm,若使最后测得的总路线的中误差不超过 8 mm,请问最多布设多少站?

项目三　水准测量

项目概述

　　水准测量是控制测量中高程控制的主要测量方法,分为四个等级,一、二等为精密水准,三、四等为普通水准。本项目主要由水准测量概述、水准测量原理、水准仪的认识与使用、水准测量实施、水准测量的误差分析、水准仪与水准尺的检校与校正等学习任务组成。

学习目标

　　通过本项目的学习,能依据《国家三、四等水准测量规范》(GB/T 12898—2009)、《城市测量规范》(CJJ/T 8—2011)及其他行业测量技术规范,进行四等及以下水准测量技术设计,能使用 DS₃ 级水准仪,能完成四等及以下水准测量生产性实训教学任务,具备检查水准测量成果的能力,能正确应用水准测量原理及作业方法完成测区四等水准测量、图根水准测量及场地高程测量。

【导入】

　　某中学因扩大办学规模需要,获批一块面积 200 亩(1 亩 = 1/15 hm²,下同)的土地用于建设新校区,这块土地分布有一些高低不同的山丘,按照施工设计,需要建教学楼、宿舍楼和办公楼,室外场地按设计高程需要平整。根据国家高程系统高程,如何把精确高程值引测到该即将建设的校区？如何控制楼层高度和室外地坪高度,以达到图纸设计要求呢?

【正文】

任务一　水准测量概述

一、高程测量的方法

　　确定地面点高程的工作称为高程测量。地面点至高程基准面的铅垂距离叫高程,通常采用大地水准面作为高程基准面。地面点沿铅垂线方向到大地水准面的距离称为绝对高程或叫海拔;地面点到假定水准面的垂直距离叫相对高程,如图 3-1 所示。

　　根据测量高程所用的仪器和测量原理的不同,常用高程测量的方法有:水准测量、三角高程测量、GNSS 高程测量、气压高程测量。其中水准测量的精度最高,使用也最为广泛,是一切高程测量的基础。

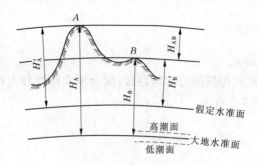

图 3-1　地面点的高程

(一) 水准测量

水准测量是根据水准仪的水平视线直接在水准标尺上读取高差读数,利用两个标尺读数确定两点间的高差,从而由已知点的高程推算未知点高程的过程。

(二) 三角高程测量

三角高程测量是测量已知点与未知点之间的垂直角与距离,计算未知点高程的方法。

(三) GNSS 高程测量

利用 GNSS 测量数据,计算未知点高程的方法。

(四) 气压高程测量

利用气压测量仪器测量气压的变化推算未知点高程的方法。

上述高程测量方法中,由于大气压力受气象变化的影响较大,因此气压高程测量的精度远远低于水准测量和三角高程测量的精度,因而只用于低精度的高程测量中。水准测量和三角高程测量是高程测量中最常用的方法。水准测量精度高,特别是在精密工程和精度要求较高的测量中,是高程控制测量的主要手段。三角高程测量,虽然精度低于水准测量,但却是山地、高山地高程测量的主要手段,随着电磁波测距仪的广泛应用,不仅提高了距离测量的精度,也提高了三角高程测量的精度,三角高程测量已经能够达到等级水准测量的精度,而且由于三角高程测量还具有测定高差速度快、不受地形条件限制等优点,因而是控制测量的常用方法。GNSS 高程测量是一种新的测量方法,但它必须与高精度水准点联测才能求得高精度的高程。

水准测量根据精度不同分为一、二、三、四等水准测量,图根水准测量。国家水准测量用于建立全国性的高程控制网,一等水准测量精度最高,是国家高程控制网的骨干,同时也是研究地壳垂直位移及有关科学研究的主要依据。二等水准测量精度低于一等水准,是国家高程控制的基础。三、四等水准测量的精度依次降低,直接为地形测图和各种工程建设服务,图根水准测量控制点密度大,精度低于四等水准测量,是直接满足地形测图和一般工程建设的需要而进行的测量。

高程控制测量主要是用水准测量方法进行的。水准网的布测是全国范围内施测各种比例尺地形图和各类工程建设的高程测量基础,并为地球科学研究提供精确的高程资料,如研究地壳垂直形变的规律,海洋平均海水面的高程变化等。

【小贴士】

绝对高程与相对高程有何异同点,它们和高差又有什么关系呢?

二、水准路线的布设

(一) 水准网的布设形式

水准网布设的基本形式包括附合水准路线、闭合水准路线和支水准路线,以及由基本形式组合成的水准网,如图 3-2 所示。

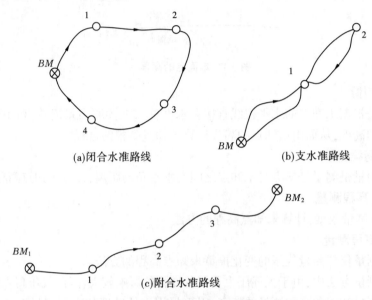

(a)闭合水准路线   (b)支水准路线

(c)附合水准路线

图 3-2　单一水准路线的基本布设形式

1. 附合水准路线

从一已知高级水准点开始,沿一条路线推进施测,获取待定水准点的高程,最后传递到另一个已知的高级水准点上,这样的观测路线形式称为附合水准路线。

2. 闭合水准路线

从一已知高级水准点出发,沿一条路线进行施测,以测定待定水准点的高程,最后仍回到原来的已知点上,从而形成一个闭合环线,这样的观测路线形式称为闭合水准路线。闭合水准路线虽然具有高差闭合差检核条件,但不能发现已知点高程摘录错误的情况。

3. 支水准路线

从一个高级水准点出发,沿一条路线进行施测,以测定待定水准点的高程,其路线既不闭合又不附合,这样的观测路线形式称为支水准路线。此形式没有检核条件,为了提高观测精度和增加检核条件,支水准路线必须进行往返测量。

4. 水准网

若干条单一水准路线相互连接构成结点或网状形式,称为水准网。有 2 个以上高级点的水准网称为附合网[见图 3-3(a)],只有一个高级点的水准网称为独立水准网[见图 3-3(b)]。

水准路线的布设分为以上四种路线,它们之间的关系如图 3-4 所示。

(二) 水准网的布设要求

水准网的布设,根据需要及测区实际情况,明确水准网等级,按等级要求进行设计、精度估算和优化设计,从经济、技术、安全等方面提出人力资源安排,技术路线、技术方法和安全、

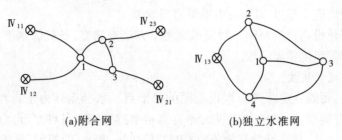

图 3-3　水准网布设形式

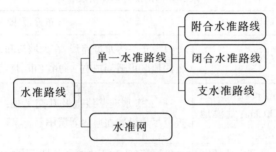

图 3-4　水准路线的分类

质量技术保证措施,为后续测量工作及要达到的标准和目标,提出详尽、全面、有针对性的技术设计文件。技术设计不仅具有重要的现实意义,而且对今后成果的利用具有参考借鉴作用。

1. 布设原则

水准网采用由高级到低级、从整体到局部逐级控制、逐级加密的原则,按照统一的技术标准布设。为满足测图、工程建设及特殊工程需要,高程控制点必须有足够的精度和合适的密度。

国家水准网分一、二、三、四等进行布设,《城市测量规范》(CJJ/T 8—2011)、《工程测量标准》(GB 50026—2020)将水准测量依次分为二、三、四等三个等级,水电测量规范还有五等水准测量。

一等水准测量路线构成的一等水准网是国家高程控制网的骨干,也是研究地壳和地面垂直运动以及有关科学问题的主要依据,每隔 15~20 年沿相同的路线重复观测一次。一等水准路线沿路面坡度平缓、交通不太繁忙的交通路线布设,水准路线一般应闭合成环,并构成网状。一等水准环线的周长,在平原和丘陵地区应在 1 000~1 500 km;山区应在 2 000 km 左右,困难地区按具体情况适当变通。城市测量对高程精度有特殊要求者,可按国家一等水准测量精度要求布设城市一等水准网。

二等水准网在一等水准环内布设。二等水准路线尽量沿公路、大路及河流布设。二等水准环线的周长,在平原和丘陵地区应在 500~750 km,城市测量控制在 400 km 以内;山区和困难地区可酌情放宽。

三、四等水准网是在一、二等水准网的基础上进一步加密的,根据需要在高等级水准网内布设附合路线、环线或结点网,直接提供地形测图和各种工程建设所必需的高程控制点。三等水准附合路线,长度应不超过 150 km;环线周长应不超过 200 km;同级网中结点间距离应不超过 70 km。四等水准附合路线,长度应不超过 80 km;环线周长应不超过 100 km;同

级网中结点间距离应不超过 30 km;山地可适当放宽。

城市和工程建设高程控制网一般按水准测量方法来建立,各等级水准测量的精度和国家水准测量相应等级的精度一致。

2.水准点布设的密度

水准路线上,每隔一定距离应埋设稳固的水准点。水准点分为基岩水准点、基本水准点、普通水准点等类型,在城镇和建筑区还有墙角水准标志。各种水准点的间距及布设要求,应符合《国家一、二等水准测量规范》(GB/T 12897—2006)的规定,具体见表 3-1。

表 3-1　水准点布设密度

水准点类型	间距	布设要求
基岩水准点	500 km 左右	只设于一等水准路线,在大城市和地震带附近应增设,基岩较深地区可适当放宽。每省(市、自治区)至少两座
基本水准点	40 km 左右;经济发达地区 20 ~ 30 km;荒漠地区 60 km 左右	一、二等水准路线上及其交叉处;大中城市两侧及县城附近。尽量设置在坚固岩层中
普通水准点	4~8 km;经济发达地区 2~4 km;荒漠地区 1 km 左右	地面稳定,利于观测和长期保存的地点;山区水准路线高程变换点附近;长度超过 300 m 的隧道两端,跨河水准测量的两岸标尺点附近

三、四等水准路线上,每隔 4~8 km 须埋设普通水准标石一座;在人口稠密、经济发达地区可缩短为 2~4 km,城市建筑区按 1~2 km 埋设;荒漠地区及水准支线可增长至 10 km 左右;支线长度在 15 km 以内可不埋石。

图根点的密度根据测图比例尺和地形条件而定,以满足测图需要为准,如 1:1 000 白纸测图,平坦开阔地区图根点的密度为 50 个/km²。图根点标志大部分为木桩、铁钉等临时标志。

3.水准路线命名及水准点编号

水准路线以起止地名的简称定为线名,起止地名的顺序为"起西止东""起北止南",环线名称,取环线内最大的地名后加"环"字命名。一、二、三、四等水准路线的等级,各以罗马数字Ⅰ、Ⅱ、Ⅲ、Ⅳ书于线名之前表示。

路线上的水准点应自该线始水准点起,取数字 1、2、3、…按序编号,环线上点号顺序取顺时针方向,点号书于线名之后。如宜州至新象四等水准路线,称为Ⅳ宜新,水准路线上的点名称为Ⅳ宜新 1、Ⅳ宜新 2……

基岩水准点除了按以上规定编号外,还应在名号前加写地名和"基岩点"三字。如水准点"Ⅰ郑徐 19 基"表示该点为郑州至徐州一等水准路线,从西到东第 19 个基本水准点,该点埋设基本水准标石。

水准支线以所测高程点名称后加"支"字命名。支线上的水准点,接起始水准点到所测高程点方向,以数字 1、2、3、…顺序编号。

4.水准测量的精度

每千米水准测量的偶然中误差 M_Δ 和每千米水准测量的全中误差 M_W 一般不得超过表 3-2 规定的数值。

表 3-2　水准测量的精度　　　　　　　　　　　　　　（单位:mm)

测量等级	一等	二等	三等	四等
M_Δ	0.45	1.0	3.0	5.0
M_W	1.0	2.0	6.0	10.0

三、水准测量技术设计

技术设计是根据工程建设对测量的要求,结合测区的情况、作业单位技术力量,拟订科学、经济、合理的最佳布设方案,制定正确的技术路线,解决水准测量全过程的一系列生产技术问题。设计前需要通过网络、现场调研等方式,在踏勘、调查研究的基础上收集资料,分析资料的利用价值,为下一步教学方案设计提供基础。

（一）收集资料

(1)测区内 1:1 万~1:10 万地形图及其他大比例尺地形图、交通图、影像图。

(2)有关测区的气象、地质、水文等资料。

(3)已有的控制测量成果,包括水准网图、水准点点之记、成果表、技术总结等,需要联测的其他固定点

(4)现场踏勘了解已有控制点标志的保存完好情况。

(5)调查测区交通、物资供应等经济状况。若在少数民族地区,则应了解民族的风俗习惯。

（二）设计要求

从经济、技术、安全生产等方面进行设计,做到方便使用,安全稳定,长期保存等基本要求。

(1)水准路线应尽量沿公路、铁路及其他坡度小的道路布设,以减弱前后视折光误差的影响。

(2)水准路线应尽量避免跨越大河、湖泊、沙滩、草地等。

(3)水准路线若与高压输电线或地下电缆平行,则应使水准路线在输电线或电缆 50 m 以外布设,以避免电磁场对水准测量的影响。

(4)布设水准网时,应考虑日后水准测量的进一步加密,并应注意已有水准测量成果的充分利用。

(5)水准环线或附合路线长度、水准点间距要求符合规范规定。

(6)由于工程急用建立的假定高程系统,应与国家水准点进行联测,以求得高程系统的统一。

（三）图上设计与技术设计书编写

根据测区的规模大小,水准网的设计应在适当比例尺地形图上进行,图上设计的主要程序如下:

(1)将主要居民地、铁路、公路与较大河流,以不同的颜色在地形图上标出来。

(2)将已知的水准路线和水准点,按等级以不同颜色分别标绘在地形图上。

(3)按照逐级布设的原则,先进行高等级水准路线的设计,后进行低等级水准路线的设计。

（4）水准路线确定后，根据水准点密度、测段长度、线路总长的要求，按"下棋"方式在图上概略确定水准点的位置。

（5）进行设计方案的精度估算。精度估算不符合要求时，需要通过路线增删、图形改变等试验修正，使其在经济合理的条件下，布设较为合理的控制网。

（6）编写技术设计书。

技术设计书是技术设计需要上交的重要成果，主要包括以下几方面的内容：作业目的、任务范围及来源；测区的自然、地理条件；测区已有测量成果情况，标志保存情况，对已有成果的评价、分析利用情况；高程基准和起算点情况；布网依据的规范；与高等级水准点的联测方案；水准网精度估算或优化设计；现场踏勘报告；标石类型；人员组织、作业安排、工作量及进度计划；质量保证措施；提交成果；各种设计图表；专家审核及主管部门的审批意见。

（四）水准网精度估算

水准网精度估算就是估算推算点高程精度是否满足规范要求，即各等级水准网最弱点的高程中误差相对于起算点不超过±20 mm。推算元素精度与起算点高程精度、观测元素精度有关，是起算元素和观测元素的函数。精度估算的方法常采用公式解析估算法和计算机模拟估算法。目前，广泛采用计算机优化设计，使控制网在精度、密度达到要求的条件下，达到费用最省、工作量最小、效益最高的效果。精度估算在《控制测量》课程中讲解，本书不再介绍。

（五）实地选点与设立标志

图上设计完成后，即可根据设计图到实地选定水准路线和水准点位置，并将选定的水准点位置用水准标石或其他标记在实地固定下来。选点与设立标志是非常重要的一项工作，选点、埋石结束后，要编写选点报告，并进行质量评价。

水准点位置的选定除要满足设计要求外，还要确保选定的水准点稳定安全、长期保存、便于使用。为此，水准点要避免设在沙滩、沼泽、沙土、滑坡、地下水位较高等有变形、土质松软、易被淹没、易受振动、隐蔽、陡峭的地区。

标石埋设后，为了便于寻找水准点的位置，所有水准点均应制作点之记，点之记是主要测量资料，应长期保存，见表3-3。点之记是记载控制点位置和标石结构情况的资料，包括点名、等级、点位略图、交通图、与方位物之间的关系和点位说明等内容。点之记作为日后寻找水准点的簿册，一定要做到方位物选择恰当，点位略图、点位说明与实地一致。方位物应选取三个永久性固定地物，与方位物距离量取至厘米。点位说明先叙述概略位置，再详细叙述控制点与三个方位物的关系，距离要说明量至方位物的部位。点之记按规定格式填制。

表3-3　水准点点之记

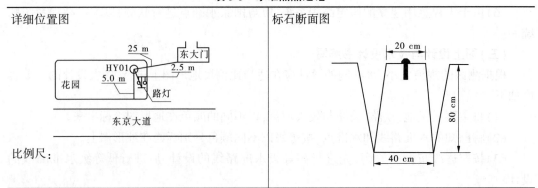

续表3-3

与相邻点的关系	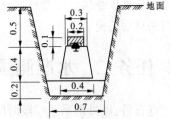

与相邻点的关系图示:
HY12 HY02
7°41′45.14″
263.746 9
261.379 1
83°58′49.84″
88°19′55.01″
J2 —— HY01 —— J1
509.458 6
273.410 3

所在图幅	J-50-5-B	标石类型	混凝土普通水准标石
经纬度	N:33°49′37″ E:114°19′09″	标石质料	混凝土
所在地	小李村	土地使用者	小李村
地别土质	沙土	地下水深度	
交通路线	从开封火车站下车,乘坐8路公交车,在小李村站下车即到		
点位详细说明	1. 距黄河水院东南大门口约25 m; 2. 距东京大道约5.0 m; 3. 距东京大道边与黄河水院东南大门口之间路西的路灯约2.5 m		
接管单位	××测绘院	保管者	小李村委会
选点单位	××测绘院	埋石单位	××测绘院	维修单位	××测绘院
选点者	张某	埋石者	李某博	维修者	××测绘院
选点日期	2016-03-21	埋石日期	2016-03-25	维修日期	2018-05-18
备注	该点为平高点		

【阅读与应用】

水准标石与埋设质量评定

　　准标石根据制作材料和埋设规格的不同,并根据不同用途和要求,水准标石分为基岩水准标石、基本水准标石和普通水准标石3大类。此外,在岩层地带、沙漠或沼泽地带,基本标石和普通标石也可以采用岩层标石、钢管标石等。

　　水准标石的制作材料、规格及埋设要求,在国家、行业测量规范中有具体的规定和说明。工程测量中常用的普通水准标石由柱石和盘石两部分组成,如图3-5所示,标石可用混凝土浇制或用天然岩石制成。水准标石上面嵌设有铜材或不锈钢金属标志。

　　在城镇和厂矿社区,还可以采用墙角水准标志,如图3-6所示,一般嵌设在地基已经稳固的永久性建筑物

图3-5 普通水准标石 （单位:m）

的基础部分,水准测量时,水准标尺安放在标志的突出部分。

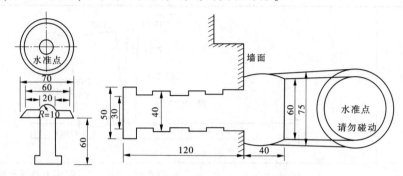

图 3-6　墙上水准标志图 （单位:mm）

用木桩、铁钉作为临时水准点时,其标志规格根据实际情况确定。

水准点选定之后,即可进行水准标石或标记的埋设工作。水准标石是永久保存水准测量成果的固定标志,供控制测量和地形测量使用。埋设质量不高的水准标石,容易产生垂直位移或倾斜,即使水准测量观测质量再好,其最后成果也是不可靠的,因此务必十分重视水准标石的埋设质量,其质量评定标准见表3-4。

表 3-4　选点质量评价标准

项目	优(90~100分)	良(75~89分)	权 P
选线和选点	线路和点位选择优良,易于寻找,便于观测和长期保存	线路和点位选择恰当,易于寻找,便于观测和长期保存	0.4
旧点检找	查找认真,交代清楚。查到的旧点可靠,且利用率高。需重绘点之记和重办委托保管的均已办理	查找认真,交代清楚。查到的旧点可靠,需重绘点之记和重办理保管的均已办理	0.15
点之记及线路图	内容真实,项目齐全。绘制准确,清晰美观,符号正确,文字清晰	内容真实,项目齐全。绘制准确,文字清晰	0.25
选点报告	内容确切,说明详细,编写齐全,建议具体可行,文字简练	内容确切,说明较详细,编写项目齐全,建议具体可行,文字清晰	0.2

对工程建设的需要临时增设的水准点,由于没有长期保存的价值,通常以木桩、铁钉及其他标记作为临时性水准点。埋石工作全部完成后,要到控制点所在地的乡(镇)人民政府办理委托保管手续。测量标志设立后受法律的保护,任何单位、个人不得损坏、移动,否则将受到法律的惩处。

任务二　水准测量原理

埋石后,经过雨季或一段时间的稳定,冻土区要经过一个解冻期,即可进行水准测量观测。该阶段的主要任务就是利用水准仪提供的水平视线,观测竖立水准标尺的中丝读数,测得高差进而推算点的高程。

一、水准测量原理

水准测量的基本原理是根据几何关系,利用仪器提供的水平视线观测竖立在两点上的水准尺以测定两点间的高差。如图 3-7 所示,在需要测定高差的 A、B 两点上,分别立上水准尺,在 A、B 两点的中点安置可获得水平视线的仪器——水准仪,水平视线在 A、B 两尺上的读数分别为 a、b,则 A、B 两点的高差为

$$h_{AB} = a - b \tag{3-1}$$

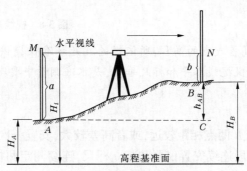

图 3-7　水准测量原理示意图

若水准测量是沿 AB 方向前进,则 A 点称为后视点,其上竖立的标尺称为后视标尺,读数值 a,称为后视读数;B 点称为前视点,其上竖立的标尺称为前视标尺,读数值 b 称为前视读数。因此,式(3-1)用文字表达,即为:两点间的高差等于后视读数减去前视读数。高差有正有负,当 B 点高程比 A 点高时,前视读数 b 比后视读数 a 要小,高差为正;当 B 点比 A 点低时,前视读数 b 比后视读数 a 要大,高差为负。因此,水准测量的高差 h 必须冠以"+""–"号。

【小贴士】

水准仪在一个测站上读取 A、B、C 三根水准尺上的中丝读数分别为 1.023 m、1.698 m、0.989 m,请判断立尺点的高低,计算 h_{AB}、h_{AC}、h_{BA}、h_{CA}、h_{BC}、h_{CB},并理解下标的意义。

显然,如果 A 点的高程 H_A 为已知,则 B 点的高程为

$$H_B = H_A + h_{AB} \tag{3-2}$$

式(3-2)是高差法推算待定点高程的公式。

$$H_B = H_A + a - b = (H_A + a) - b \tag{3-3}$$

式中:$(H_A + a)$ 称为视线高,通常用 H_i 表示。则有:

$$H_B = H_i - b \tag{3-4}$$

式(3-4)是视线高法推算待定点高程的公式。

二、面水准测量

架设一次仪器测量多个点的高程时,视线高法比高差法方便,在平整场地(抄平)、断面测量中使用,这种方法也称为面水准测量。如图 3-8 所示,根据设计高程,架设水准仪,在已知水准点 A 上安置水准尺,通过 A 点尺子读数 a,可求得视线高程:

$$H_i = H_A + a \tag{3-5}$$

任意立尺点根据水准尺读数 b_i，结合视线高程 H_i，可求得该点当前高程 $H_i - b$，则根据场地平整设计高程 $H_{设}$，需要填挖高度为：

$$h_i = (H_i - b) - H_{设} \qquad (3\text{-}6)$$

式(3-6)中，若 h_i 为正，则需要挖该高度，若 h_i 为负，则需要填该高度，直到测区所有区域通过填挖，达到设计高程。这就是利用水准测量原理进行抄平法场地平整。

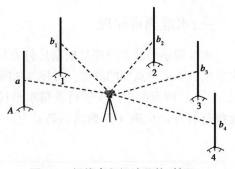

图 3-8　视线高程场地平整(抄平)

【小贴士】

测量地面两点间的高差或点的高程，所依据的就是水准仪提供的水平视线和竖立铅垂的水准标尺。因此，水准仪视线水平和标尺垂直，是水准测量中要牢牢记住的操作要领。

三、线水准测量

在实际工作中，当 A、B 两点相距较远，或者高差较大，安置一次仪器不可能测得其间的高差时，必须在两点间分段连续安置仪器和竖立标尺，连续测定两标尺点间的高差，最后取其代数和，求得 A、B 两点间的高差，这种测量方法称为连续水准测量，也叫线水准测量。

在测量过程中，高程已知的水准点称为已知点，未知点称为待定点，每安置一次仪器称为一个测站，除水准点外，其他用于传递高程的立尺点称为转点，转点是一系列临时过渡点；纳入水准路线的相邻两个水准点之间的线路称为测段，一条水准路线由若干个测段组成。

如果已知点 A 距离未知点 B 较远，或 A、B 两点间的高差较大，不能在一个测站直接测得其高差时，就应在 A、B 间增设若干测站求 A、B 之间的高差 h_{AB}。

如图 3-9 所示，要测定 A、B 之间的高差 h_{AB}，在 A、B 之间增设 n 个测站，测得每站的高差：

$$h_i = a_i - b_i \qquad (i = 1, 2, \cdots, n) \qquad (3\text{-}7)$$

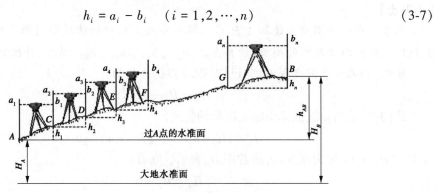

图 3-9　线水准测量

A、B 两点之间的高差为

$$h_{AB} = h_1 + h_2 + \cdots + h_n = \sum_{i=1}^{n} h = \sum_{i=1}^{n} (a_i - b_i) \qquad (3\text{-}8)$$

则 B 点高程 H_B 为

$$H_B = H_A + h_{AB} = H_A + \sum_{i=1}^{n}(a_i - b_i) \qquad (3\text{-}9)$$

这种从已知点起,连续多次设站测定高差,最后取各站高差代数和求 A、B 间高差的方法,称为线水准测量。如果有若干个待定点,可以按照这种方法逐测段依次推求各点高程。

在线水准测量中,通常使用一对标尺,把沿水准路线前进方向的标尺称为前视标尺,在水准路线后方的标尺称为后视标尺,相应的标尺读数分别称为前视读数和后视读数。水准线路中用于传递高程的过渡标尺点称为转点。图 3-9 中除 A、B 两点外的各标尺点均为转点。

【小贴士】

转点起到高程传递作用,在水准测量中,已知与待定高程点上不需要放置尺垫,转点上必须放置尺垫。

■ 任务三　水准仪的认识与使用

一、微倾水准仪

水准仪和水准标尺是水准测量的主要仪器。水准仪有微倾水准仪、自动安平水准仪、激光水准仪和数字水准仪等。水准标尺有普通水准标尺和精密水准标尺等。

本节主要介绍微倾水准仪、自动安平水准仪、数字水准仪和水准标尺。

国产的水准仪有 DS_{05}、DS_1、DS_3、DS_{10} 等型号,其中"D"和"S"分别为"大地测量"和"水准仪"的汉语拼音第一个字母,05,1,3,10 表示水准测量精度,为每千米往返测高差中数偶然中误差,以毫米为单位。通常在书写时省略字母"D",直接写为 S_{05}、S_1、S_3 等。S_3、S_{10} 称为普通水准仪,用于国家三、四等水准测量及普通测量,S_{05}、S_1 称为精密水准仪,用于国家一、二等精密水准测量。

(一) DS_3 水准仪的组成

DS_3 微倾式水准仪组成如图 3-10 所示,水准仪主要由照准部、基座和三脚架三部分组成。照准部主要由望远镜和管水准器组成,二者连为一体是水准测量的前提条件,在微倾螺旋作用下,二者可同时作微小倾斜,通过管水准器气泡居中达到视线水平的目的。照准部可绕垂直轴在水平方向上旋转,水平制动螺旋和水平微动螺旋可控制其在水平面内转动,通过准星粗略瞄准目标,制动照准部,再调节水平微动螺旋以精确瞄准目标。使用仪器时,三脚架中心连接螺旋通过基座将仪器与三脚架头连接起来,支承在三脚架上,通过旋转基座上的脚螺旋,使圆水准器气泡居中,使仪器大致水平,再调节微倾螺旋,达到精平。三脚架可以伸缩、收张,为观测员架设仪器提供方便。

(二) 望远镜构造及成像原理

水准仪的主要作用是为测量高差提供一条水平视线。望远镜由目镜、物镜、十字丝分划板、调焦(对光)螺旋、镜筒、照准器等组成。如图 3-11(a)所示,望远镜的作用是提供一条瞄准目标的视线,通过水准管气泡居中而达到视线水平,并将远处的目标放大,提高瞄准和读数的精度。望远镜按其调焦方式的不同分为外对光望远镜和内对光望远镜两大类。外对光望远镜由于缺点较多,已被淘汰。

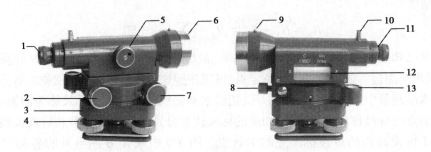

1—望远镜目镜；2—微倾螺旋；3—基座；4—脚螺旋；5—物镜调焦螺旋；6—望远镜物镜；

7—微动螺旋；8—制动螺旋；9—准星；10—缺口；11—气泡观察镜；12—水准管；13—圆水准器

图 3-10　DS₃ 微倾式水准仪的组成

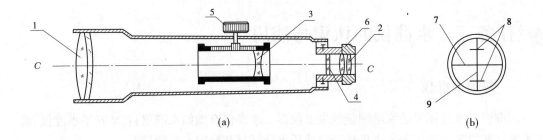

(a)　　　　　　　　　　　　　　　　　　　　　(b)

1—物镜；2—目镜；3—物镜调焦透镜；4—十字丝分划板；5—物镜调焦螺旋；

6—目镜调焦螺旋；7—十字丝横丝；8—视距丝；9—十字丝竖丝

图 3-11　内对光望远镜示意图

如图 3-12 所示，根据几何光学原理，目标经过物镜及对光透镜的作用，在十字丝附近成一倒立实像。由于目标离望远镜的远近不同，借转动对光螺旋使对光透镜在镜筒内前后移动，即可使其实像恰好落在十字丝平面上，再经过目镜的作用，将倒立的实像和十字丝同时放大，这时倒立的实像成为倒立而放大的虚像。其放大的虚像与用眼睛直接看到目标大小的比值，即为望远镜的放大率 V。国产 DS₃ 型水准仪望远镜的放大率一般约为 28 倍。

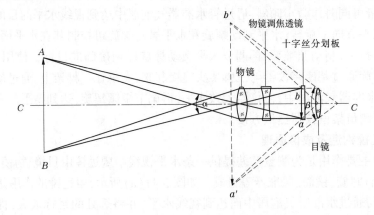

图 3-12　望远镜成像原理

为使仪器精确照准目标和读数,在物镜筒内光阑处安装了一十字丝分划板,如图 3-11 (b)所示。十字丝是刻在玻璃板上相互垂直的两条细线。竖直的一根十字丝称为纵丝(又称竖丝)。中间的一根十字丝称为横丝(又称中丝或水平丝)。横丝上、下对称的两根十字丝称为上、下丝,由于是用来测量距离的,因此又称为视距丝。

物镜光心与十字丝交点的连线称为视准轴。实际使用时,视准轴应保持水平,照准远处水准尺;调节目镜调焦螺旋,可使十字丝清晰放大;旋转物镜调焦螺旋使水准尺成像在十字丝分划板平面上,并与之同时放大,最后用十字丝中线截取水准尺读数。

有时像平面与十字丝面还没有严密重合就误认为调节好了,当观测者眼睛在目镜后左右晃动或上下晃动时,则目标像与十字丝发生相对变化,这种现象称为十字丝视差[如图 3-13(a)、(b)所示]。测量作业中是不允许存在视差的。为了检查是否存在视差,可使眼睛在目镜后上下或左右稍微晃动,如十字丝的交点始终对着目标的同一位置或横丝对准尺子的刻划不变,则表示没有视差;如发现十字丝与目标有相对移动,则说明有视差存在。

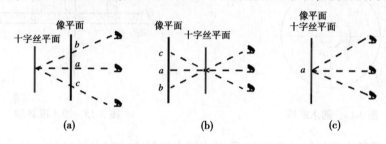

图 3-13　望远镜成像原理

消除视差的方法是:首先将望远镜对准远方明亮处,进行目镜调焦,使十字丝的分划线看得最清楚。然后再瞄准目标,用物镜对光螺旋使目标像也看得最清楚。要注意观测者的眼睛不要紧张,要始终处于松弛状态,防止眼球焦距变化。这样反复调 1~2 次,直到上下晃动眼睛时,十字丝与目标影像不发生相对移动为止[见图 3-13(c)]。

望远镜的性能由以下几个方面来衡量:

(1)放大率。放大率是通过望远镜所看到物像的视角 β 与肉眼直接看物体的视角 α 之比,它近似地等于物镜焦距与目镜焦距之比。

(2)分辨率。分辨率是望远镜能分辨出两个相邻物点的能力,用光线通过物镜后的最小视角来表示。当小于此最小视角时,在望远镜内就不能分辨出两个物点。

(3)视场角。视场角是表示望远镜内所能看到的视野范围。这个范围是一个圆锥体,所以视场角用圆锥体的顶角来表示。视场角与放大率成反比。

(4)亮度。亮度指通过望远镜所看到物体的明亮程度。它与物镜有效孔径的平方成正比,与放大率的平方成反比。

望远镜的各项性能是相互制约的。增大放大率也增强了分辨率,可提高观测精度,但减小了视场角和亮度,不利于观测。所以,测量仪器上望远镜的放大率有一定的限度,一般在 20~45 倍。

(三)水准器

水准器是水准仪获得水平视线的重要部件,是用一个内表面磨成圆弧的玻璃管制成的,分为圆水准器和管水准器。

1. 圆水准器

圆水准器是由金属的圆柱形盒子与玻璃圆盖构成的,如图 3-14 所示。玻璃圆盖的内表面是圆球面,其半径为 0.5~2.0 m,盒内装酒精或乙醚,玻璃盖的中央有一小圆圈,其圆心即为圆水准器的零点,连接零点与球面球心的直线 OC 称为圆水准轴。当圆水准器气泡的中心与水准器的零点重合时,则圆水准轴即呈竖直状态。圆水准器在构造上,使其轴线与外壳下表面正交,所以当圆水准器轴竖直时,外壳下表面 MN 处于水平位置,如图 3-15 所示。

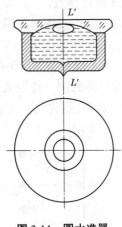

图 3-14　圆水准器

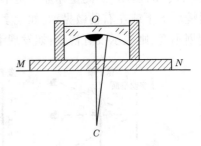

图 3-15　圆水准器轴

由于圆水准器内表面的半径较短,所以用圆水准器来确定水平(或垂直)位置的精度较差。圆水准器主要用作概略整平,精确整平则用管水准器或符合水准器来进行。

2. 管水准器

管水准器是用玻璃制成的,其纵剖面方向的内表面为具有一定半径的圆弧,如图 3-16(a) 所示,其灵敏度由圆弧半径决定,一般水准器圆弧半径为 80~100 m,最精确的可达 200 m。水准管内表面琢磨后,将一端封闭,由开口的一端注入质轻而易流动的液体,如酒精、氯化钾或乙醚等,装满后再加热使液体膨胀而排去一部分,然后将开口端封闭或用玻璃塞塞住,待液体冷却后,管内即形成了一个气体充塞的小空间,这个空间称为水准气泡。

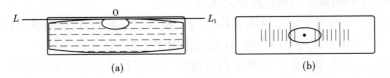

(a)　　　　　　　　　　　　　　　　(b)

图 3-16　管水准器

如图 3-16(b)所示,在管水准器上刻有 2 mm 间隔的分划线,分划线以中间点为中心成对称状态,中间点称为水准管的零点,零点附近无分划,零点与圆弧相切的切线 LL_1 称为水准管的水准轴。由于重力作用,气泡在管内总居于最高位置,当气泡中点为水准管零点位置时,称气泡居中,此时水准轴成水平位置。气泡中点的精确位置依气泡两端对称的分划线位置确定。

气泡在水准器内快速度移动到最高点的能力称为灵敏度。水准器灵敏度的高低与水准器的分划值有关。

水准器的分划值是指水准器上相邻两分划线(2 mm)间弧长所对应的圆心角值的大小,用 τ 表示。若圆弧的曲率半径为 R,则分划值 τ 为

$$\tau = \frac{2}{R} \cdot \rho'' \tag{3-10}$$

【小贴士】

分划值与灵敏度的关系为:分划值大,灵敏度低;分划值小,灵敏度高。但水准管气泡的灵敏度愈高,气泡愈不稳定,使气泡居中所花费的时间愈长,所以水准器的灵敏度应与仪器的性能相适应。DS$_3$ 水准仪的圆水准器分划值为 8′/mm,水准管分划值一般为 20″/2 mm。

3. 符合水准器

当用眼睛直接观察水准器气泡两端相对于分划线的位置以衡量气泡是否居中时,其精度受到眼睛的限制。为了提高水准器整平的精度,并便于观察,一般采用符合水准器。

如图 3-17 所示,符合水准器就是在水准管的上方安置一组棱镜,通过光学系统的反射和折射作用,把管气泡两端各一半的影像传递到望远镜内或目镜旁边的显微镜内,使观测者不移动位置便能看到水准器的符合影像。当气泡两端的半像吻合时,就表示气泡居中。

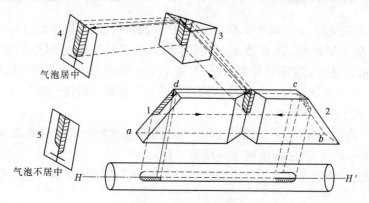

图 3-17 符合水准器

【小贴士】

当调整脚螺旋使圆水准器气泡居中达到粗平后,一边观察侧面水准管气泡移动情况,一边调整微倾螺旋,目视气泡居中或接近居中,即可通过目镜旁边的气泡观察窗口,再次微调微倾螺旋,直至水准管气泡影像完全重合,实现精平。

(四) 基座

基座的作用是支撑仪器的上部并与三脚架连接,如图 3-18 所示,它主要由基座、脚螺旋、底板和三角压板构成。

(五) 水准尺与尺垫

水准标尺简称水准尺,是进行水准测量的工具,与水准仪配合使用,要求尺长稳定,尺身笔直,分划准确。如图 3-19 所示,常用的水准尺有双面水准尺和塔尺两种。双面水准尺多用于三、四等水准测量,其长度有 2 m 和 3 m 两种,两根尺构成一对,尺的两面均有刻划,一面为黑白相间,称黑面尺(也称主尺),另一面为红白相间,称红面尺,两面的刻划均为 1 cm,并在分米处注字。两根尺的黑面均由零开始;红面,一根尺由 4 687 mm 开始至 6 687 mm 或 7 687 mm,另一根由 4 787 mm 开始至 6 787 mm 或 7 787 mm。塔尺则用于等外水准测量,其

长度有 2 m 和 5 m 两种,用两节或三节套接在一起,尺的底部为零点,尺上黑白格相间,每格宽度为 1 cm,有的为 0.5 cm,每一米和分米处均有注记。

1—基座;2—底板;

3—脚螺旋;4—三角压板

图 3-18　基座

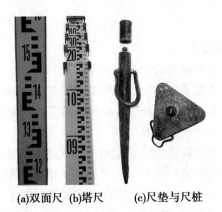

(a)双面尺　(b)塔尺　　(c)尺垫与尺桩

图 3-19　水准尺尺桩、尺垫

在进行水准测量时,为了减小水准尺下沉,保证测量精度,每根水准尺都附有一个尺垫,使用时先将尺垫牢固地摔、踩在地下,再将标尺直立在尺垫的半球形的顶部,其形状如图 3-19(c)所示。根据水准测量等级高低,尺垫的大小和重量有所不同。尺垫只用在转点上,已知点或待定点不能放尺垫。土质特别松软的地区应用尺桩进行测量。

使用标尺应注意以下几点:

(1)使用双面水准标尺,必须成对使用。三、四等水准测量的普通水准标尺,就是红面起点为 4 687 mm 和 4 787 mm 的两个标尺为一对。

(2)观测时,特别是在读取中丝读数时应使水准标尺的圆水准器气泡居中,使尺身保持竖直。

(3)为保证同一标尺在前视与后视时的位置一致,在水准路线的转点上应使用尺台或尺桩。尺垫通常用于一般地区的水准测量,尺桩用于沙地或土质松软地区的水准测量。

(六)DS₃ 水准仪的使用

DS₃ 微倾式水准仪的使用主要包括安置仪器、粗平、瞄准、精平和读数,若是自动安平水准仪,则没有精平这步操作。

1. 安置水准仪

打开三脚架,并齐架腿,使脚架底座大致达到下颚高度,然后张开三脚架,架腿伸开适中,且使架头大致水平,然后从仪器箱中取出水准仪,安放在三脚架头上,一手握住仪器,一手将三脚架中心连接螺旋旋入仪器基座的中心螺孔中,适度扭紧,使仪器固定在三脚架上,防止仪器摔下来。

【小贴士】

为加快整平速度,脚架放在地上后,目视大致保持架头水平;三个架腿张开适中,太紧则不稳,容易摔倒,太宽则不便于观测,容易踢动架腿;若地面比较松软,要将三脚架三个脚尖踩实,稳定仪器,并减少仪器下沉。

2. 粗平

粗平的目的是借助于圆水准器气泡居中,是仪器竖轴竖直。根据重力原理,气泡密度最小,当气泡在哪侧,说明该侧高,则需要降低这一侧,或抬高相反的一侧。调整的基本方法是,转动基座上三个脚螺旋,使圆水准器气泡居中。整平时,气泡移动方向始终与左手大拇指的运动方向一致,如图 3-20 所示。

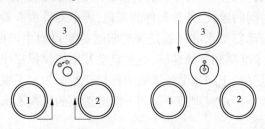

图 3-20　圆水准器的整平

3. 瞄准

先将望远镜对向明亮的背景,转动目镜调焦螺旋使十字丝清晰;转动望远镜,利用镜上缺口和准星照准标尺;拧紧制动螺旋,转动物镜调焦螺旋,看清水准尺;利用水平微动螺旋,使十字丝竖丝瞄准尺面中央,同时观测者的眼睛在目镜上下微动,检查十字横丝与物像是否存在相对移动的现象,这种现象被称为视差。如有视差则应消除,即继续以上调焦方法仔细对光,直至水准尺正好成像在十字丝分划板平面上,两者同时清晰且无相对移动的现象时为止。

4. 精平

观察符合气泡观察窗,转动微倾螺旋,使水准管气泡两端的半像吻合,如图 3-17 所示。此时,水准管轴水平,水准仪的视轴亦精确水平。由于气泡的移动有惯性,转动微倾螺旋的速度不能快,特别在符合水准器的两端气泡影像将要吻合时尤其注意。只有当气泡已经稳定而又居中时才达到精平的目的。

5. 读数

水准管气泡居中后,用十字丝横丝(中丝)在水准尺上读数。水准尺读数为四位,以毫米为单位,无论黑面还是红面水准尺,尺面标注的两位数字表示米与分米位,E 字形刻度底端较长较尖位置为 0 cm 位置,黑色或白色 1 格都表示 1 cm。前两位数字直接在水准尺上读取,第三位厘米位也精确读取,第四位则估读。读数如图 3-21 所示。

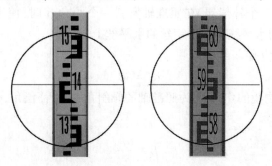

黑面读数:1442　红面读数:5933

图 3-21　黑红面水准尺读数

二、自动安平水准仪

微倾水准仪观测时,首先使圆水准器气泡居中从而使仪器粗平,然后用微倾螺旋使管水准器气泡居中,使水准仪达到精平,由此才能获得精确的水平视线。在水准尺上每次读数前都要用微倾螺旋将水准管气泡调至居中位置,这对于提高水准测量的速度和精度是个很大的障碍,而且随着观测时间的延长、外界条件的变化,居中的管水准器气泡也可能发生变化,从而使测量产生误差,自动安平水准仪就是为克服这些缺点而生产的。如图 3-22 所示,自动安平水准仪替代了管水准器和微倾螺旋,通过自动补偿使仪器视线达到水平,所以在观测时只需将圆水准器气泡居中,十字丝中丝读取的标尺读数即为水平视线的读数。同时,因为水准仪整置不当、地面微小振动或脚架不规则下沉等造成的视线不水平,可以由自动补偿器迅速调整而得到正确读数。

图 3-22　DSZ₃ 自动安平水准仪

自动安平的原理如图 3-23 所示,照准轴水平时,照准轴指向标尺的 a 点,即 a 点的水平线与照准轴重合;当照准轴倾斜一个小角 α 时,照准轴指向标尺的 a',而来自 a 点过物镜中心的水平线不再落在十字丝的水平丝上。自动安平就是在仪器的照准轴倾斜时,采取某种措施使通过物镜中心的水平光线仍然通过十字丝交点。

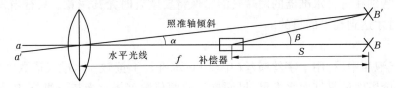

图 3-23　自动补偿器原理

通常有两种自动安平的方法:

(1)在光路中安置一个补偿器,在照准轴倾斜一个小角 α 时,使光线偏转一个 β 角,使来自 a 点过物镜中心的水平线落在十字丝的水平丝上。

由于 α、β 均很小,应有

$$\alpha f = S\beta \tag{3-11}$$

式(3-11)中,f 为物镜的焦距,α 为照准轴的倾斜角,β 为补偿角,α、β 均以弧度表示,则光线的补偿角为

$$\beta = \frac{\alpha f}{S} \tag{3-12}$$

(2)使十字丝自动地与 a 点的水平线重合而获得正确读数,即使十字丝从 B' 移动到 B 处,移动的距离为 αf。

两种方法都达到了改正照准轴倾斜偏移量的目的。第一种方法要使光线偏转,需要在光路中加入光学部件,故称为光学补偿。第二种方法则是用机械方法使十字丝在照准轴倾斜时自动移动,故称为机械补偿。常用的仪器中采用光学补偿器的仪器较多。

三、数字水准仪

数字水准仪又称电子水准仪,指以自动安平水准仪为基础,在望远镜光路中增加了分光镜和光电探测器,采用条码水准尺和图像处理系统及图像处理系统构成的光机电测量一体化的水准仪,如图 3-24 所示为部分数字水准仪。电子水准仪与光学水准仪相比,具有测量速度快、精度高、读数客观、自动读数、自动记录、程序计算高差等特点。电子水准仪减轻了作业劳动强度,实现了水准测量内外业一体化。

(a)LeicaDNA03　　　　　　(b)Trimble DINI03　　　　　(c)科力达DL07

图 3-24　部分数字水准仪

(一)数字水准仪的组成

与光学水准仪相同,数字水准仪也由仪器和标尺两大部分组成。数字水准仪的主机光学部分和机械部分与自动安平水准仪基本相同,仪器主机由望远镜系统、补偿器、分光棱镜、目镜系统、CCD 传感器、数据处理器、键盘、数据处理软件组成,如图 3-25 所示为瑞士徕卡公司的 DNA03 数字水准仪。数字水准仪的标尺是条码标尺,条码标尺是由宽度相等或不等的黑白条码按一定的编码规则有序排列而成的。这些黑白条码的排列规则就是各仪器生产厂家的技术核心,各厂家的条码图案完全不同,不能互换使用。

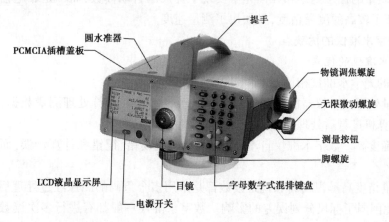

图 3-25　徕卡 DNA03 数字水准仪

(二) 数字水准测量原理

数字水准仪自动测量的过程是:人工完成照准和调焦之后,标尺的条码影像光线到达望远镜中的分光镜,分光镜将这个光线分离成红外光和可见光两部分,红外光传送到线阵探测器上进行标尺图像探测;可见光传到十字丝分化板上成像,供测量员目视观测。仪器的数据处理器通过对探测到的光源进行处理,就可以确定仪器的视线高度和仪器至标尺的距离,并在显示窗显示。

数字水准仪测量的基本原理,就是利用线阵探测器对标尺图像进行探测,自动解算出视线高度和仪器至标尺的距离。其关键技术就是条码设计与探测,从而形成自动显示读数。

由于生产数字水准仪的各厂家采用不同的专利,测量标尺也各不相同,目前主要有以下几种:

(1)相关法,如瑞士徕卡公司的 NA2002 型、DNA03 型数字水准仪。

(2)几何法,如德国蔡司公司的 DINI10 型、DINI20 型数字水准仪。

(3)相位法,如日本拓普康公司的 DL-101C 型数字水准仪。

下面简要介绍前两种方法测量原理。

1. 相关法

徕卡的数字水准仪采用相关法,如图 3-26 所示,就是将代表水准标尺的伪随机码的图像存储在数字水准仪中,作为参考信号,测量时,标尺的伪随机码成像在探测器上,被转换成电信号,并与存储的参考信号相比较,按一定的步距移动参考信号,逐步将测量信号与参考信号进行相关计算,直至两个信号取得最大相关,由此获得视线高度在标尺上的读数和视距,运用相关法对标尺自动读数的关键是需要获取两个参数,即"视线高"和"比例"。

2. 几何法

蔡司 DINI10/20 系列已改为天宝的品牌,其数字水准仪采用几何法读数原理,标尺采用双相位码,标尺上条码的片段如图 3-27 所示。蔡司数字水准仪的标尺每 2 cm 划分为一个测量间距,其中的码条构成一个码词,每个测量间距的边界由黑白过渡线构成,其下边界到标尺底部的高度,可由该测量间距中的码词判断,就像传统的区格式标尺上的注记一样。几何法通过高质量的标尺刻划和几何光学实现了标尺的自动读数,而不是靠电信号的相关处理,从而保证了较高的测量精度,又加快了测量速度。

(三) 数字水准仪的优缺点

1. 数字水准仪的优点

与传统的光学水准仪相比,数字水准仪有以下特点:

(1)测量效率高。仪器能自动读数、自动记录、检核并计算处理测量数据,并能将各种数据输入计算机进行后处理,实现了内外业一体化。

(2)准确度高。数字水准仪自动记录,不会出现读错、记错和计算错误,而且没有人为的读数误差。

(3)测量精度高。视线高和视距读数都是采用多个条码的图像经过处理后取平均值得出来的,因此削弱了标尺分划误差的影响。数字水准仪一般都有进行多次读数取平均值的功能,还可以削弱外界条件的影响,如振动、大气扰动等。

(4)测量速度快。由于省去了读数、复述记录和现场计算的过程,所有这些过程由仪器自动完成,人工只需照准、调焦和按键即可,不仅提高了观测速度,也减轻了劳动强度。

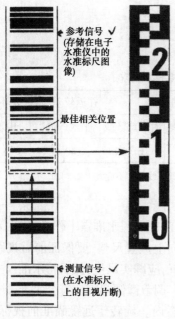

图 3-26　相关法读数原理图　　　　　　　　图 3-27　蔡司数字水准仪的标尺

（5）操作简单。由于仪器实现了读数和记录的自动化，并预存了大量测量和检核程序，在操作时还有实时提示，因此测量人员可以很快掌握使用方法，即使不熟练的作业人员也能进行高精度测量。

（6）自动改正测量误差。仪器可以对条码尺的分划误差、CCD 传感器的畸变、电子 i 角、大气折光等系统误差进行修正。

2. 数字水准仪的缺点

与光学水准仪相比，数字水准仪有以下缺点：

（1）数字水准仪只能使用配套的标尺测量，而对于光学水准仪，使用自制的标尺，甚至是普通的钢尺，只要有准确的刻划线，就能读数。

（2）数字水准仪要求有一定的视场范围，在特殊情况下，如水准仪只能在一个较窄的狭缝中看见标尺，就只能使用光学水准仪或数字、光学一体化的水准仪。

（3）数字水准仪对环境要求高。由于数字水准仪是由 CCD 传感器来分辨标尺条码的图像进行电子读数的，测量结果受制于 CCD 传感器的性能。因此，标尺上的亮度是很重要的，测量时要求标尺的亮度均匀、适中。逆光时会有读不出数的情况。

任务四　水准测量实施

水准测量按精度一般分为一等到四等共 4 个等级，还包括等外水准测量，主要为地形测量而进行的普通水准测量，因此又称为图根水准测量。本任务主要讲普通水准测量、四等水准测量和水准测量的内业计算。

一、普通水准测量

(一)普通水准测量的主要技术要求

普通水准测量的主要技术要求如表 3-5 所示。

表 3-5　普通水准测量的主要技术要求

等级	路线长度（km）	水准仪	水准尺	视线长度（m）	观测次数		往返较差、附合或环线闭合差	
					与已知点联测	附合或环线	平地（mm）	山地（mm）
等外	≤5	DS$_3$	单面	100	往返各次	往一次	±40$\sqrt{L}$	±12$\sqrt{n}$

注:L 为水准路线长度,km;n 为测站数;当水准路线布设成支线时,其路线长度不应大于 2.5 km。

(二)普通水准测量的实施

图根水准测量的外业观测程序为:将水准尺立于已知高程水准点上作为后视,水准仪置于施测路线附近合适的位置,在施测路线的前进方向上放置尺垫,要保证前后视距大致相等,并在规范规定长度范围内,为减少尺垫和尺子下沉,应踩实尺垫,然后将水准尺立在尺垫上作为前视尺。观测员粗平水准仪后,瞄准后视标尺,调节微倾螺旋使符合水准器气泡精确居中以达到精平,读取中丝读数至毫米,记录在相应栏内。旋转望远镜瞄准前视标尺,此时水准管气泡一般将会有少许偏离,再次精平,读取中丝读数。记录员根据观测员的读数在手簿中记下相应数字,并立即计算高差。这就是一个测站的全部工作。

第一站结束之后,记录员招呼后标尺员向前转移,并将仪器迁至第二测站。此时,第一测站的前视点便成为第二测站的后视点。依第一站相同的工作程序进行第二站的工作。依次沿水准路线方向施测直至全部路线观测完为止。图根水准测量记录手簿见表 3-6。

表 3-6　图根水准测量记录手簿

测自 *A* 至 *B*　　　　年　月　日　　　　　　观测者:　　　　　　　记录者:　　　　

测站	测点	水准尺读数(m)		高差(m)		高程(m)	备注
		后视读数	前视读数	+	−		
1	2	3	4	5	6	7	
1	*A*	2142		+0.884		71.268	
	TP_1		1258				
2	TP_1	0928			−0.307		
	TP_2		1235				
3	TP_2	1664		+0.233			
	TP_3		1431				
4	TP_3	1672			−0.402		
	B		2074			71.676	
计算检核	Σ	6406	5998	+1.117	−0.709		
	$\sum a - \sum b = +0.408$			$\sum h = +0.408$		$h_{AB} = H_B - H_A = +0.408$	

【小贴士】

高差值分正负,无论正高差还是负高差,都要带上正负号,不能省略。

(三)计算与检核

1.高差计算

每一测站都可测得前、后视两点的高差,即

$$\begin{cases} h_1 = a_1 - b_1 \\ h_2 = a_2 - b_2 \\ \quad\vdots \\ h_n = a_n - b_n \end{cases} \tag{3-13}$$

将上述各式相加,得:

$$h_{AB} = \sum_{i=1}^{n} h_i = \sum_{i=1}^{n} a_i - \sum_{i=1}^{n} b_i \tag{3-14}$$

则 B 点高程为

$$H_B = H_A + h_{AB} = H_A + \sum_{i=1}^{n} h_i \tag{3-15}$$

2.计算检核

为了保证记录表中数据的正确,应对后视读数总和减前视读数总和、高差总和、B 点高程与 A 点高程之差进行检核,这三个数字应相等。

$$\sum_{i=1}^{n} a_i - \sum_{i=1}^{n} b_i = 6.406 - 5.998 = + 0.408$$

$$\sum_{i=1}^{n} h_i = + 1.117 - 0.709 = + 0.408$$

$$H_B - H_A = 71.676 - 71.268 = + 0.408$$

3.测站检核

(1)变动仪器高法。同一个测站上用两次不同的仪器高度,测得两次高差进行检核。要求:改变仪器高度应大于 10 cm,两次所测高差之差不超过容许值(普通水准测量容许值为±6 mm),取其平均值作为该测站的最后结果,否则需要重测。

(2)双面尺法。分别对双面水准尺的黑面和红面进行观测。利用前、后视的黑面和红面读数,分别算出两个高差。如果不符值不超过规定的限差,则取其平均值作为该测站的最后结果,否则需要重测。

二、四等水准测量

四等水准路线的布设取决于测量目的、地形特点和已有高等级水准点的分布情况,注意路线长和埋石点密度。水准路线的布设形式如图 3-3 所示。由于起闭于一个高级水准点的闭合水准路线缺少检核条件,即当起始点高程有误时无法发现,因此在未确认高级水准点的高程时不应当布设闭合水准路线;而对于无检核测量成果的水准支线,只有在特殊条件下才能使用。因此,水准路线一般应当布设成附合路线或者水准网。

水准点应选在坚固稳定与安全僻静的地方,点位应埋设永久性标石。标石和标志埋设应稳固耐久,标石的底部应在冻土层以下,并浇灌混凝土基础;也可以在坚固的永久性建筑物上凿埋标志作为水准点。

(一)四等水准测量的实施

四等水准路线的观测应以测段为单位逐段进行;一个测段的观测,应从水准点开始连续设站,逐站观测。每站观测时,凡已知点和待求高程的水准点,标尺应直接立在水准点标志中心,而在转点上应安放尺台,标尺立在尺台上;四等水准测量各项限差要求如表3-7所示。

表3-7   四等水准测量各项限差

视线长度		前后视距差（m）	每站前后视距累积差（m）	视线高度	数字水准仪重复测量次数	测段、路线往返测高差不符值（mm）	附合路线和环线闭合差（mm）	
仪器类型	视距(m)						平原	山区
DS_3	≤100	≤3.0	≤10.0	三丝能读数	≥2次	±20$\sqrt{K}$	±20$\sqrt{L}$	±25$\sqrt{L}$
DS_1 DS_{05}	≤150							

注:K为路线或测段的长度,km;L为附合路线(环线)长度,km。山区指高程超过1 000 m或路线中最大高差超过400 m的地区。

(二)观测与记录

四等水准测量一般采用中丝测高法,直读距离,观测顺序为后、后、前、前。水准路线为附合路线或闭合路线时采用单程测量;若采用单面标尺,应变动仪器高度观测两次。水准支线应进行往返测或单程双转点法观测。

估读前后视距,若视距(差)超限则调整测站或转点,四等水准测量在一个测站的观测和记录步骤为:

(1)后尺黑面上、下、中丝读数。

(2)后尺红面中丝读数。

(3)前尺黑面上、下、中丝读数。

(4)前尺红面中丝读数。

表格的记录与计算见表3-8,具体计算方法如下。

(1)后视距的计算:(15)=[(1)−(2)]×0.1(m)

前视距的计算:(16)=[(5)−(6)]×0.1(m)

(2)前后视距差的计算:(17)=(15)−(16)(m)

前后视距累积差的计算(18)=(17)+上一站的(18)(m)

注:视距累积差以测段为单位累积。

(3)K+黑−红的计算:(9)=(3)−13−(4);(10)=(7)−13−(8)

注:(3),(4),(7),(8)取最后两位参与计算。

(4)黑面高差的计算:(11)=(3)−(7)(m)

红面高差的计算:(12)=(4)−(8)(m)

计算检核:(13)=(9)−(10)=(11)−(12)±100   (mm)

(5)测站高差中数的计算:

(14)=[(11)+(12)±0.1]/2(m)

注:高差中数计算,以黑面高差为准,红面高差±0.1 m,再求平均。

表 3-8 四等水准测量观测手簿

测自 BM_1 至 BM_2 2019 年 6 月 6 日

时刻始 8 时 00 分 天气:阴天无风

末 11 时 30 分 成像:清晰

测站编号	测点编号	后尺 上 / 下	前尺 上 / 下	方向及尺号	标尺读数 黑面	标尺读数 红面	K+黑-红	高差中数	备注
		后距	前距						
		视距差 d	$\sum d$						
		(1) 后黑上丝	(5) 前黑上丝	后	(3) 后黑中丝	(4) 后红中丝	(9) (K+黑-红)		
		(2) 后黑下丝	(6) 前黑下丝	前	(7) 前黑中丝	(8) 前红中丝	(10) (K+黑-红)		
		(15) 后距	(16) 前距	后-前	(11) 黑面高差	(12) 红面高差	(13) 黑红面高差之差	(14) 测站高差中数	
		(17) 前后视距差	(18) 视距累积差						
1	BM_1 — TP_1	1575	1550	后 BM_1	1448	6234	+1		后视标尺 4787
		1317	1288	前	1419	6107	-1		
		25.8	26.2	后-前	+0029	+0127	+2	+0.0280	
		-0.4	-0.4						
2	TP_1 — TP_2	1580	1572	后	1377	6063	+1		
		1170	1161	前	1369	6155	+1		
		41.0	41.1	后-前	+0008	-0092	0	+0.0080	
		-0.1	-0.5						
3	TP_2 — TP_3	1580	1610	后	1410	6198	-1		
		1236	1270	前	1440	6129	-2		
		34.4	34.0	后-前	-0030	+0069	+1	-0.0305	
		+0.4	-0.1						
4	TP_3 — BM_2	1538	1520	后	1318	6006	-1		
		1100	1089	前 BM_2	1303	6091	-1		
		43.8	43.1	后-前	+0015	-0085	0	+0.0150	
		+0.7	+0.6						

(三)测站限差与计算取位

测站限差主要包括:

(1)后距,前距≤100 m。

(2)前后视距差不超过±3 m。

(3)视距累积差不超过±10 m,视距累积差以测段为单位累积。

(4)K+黑−红不超过±3 mm。

(5)黑红面高差之差不超过±5 mm。

记录计算的取位要求:

(1)后视距、前视距、前后视距差、前后视距累积差取至0.1 m。

(2)黑面高差、红面高差取至0.001 m。

(3)K+黑−红、黑红面高差之差取至1 mm。

(4)测站高差中数取至0.000 1 m。

(5)测段高差取至0.001 m。

(四)工作间歇

每天作业结束或因故需临时中断作业时,应尽量在水准点上结束;否则,应选择两个坚稳可靠、光滑突出、便于放置标尺的固定地物(如桥墩、墓碑等)作为间歇点;间歇后应进行检测,当检测结果与间歇前的高差互差不超过±5 mm时即可起测。

当无法找到理想的固定点地物作为间歇点时,可以在最后两测站的转点处打入钉有圆帽铁钉的三个木桩作为间歇点。间歇后检测,首先检测最后测站的两个转点间的高差,如果间歇前、后两次高差之差不超过±5 mm,可由最后一个转点起测;如果超过5 mm,则后退检测前一测站的两个转点,若间歇前后的高差较差不超过±5 mm,则从第二个转点处起测,如仍然超限,再检测第一个与最后一个转点间的高差,如果满足要求,则说明第二个转点有变动,从最后一个转点起测;如果检测仍然超过限差,则说明三个转点中至少有两个被破坏,则应退至前一个水准点处开始测量。

【小贴士】

(1)水准点(已知待定)上立尺时,不得放尺垫。

(2)水准尺应立直,不能左右倾斜,更不能前后俯仰。

(3)在观测员未迁站之前,后视点尺垫不能移动。

(4)前后视距应大致相等,立尺时可用步丈量。

(5)外业观测记录必须在编号、装订成册的手簿上进行,已编号的各页不得任意撕去,记录中间不得留下空页或空格。

(6)一切外业原始观测值和记事项目,必须在现场用铅笔直接记录在手簿中,需修改以及观测结果的作废,禁止擦拭、涂抹与刮补,而应以横线或斜线正规划去,在本格内的上方写出正确数字和文字,并在备注栏注明原因。

(7)同一测站内不得有两个相关数字"连环更改"。如更改了标尺的黑面前两位读数后,就不能再改同一标尺的红面前两位读数,有连环更改的记录应立即废去重测。每站8个原始观测值的厘米和毫米位读数,不论任何原因都严禁更改,而应将该测站的观测结果,废去重测。

(8)对于中丝读数,要求读记四位数,前后的0都要读记;

(9)作业手簿必须经过小组认真地检查,确认合格后,方可提交上一级检查验收。

三、水准测量的内业计算

水准测量的目的是通过测得各测段高差,进而由已知水准点推求待定点高程。由于测量误差的存在,使得观测高差与已知(理论)高差不符,它们之间的不符值称为高差闭合差。

$$闭合差 = 观测值 - 理论值 \tag{3-16}$$

(一)附合水准路线的计算

附合水准路线是从已知水准点出发,经过若干待定水准点,结束于另一个已知高程点上。其计算步骤如下。

(1)计算高差闭合差

$$f_h = \sum_{i=1}^{n} h_i - (H_{终} - H_{始}) \tag{3-17}$$

(2)若高差闭合差小于限差(这里以四等水准测量为例),即

$$f_h \leqslant f_{限} = \pm 20 \sqrt{L} \tag{3-18}$$

计算每一测段高差改正数

$$v_i = -\frac{f_h}{\sum\limits_{i=1}^{n} L_i} L_i \tag{3-19}$$

改正数之和应等于高差闭合差的相反数

$$\sum_{i=1}^{n} v_i = -f_h \tag{3-20}$$

(3)计算改正后的测段高差

$$h_{i改} = h_i + v_i \tag{3-21}$$

(4)推算待定点高程

$$H_{i+1} = H_i + h_{i改} \tag{3-22}$$

最终,终点已知高程应等于前一个点推算高程值加改正后的测段高差,以此作为检核

$$H_{终} = H_i + h_{i改} \tag{3-23}$$

下面以一个附合导线计算为例(见图3-28)进行高程平差计算。四等水准点高程计算见表3-9。

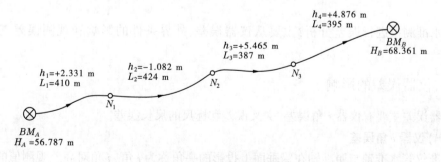

图 3-28 附合水准路线算例

表 3-9　四等水准点高程计算表

点名	路线长（km）	观测高差（m）	改正数（m）	改正后高差（m）	高程（m）
BM_A					56.787
	0.410	+2.331	-0.004	+2.327	
N_1					59.114
	0.424	-1.082	-0.004	-1.086	
N_2					58.028
	0.387	+5.465	-0.004	+5.461	
N_3					63.489
	0.395	+4.876	-0.004	+4.872	
BM_B					68.361（检核）
Σ	1.616	+11.59	-0.016（检核）		

$$f_h = +0.016 \text{ m}$$

$$f_{h\,限} = \pm 20 \sqrt{L} \approx \pm 25 \text{ mm}$$

（二）闭合水准路线的计算

与附合水准路线相比,闭合水准路线的计算主要区别在高差闭合差的计算,由于闭合水准路线是从已知水准点出发,经过若干个测段又回到该点,因此高差理论值为 0,那么其高差闭合差计算公式为

$$f_h = \sum_{i=1}^{n} h_i \tag{3-24}$$

其他计算与附合水准路线一样,在此不再赘述。

（三）支水准路线的计算

支水准路线没有已知点附合,缺少检核条件,因此支水准路线每个测段都要进行往返测,该测段往测与返测高差闭合差合乎限差要求时,按下式计算测段高差

$$h_i = \frac{h_{i往} - h_{i返}}{2} \tag{3-25}$$

■ 任务五　水准测量的误差分析

对水准测量进行误差分析,主要从仪器误差、外界条件的影响和观测误差三个方面进行。

一、仪器误差的影响

仪器误差主要有仪器 i 角误差、交叉误差和标尺的尺长误差。

（一）仪器 i 角误差

水准仪管水准轴与照准轴在铅垂面上投影的夹角称为 i 角,i 角对高差观测值的影响称为 i 角误差。虽然仪器经过检校,但要使 i 角为 0 是不可能的,因此 i 角误差总是存在的。

如图 3-29 所示,设仪器的后视距离和前视距离分别为 D_1、D_2,标尺的实际读数分别为 a、b,i 角对标尺读数的影响分别为 δ_1、δ_2,即

$$\begin{cases} \delta_1 = D_1 \tan i \\ \delta_2 = D_2 \tan i \end{cases} \qquad (3\text{-}26)$$

设无 i 角影响的标尺读数为 a'、b'，则高差

$$\begin{aligned} h &= a' - b' = (a - \delta_1) - (b - \delta_2) \\ &= (a - b) - \Delta h \end{aligned}$$

式中，$\Delta h = \delta_1 - \delta_2$，考虑式(3-26)

$$\Delta h = \delta_1 - \delta_2 = \tan i (D_1 - D_2) \quad (3\text{-}27)$$

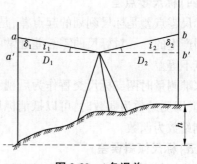

图 3-29　i 角误差

当后视距离 D_1 和前视距离 D_2 相等时，前、后视标尺的 i 角误差就可以相互抵消。在实际作业中，要使前视、后视距离完全相等比较困难，因此规范要求四等水准测量：前视、后视距离差不超过 3 m，前视、后视距离累计差不超过 10 m。

经过校正的 i 角误差依然有残差，残余 i 角也不是固定不变的，即使在同一测站，后视和前视的 i 角由于太阳光照射的不同而不一样。因此，在阳光下观测时必须给仪器打伞，保持前、后视距尽可能相等，尽量避免调焦。

（二）交叉误差

视准轴与水准管轴在水平面上的投影的夹角，称为交叉角，交叉角对高差观测值的影响，称为交叉误差。当仪器 i 角很小时，若仪器的竖轴严格垂直，尽管仪器存在交叉误差，管水准轴水平时，仪器的照准轴也水平，交叉角不影响标尺读数，因为仪器的照准轴与管水准轴在铅垂面的投影是平行的。但是，当仪器的竖轴不垂直时，交叉角就可能使仪器产生 i 角，从而对高差产生影响。由于交叉角对高差的影响较小，在三、四等水准测量中可以忽略不计。

（三）标尺的尺长误差

标尺的尺长误差属于系统误差，通常采用对标尺进行检验，然后加改正数的方法消除。

设两个标尺的每米间隔平均真长误差分别为 f_1、f_2，则标尺的尺长误差对前、后视标尺读数的影响分别为

$$\begin{cases} \delta_a = a f_1 \\ \delta_b = b f_2 \end{cases} \qquad (3\text{-}28)$$

式(3-28)中，a、b 分别为后视标尺和前视标尺读数，则一个测站的高差为

$$h = (a + a f_1) - (b + b f_2) = (a - b) + (a f_1 - b f_2) \qquad (3\text{-}29)$$

如果两标尺的尺长误差相同，即 $f_1 = f_2$，则尺长误差对一个测站高差的影响为

$$\delta = f h \qquad (3\text{-}30)$$

尺长误差对一个测段高差的影响改正数为

$$\sum \delta_f = f \sum h \qquad (3\text{-}31)$$

【小贴士】

(1)在实际作业中，可以按照式(3-31)对各测段的高差进行改正。

(2)尺长误差对高差的影响与高差有关，往、返测高差的符号相反，采用往、返测取中数的方法可以消除尺长误差的影响。

(四)标尺零点差

标尺零点差是标尺刻划的起点差,是由于标尺制造的缺陷或者标尺长期使用使起点部位磨损产生的。一对标尺的零点差通常不会完全相等,一对标尺零点差之差称为一对标尺的零点不等差。

水准测量时两支标尺交替作为后视和前视,在一测段内,若每个标尺作后视和前视的次数相等,即测站数为偶数时,可以抵消标尺零点差对高差的影响。所以,水准测量要求每个测段测站数为偶数。

(五)标尺倾斜误差

标尺倾斜误差产生的原因有:测量时标尺水准器未严格居中使标尺倾斜,另外标尺的水准器气泡居中,但安置不正确,造成标尺仍然倾斜。标尺倾斜的情况比较复杂,可能有向前倾斜、向后倾斜,也可能左右倾斜。左右倾斜可以在观测时发现,但前后倾斜却不易发现。

标尺倾斜对高差的影响与标尺的倾斜程度以及高差的大小都有关,但标尺前后倾斜会使读数增大。因此,施测前要检校标尺水准器是否安置正确,扶尺时一定要确保圆水准器气泡居中。

二、外界条件的影响

外界因素的影响主要包括地球曲率、大气折光、温度变化、仪器升沉和尺垫下沉等的影响。

(一)地球曲率的影响

地面两点间的高差是过两点的水准面之间的高差。用水平面代替大地水准面的限度,也就是地球曲率对测量高差影响的程度,见式(3-32),其影响的大小与距离成正比。后视距离与前视距离相等时,可以消除地球弯曲对高差的影响。由于地球的平均半径 R 很大,又因为水准测量仪器至标尺的距离很近,只要前、后视距离 D_1 和 D_2 的差符合测量规范的限差要求,地球曲率对高差的影响可忽略不计。

$$\delta_h = \frac{D^2}{2R} \tag{3-32}$$

一个测站的水准测量,仪器前视距、后视距分别为 D_1、D_2,由于地球曲率影响对本测站高差的影响见式(3-33):

$$h = h' - \frac{D_1^2 - D_2^2}{2R} \tag{3-33}$$

由式(3-33)可知,若能使 $D_1 = D_2$,即后视距离与前视距离相等时,可以消除地球弯曲对高差的影响。由于地球的平均半径 R 很大,又因为水准测量仪器至标尺的距离很近,只要前、后视距离 D_1 和 D_2 的差符合规范里对相应等级水准测量的限差要求,地球曲率对高差的影响可忽略不计。

(二)大气折光的影响

大气折光是由于地面大气密度不均匀引起的,光线通过不同密度的大气层时发生折射,使观测视线产生垂直方向的弯曲,弯向地面一方,因而使观测读数含有误差。如果在较为平坦的地区测量,即视线高度大致相同,且前、后视距相等,则对视线的折光影响相同,视线在前、后视标尺弯曲的程度也相同,因此高差不受大气折光的影响。若前、后视线离地面的高度不同,则视线通过大气层的密度不同,对视线的折光影响也不同,视线在垂直面内的弯曲程度也就不同。

为了减弱大气折光对高差的影响,测量时应当采取使前后视距尽可能相等,使视线离地面有一定的高度,在坡度较大的地区作业时应当缩短距离等措施。

大气折光的影响与观测时的气象条件、水准路线所处的地理位置和自然环境、观测时间、视线长度、视线离地面的高度等诸多因素有关,实际作业中完全消除大气折光的影响是不可能的,只有严格遵守测量规范要求,才能有效地减弱。

(三)温度变化

在野外测量时,太阳光的照射、地面温度的反射都会使大气温度发生变化,气温变化使仪器的各部件发生不同程度的热胀冷缩,从而对观测高差产生影响。因此,测量时应当采取措施减弱温度的影响,

(1)观测前让仪器与外界环境相适应,如仪器从箱中取出半小时后再观测。

(2)晴天时给仪器打伞;避免阳光直接照射仪器。

(3)避开一天中温度变化较大的时段观测,如日出、日落前后。

(四)仪器升沉误差

在土质较松软的地面进行水准测量时,由于仪器、脚架本身的重量及地面的反作用力,仪器会产生轻微的下沉(或上升),前视与后视不可能同时读数,因此仪器下沉(或上升)必将对高差产生影响。因为仪器下沉或上升的情况类似,下面以仪器的上升情况为例分析仪器的升沉误差。

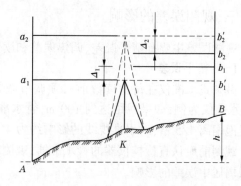

图 3-30　仪器升沉误差

如图 3-30 所示,水准仪整置于 K 点上,于 A、B 两点竖立双面标尺,当按"后—前—前—后"的次序进行观测读数时,其读数分别为 a_1、b_1、b_2、a_2,由于仪器随观测时间不断上升,在 a_1 和 b_1 的观测间隔内,仪器上升 Δ_1;在 b_2、a_2 的观测时间间隔内,仪器上升 Δ_2。假定在前视标尺上对应于后视标尺读数时的正确读数为 b_1' 和 b_2',则有:

$$\begin{cases} b_1' = b_1 - \Delta_1 \\ b_2' = b_2 + \Delta_2 \end{cases}$$

设实际测得的黑面高差和红面高差分别为 h_1'、h_2',不含仪器升沉误差的理论值为 h_1、h_2,则有:

$$\begin{cases} h_1 = a_1 - b_1' = a_1 - (b_1 - \Delta_1) = h_1' + \Delta_1 \\ h_2 = a_2 - b_2' = a_2 - (b_2 + \Delta_2) = h_2' - \Delta_2 \end{cases}$$

高差中数为

$$h = \frac{1}{2}(h_1 + h_2) = \frac{1}{2}(h_1' + h_2') + \frac{1}{2}(\Delta_1 - \Delta_2) \tag{3-34}$$

式(3-34)中,第一项为实际测得的红、黑面高差中数,第二项为仪器上升误差对观测高差的影响。

若按照"后—前—前—后"的顺序观测,有利于减弱仪器升沉误差的影响。因此,规范要求高等级水准测量须按照"后—前—前—后"的顺序观测。但由于仪器升沉对高差的影响较小,因此测量规范不要求四等水准测量中按照"后—前—前—后"的顺序观测,而是采用"后—后—前—前"的观测顺序。

(五)尺垫下沉误差

由于水准标尺和尺垫本身的重量,尺垫压在地面上后一般要发生下沉,下沉速度随时间而减慢。尺垫下沉对观测高差的影响主要产生于迁站过程中;迁站后,原来的前视标尺转为后视标尺,尺垫在迁站过程中下沉了,它总是使后视标尺的读数比应有值大,致使各测站所测高差都比应有值大,对整个水准路线的高差影响就呈现系统性。如果采用往、返观测,由于往、返测高差的符号相反,尺垫下沉误差在往、返测高差中数中会得到一定程度的抵消和减弱。

为了提高水准测量的精度,要采取有效措施来减弱上述误差的影响。例如,观测时,标尺提前半分钟安放在尺垫上,等它升沉缓慢时开始读数。迁站时转点上的标尺应从尺垫上取下,观测前半分钟再放上去,这样可以减少尺垫的升沉量,从而减小误差。

三、观测误差的影响

观测误差主要有精平误差、调焦误差和读数误差。

(一)精平误差

微倾式水准仪在每次读数前必须调节微倾螺旋,使管水准器气泡居中,达到精平。以 DS_3 水准仪为例,如果视距达到 100 m,管水准器气泡分划值为 20″/2 mm,若读数时管水准器气泡偏离 1/5 格,对水准视线的影响约为 4″,对高差读数的影响达到 2 mm。

观测前应认真检校仪器的管水准器,观测时,应使符合水准器气泡严格符合,才能有效地减弱居中误差的影响。

(二)调焦误差

在前、后视观测过程中反复调焦,将使仪器的 i 角发生变化,从而影响高差读数。因此,观测时应当避免在前、后视读数时反复调焦。

(三)读数误差

读数误差主要是观测时的估读误差。普通水准测量中,水准尺为厘米刻划,估读的精度与测量时的视线长度、仪器十字丝的粗细、望远镜的放大倍率以及测量员的熟练程度等有关。影响最大的是视线长度,测量规范对不同等级的水准测量规定了不同的最大视线长度。四等水准测量中最大视线长度为 100 m。

■ 任务六　水准仪与水准尺的检验与校正

水准仪是水准测量的主要仪器,水准测量成果的好坏,主要取决于水准仪是否合乎要求。为了保证水准测量成果的正确可靠,在作业前需要对水准仪、水准尺进行检验和校正。

一、水准仪应满足的几何条件

如图 3-31 所示,水准仪的主要轴线有望远镜的视准轴(照准轴)CC、管水准轴 LL、圆水

准器轴 $L'L'$ 和竖轴 VV。由水准测量原理可知,准确测定两点间高差是以水准仪的视线(视准轴)水平为基础的,视线水平又是以管水准器气泡居中即管水准轴水平来判断的。因此,水准仪应满足的主要条件几何条件有:

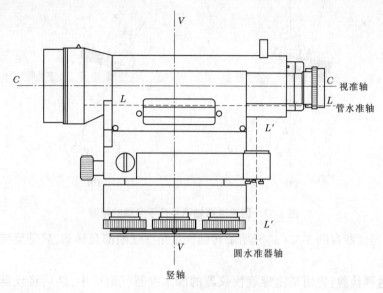

图 3-31　水准仪的几何轴系

(1)管水准管轴 LL 平行于视准轴 CC。

(2)圆水准器轴 $L'L'$ 平行于竖轴 VV。

(3)十字线横丝垂直于竖轴 VV。

二、水准仪的检验与校正

(一)一般检视

检视水准仪时,主要注意光学零部件的表面有无油迹、擦痕、霉点和灰尘;胶合面有无脱胶、镀膜面有无脱膜现象;仪器的外表面是否光洁;望远镜视场是否明亮、均匀;符合水准器成像是否良好;各部件有无松动现象;仪器转动部分是否灵活、稳当,制动是否可靠;调焦时成像有无晃动现象。此外,还应检查仪器箱内配备的附件及备用零件是否齐全,三脚架是否稳固。

(二)圆水准器的水准轴应平行于仪器竖轴的检验与校正

1. 检验

仪器的竖轴与圆水准器轴为两条空间直线,它们一般不相交,为讨论方便,取它们在过两个脚螺旋连线的竖直面上的投影进行分析。如图 3-32 所示,VV 为竖轴,$L'L'$ 为圆水准器轴,假设它们不平行而有一个夹角 α,当气泡居中时,圆水准器轴 $L'L'$ 是竖直的,仪器竖轴与竖直位置的偏差为 α 角。此时将仪器旋转 $180°$,由于仪器旋转时是以 VV 为旋转轴,因此 VV 的空间位置是不动的。仪器旋转之后,水准器中的液体受重力作用,气泡仍将处于最高处,而圆水准器的水准轴将在 $L''L''$ 处。从图 3-32(b)中可以看出水准轴 $L''L''$ 与竖直轴 $L'L'$ 之间的角度为 2α,此时水准器的气泡已不再居中而偏离到了另外一边,气泡偏移的弧长所对圆心角等于 2α。

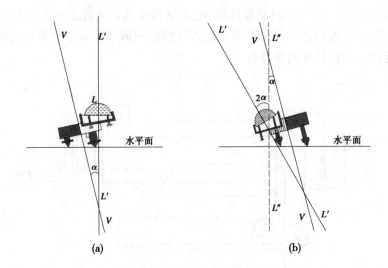

图 3-32   圆水准器轴不平行于竖轴的检验

事实上,当仪器自图 3-32(a)开始旋转到任意角度气泡都会移动,只是旋转 180°时气泡移动幅度最大。

因此应这样检验:先用基座螺旋使仪器的圆水准器气泡居中,然后将仪器照准部旋转180°,若气泡仍居中,说明仪器的圆水准器的水准轴与竖轴平行;若气泡不居中,则说明圆水准器的水准轴与竖轴不平行,仪器需要校正,气泡偏移的长度代表了仪器竖轴和水准轴的夹角的 2 倍。

2. 校正

若经过检验发现仪器竖轴与水准轴不平行,应进行校正。校正工作可用装在圆水准器下面的校正螺钉带实现。

校正方法如图 3-33 所示,用基座脚螺旋改正气泡偏离值的一半,再用圆水准器校正螺钉使气泡居中。由于圆水准器只有一个气泡居中的圆圈标志,而没有气泡偏离多少的准确格值,校正时不易掌握气泡偏离值的一半,因此此项检校应反复进行,直到仪器满足条件为止。

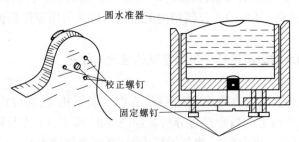

图 3-33   圆水准器的校正

(三)十字丝的检验与校正

十字丝的横丝是读取水平视线在标尺上读数的,横丝水平与否,是保证获取正确高差的关键。

检验方法是:整平仪器后,用十字丝横丝的一端照准一点状目标点,然后徐徐转动水平微动螺旋,使目标点沿十字丝横丝移动,若目标始终不离开十字丝横丝,则表明十字丝横丝水平;若目标离开十字丝横丝有一段距离,说明十字丝横丝不水平,应进行校正。

十字丝的校正,打开十字丝护盖,松开十字丝的固定螺丝,旋转十字丝环,使十字丝中点照准检验开始照准的点即可。重新检验,若仪器满足条件,将十字丝固定,安上护盖。

(四)管水准轴平行于视准轴

管水准轴与照准轴相当于两条空间直线,空间两直线的平行有两种情况:一是二者在水平面上的投影平行;另一种是二者在铅垂面上的投影平行。通常把水准仪管水准轴与照准轴在铅垂面上投影的夹角称为 i 角, i 角对高差观测值的影响称为 i 角误差。把水准仪管水准轴与照准轴在水平面上投影的夹角称为交叉角,交叉角对高差观测值的影响称为交叉误差;由于交叉误差较小,在三、四等水准测量中可以忽略不计。

1. 检验

如图 3-34 所示,在平坦地面上选择两个点 A、B,打入木桩或放置尺垫立尺,把水准仪安置在 A、B 中间,保持前后视距完全相等,测得 A、B 两点间高差为 $h'_{AB} = a'_1 - b'_1$。然后将水准仪迁站到 B 点附近,测得 A、B 两点间高差为 $h''_{AB} = a'_2 - b'_2$,并量取水准仪至 A 点、B 点距离分别为 S_A 和 S_B,代入式(3-35)进行计算

$$i = \frac{h''_{AB} - h'_{AB}}{S_A - S_B}\rho'' \tag{3-35}$$

若 i 角大于 20″,必须对水准仪进行校正。

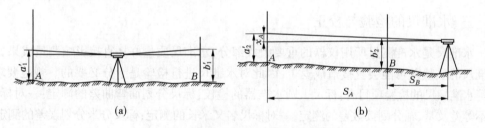

图 3-34　管水准轴平行于视准轴的检验

2. 校正

保持仪器置于 B 点附近不动,先计算出 A 尺的正确读数 a_2:

$$a_2 = a'_2 - x_A \tag{3-36}$$

其中
$$x_A = \frac{S_A}{\rho''}i$$

用微倾螺旋使读数对准 a_2,此时管水准器气泡不居中,调节上下两个校正螺钉使气泡居中即可。该方法的实质是先将视线水平,即读数对准 a_2,然后校正水准轴至水平位置。管水准器的检验与校正需要反复进行,直到符合要求为止。

【例3-1】　某水准测量项目在实施前对 DS_3 水准仪进行 i 角检验,在实地选择两个点 A、B,相距 100 m,把仪器安置在 A、B 中间,得读数 $a'_1 = 1\,364$ mm 和 $b'_1 = 1\,579$ mm,第二次将仪器安置在 AB 延长线上距离 B 点 10 m,得读数 $a'_2 = 1\,483$ mm 和 $b'_2 = 1\,641$ mm。

首先计算两次高差 h'_{AB} 和 h''_{AB},再根据式(3-35)计算 i 角,再计算改正数,最后根据改正数计算正确读数,根据正确读数来校正管水准器。具体计算过程见表 3-10。

表 3-10　*i* 角计算表

第一次读数(mm) 仪器在 *A*、*B* 点中间		第二次读数(mm) 仪器在 *B* 点一端		距离
a'_1	1364	a'_2	1483	
b'_1	1579	b'_2	1641	
h'_{AB}	−0215	h''_{AB}	−0158	
$h''_{AB} - h'_{AB} = +57(\text{mm})$ $i = \dfrac{h''_{AB} - h'_{AB}}{110 - 10} \times \rho'' = +118''$ $x_A = \dfrac{S_A}{\rho''}i = +63(\text{mm})$ $a_2 = a'_2 - x_A = 1\,420(\text{mm})$				$S_A = 110$ m $S_B = 10$ m

【小贴士】

(1)为了使测得的 *i* 角更准确,检验时应当对标尺多次读数并取平均值再求 Δ 及 *i* 角。

(2)规范规定用于三、四等水准测量的仪器 *i* 角不得大于 20″。

(3)仪器检校结束应当验证校正的正确性。

三、水准尺的检验与校正

水准尺是水准测量所用仪器的重要组成部分,水准尺质量好坏直接影响测量成果,如果水准尺的质量差可能会直接造成返工,因此对水准尺进行检验是十分必要的。规范要求三、四等水准标尺的检验项目有:标尺上圆水准器的检校;标尺分划面弯曲差的测定;一对标尺零点不等差及基、辅分划读数差的测定;一对标尺名义米长的测定;标尺分米分划误差的测定。

(一)标尺上圆水准器的检校

标尺圆水准器的正确安置很重要,否则无法指示水准尺是否竖直。

(1)水准仪圆水准器气泡居中,照准距水准仪 50 m 处竖立的水准标尺,并使水准标尺的中线(或边缘)与望远镜的竖丝精密重合,若标尺的圆水准器的气泡不居中,用圆水准器的校正螺丝使气泡居中。

(2)然后旋转水准标尺 180°,使水准标尺的中线(或边缘)与望远镜的竖丝精密重合。观察气泡,若气泡居中,表示标尺此面已垂直,否则应重新检校十字丝。

(3)旋转水准标尺 90°,检查标尺另一面是否垂直,检校方法同(1)和(2)。

(4)重复上述操作,直到使标尺能按圆水准器准确地位于垂直位置。

(二)标尺分划面弯曲差的测定

将标尺平放在工作台上,通过标尺两端引张一条细直线,在标尺的两端及中央分别量取分划面至该细线的距离,分别为 $R_{上}$、$R_{中}$、$R_{下}$,则标尺的弯曲差为

$$f = R_{中} - (R_{上} + R_{下})/2 \tag{3-37}$$

规范规定:*f* 不得大于 8 mm。

（三）一对标尺零点不等差及基、辅分划读数差的测定

水准标尺底面与其分划零点的差值称为水准标尺的零点差,一对标尺的零点差之差称为一对标尺零点不等差。每根标尺基本分划读数加上基辅差与同一高度的辅助分划之间的差称为基辅分划读数差。

在地面选择一点整置水准仪,在距水准仪 20~30 m 处等距离选择三点打下木桩,使桩间高差约为 20 cm。在三个木桩上依次安放一对标尺,仪器分别读取每个标尺基本分划和辅助分划的中丝读数各三次,并三次变换仪器高观测。

分别计算基本分划和辅助分划读数的中数,两标尺基本分划读数中数的差,即为一对标尺的零点不等差。每一标尺基本分划读数的中数与辅助分划读数的差即为该标尺基、辅分划读数差的常数。

规范规定:一对标尺的零点不等差大于 1 mm 时须对标尺进行调整;标尺基、辅分划差大于 0.5 mm 时须在观测计算中加改正。

（四）一对标尺名义米长的测定和标尺分米分划误差的测定

这两项检验必须利用专门的尺子,由专业人士在实验室进行。

【案例】

某实训小组布设了一条闭合水准路线,从已知水准点 C_3 开始,起始高程 $H_{C_3} = 125.709$ m,经过 D_8、A_1、B_6,最后回到 C_3 点,使用 DS_3 水准仪配合黑红面水准尺进行四等水准测量,水准路线略图见图 3-35,原始记录见表 3-11,高程计算配赋表见表 3-12。

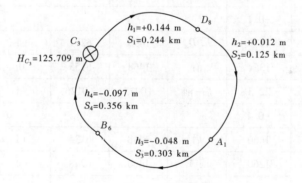

图 3-35　水准路线略图

表 3-11　四等水准测量记录

测站编号	测点编号	后尺 上丝 下丝	前尺 上丝 下丝	方向及尺号	标尺读数 黑面	标尺读数 红面	K+黑-红	高差中数	备注
		后距	前距						
		视距差 d	Σd						
1	C_3 — TP_1	1851	1660	后 C_3	1646	6433	0		
		1440	1252	前	1456	6144	−1		
		41.1	40.8	后−前	+0190	+0289	+1	+0.1895	
		+0.3	+0.3						

续表 3-11

测站编号	测点编号	后尺 上丝 下丝	前尺 上丝 下丝	方向及尺号	标尺读数 黑面	标尺读数 红面	K+黑-红	高差中数	备注
		后距	前距						
		视距差 d	Σd						
2	TP₁ — TP₂	1554	1580	后	1447	6133	+1		
		1339	1362	前	1471	6259	−1		
		21.5	21.8	后−前	−0024	−0126	+2	−0.0250	
		−0.3	0						
3	TP₂ — TP₃	1690	1598	后	1512	6299	0		
		1335	1243	前	1420	6108	−1		
		35.5	35.5	后−前	+0092	+0191	+1	+0.0915	
		0	0						
4	TP₃ — D₈	1467	1578	后	1349	6036	0		
		1231	1341	前 D₈	1460	6248	−1		
		23.6	23.7	后−前	−0111	−0212	+1	−0.1115	
		−0.1	−0.1						
5	D₈ — TP₁	1603	1579	后 D₈	1493	6281	−1		
		1382	1354	前	1468	6155	0		
		22.1	22.5	后−前	+0025	+0126	−1	+0.0255	
		−0.4	−0.4						
6	TP₁ — A₁	1648	1660	后	1448	6134	+1		
		1247	1260	前 A₁	1460	6248	−1		
		40.1	40.0	后−前	−0012	−0114	+2	−0.0130	
		+0.1	−0.3						
7	A₁ — TP₁	1615	1621	后 A₁	1440	6228	−1		
		1265	1270	前	1446	6133	0		
		35.0	35.1	后−前	−0006	+0095	−1	−0.0055	
		−0.1	−0.1						
8	TP₁ — TP₂	1600	1591	后	1385	6072	0		
		1170	1167	前	1379	6167	−1		
		43.0	42.4	后−前	+0006	−0095	+1	+0.0055	
		+0.6	+0.5						

续表 3-11

测站编号	测点编号	后尺 上丝/下丝 后距 视距差 d	前尺 上丝/下丝 前距 ∑d	方向及尺号	标尺读数 黑面	标尺读数 红面	K+黑-红	高差中数	备注
9	TP₂ — TP₃	1725	1740	后	1531	6318	0		
		1338	1351	前	1538	6225	0		
		38.7	38.9	后－前	－0007	＋0093	0	－0.0070	
		－0.2	＋0.3						
10	TP₃ — B₆	1599	1640	后	1423	6112	－2		
		1249	1290	前 B₆	1465	6251	＋1		
		35.0	35.0	后－前	－0042	－0139	－3	－0.0405	
		0	＋0.3						
11	B₆ — TP₁	1735	1630	后 B₆	1543	6330	0		
		1350	1244	前	1439	6126	0		
		38.5	38.6	后－前	＋0104	＋0204	0	＋0.1040	
		－0.1	－0.1						
12	TP₁ — TP₂	1660	1801	后	1461	6150	－2		
		1264	1405	前	1603	6390	0		
		39.6	39.6	后－前	－0142	－0240	－2	－0.1410	
		0	－0.1						
13	TP₂ — TP₃	1808	1731	后	1599	6388	－2		
		1391	1321	前	1526	6214	－1		
		41.7	41.8	后－前	＋0073	＋0174	－1	＋0.0735	
		－0.1	－0.2						
14	TP₃ — C₃	1660	1795	后	1370	6058	－1		
		1080	1215	前 C₃	1504	6291	0		
		58.0	58.0	后－前	－0134	－0233	－1	－0.1335	
		0	－0.2						

表 3-12　高程计算表

点名	路线长(km)	观测高差(m)	改正数(m)	改正后高差(m)	高程(m)
C_3					125.709
	0.244	+0.144	-0.003	+0.141	
D_8					125.850
	0.125	+0.012	-0.001	+0.011	
A_1					125.861
	0.303	-0.048	-0.003	-0.051	
B_6					125.810
	0.356	-0.097	-0.004	-0.101	
C_3					125.709
合计	1.028	+0.011	-0.011	0.000	

$$f_h = +0.011 \text{ m} \qquad f_{h限} = \pm 20 \sqrt{L} = \pm 0.020 \text{ m}$$

【知识拓展】

使用南方平差易 2005 进行水准平差

一、软件介绍

南方平差易(Power Adjust 2005,简称 PA2005),由南方测绘仪器公司开发的数据处理软件。它是在 Windows 系统下用 VC 开发的控制测量数据处理软件。它一改过去单一的表格输入,采用了 Windows 风格的数据输入技术和多种数据接口(兼容南方系列产品接口、其他软件文件接口),同时辅以网图动态显示,实现了从数据采集、数据处理和成果打印的一体化。成果输出丰富强大、多种多样,平差报告完整详细,报告内容也可根据用户需要自行定制,另外,还有详细的精度统计和网形分析信息等功能。该软件界面友好,功能强大,是比较理想的控制测量数据处理工具。

二、界面说明

如图 3-36 所示,PA2005 比较简单友好,跟其他常规软件类似,界面上部由菜单栏、标准工具栏组成,在菜单栏中可以调出所有可用命令,标准工具栏则放置了常用功能图标,便于调用。界面主要区域由控制网点区、观测数据区和观测略图区三部分构成。控制网点区主要用于输入控制网中控制点点号、控制点属性、起算数据(主要是 X、Y、H)。观测数据区则用来输入测站点区每个有观测数据的测站点的观测数据,观测略图区则显示控制网略图,需要说明一点的是,单一水准、水准网是不显示略图的。

三、水准平差计算

下面就以图 3-35 中所示的案例数据为例,简述使用 PA2005 平差计算的方法。

(一)输入测站点数据

如图 3-37 所示,按照水准路线前进方向,依次输入 C_3、D_8、A_1、B_6;C_3 为已知水准点,属性值为 01,同时输入其高程值,其他三个点为待定水准点,属性值为 00。

(二)输入观测数据

如图 3-38 所示,分别点击 001~004 行(对应 C_3、D_8、A_1、B_6),依次输入观测数据。如选

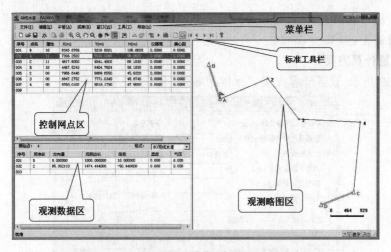

图 3-36 PA2005 界面

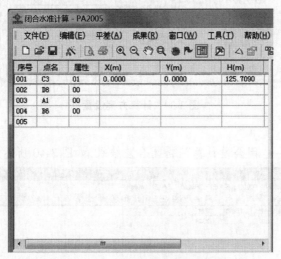

图 3-37 控制网点区数据输入

测站点:	C3		格式:	(4)水准
序号	照准名	观测边长	高差	
001	D8	244.000000	0.144000	

测站点:	D8		格式:	(4)水准
序号	照准名	观测边长	高差	
001	A1	125.000000	0.012000	

测站点:	A1		格式:	(4)水准
序号	照准名	观测边长	高差	
001	B6	303.000000	-0.048000	

测站点:	B6		格式:	(4)水准
序号	照准名	观测边长	高差	
001	C3	356.000000	-0.097000	

图 3-38 观测数据区数据输入

择第一行 C_3 测站点,在观测数据区分别输入该点到下一个点 D_8 的测段路线长度(以 m 为单位)和测段高差(以 m 为单位)。

(三)设置计算方案

如图 3-39 所示,设置计算方案,"水准网等级"选择"国家四等"。

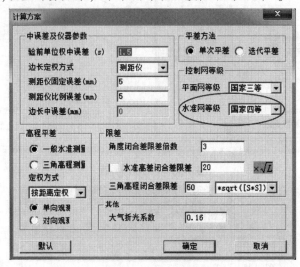

图 3-39　计算方案设置

(四)计算闭合差

选择菜单"平差"→"闭合差计算",得闭合差结果,如图 3-40 所示。

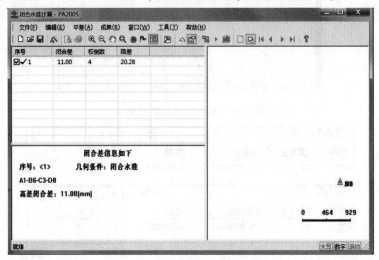

图 3-40　闭合差计算

(五)坐标推算

选择菜单"平差"→"坐标推算"。

(六)平差计算

选择菜单"平差"→"平差计算"。

(七)成果输出

成果输出如图 3-41 所示。

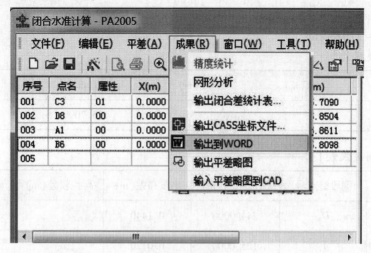

图 3-41　成果输出

(八)PA2005 平差报告

控制网平差报告

【控制网概况】

计算软件:南方平差易 2005

网名:

计算日期:2019-04-08

观测人:

记录人:

计算者:

检查者:

测量单位:

备注:

高程控制网等级:国家四等

已知高程点个数:1

未知高程点个数:3

每公里高差中误差 = 10. 85 mm

最大高程中误差[A1] = 3. 73 mm

最小高程中误差[D8] = 3. 31 mm

平均高程中误差 = 3. 58 mm

规范允许每公里高差中误差 = 10 mm

[边长统计]总边长:1 028. 000 m,平均边长:257. 000 m,最小边长:125. 000 m,最大边长:356. 000 m

观测测段数:4

[闭合差统计报告]

序号:<1>:闭合水准

路径:[A1-B6-C3-D8]

高差闭合差=11.00 mm,限差=±20 * SQRT(1.028)=±20.28 mm

路线长度=1.028 km

【起算点数据表】

点名	X(m)	Y(m)	H(m)	备注
C_3			125.7090	

【高差观测成果表】

测段起点号	测段终点号	测段距离(m)	测段高差(m)	高差较差(m)	较差限差(m)
C_3	D_8	244.0000	0.1440		
D_8	A_1	125.0000	0.0120		
A_1	B_6	303.0000	−0.0480		
B_6	C_3	356.0000	−0.0970		

【高程平差结果表】

点号	高差改正数(m)	改正后高差(m)	高程中误差(m)	平差后高程(m)	备注
C_3			0.0000	125.7090	已知点
D_8	−0.0026	0.1414	0.0033	125.8504	
D_8			0.0033	125.8504	
A_1	−0.0013	0.0107	0.0037	125.8611	
A_1			0.0037	125.8611	
B_6	−0.0032	−0.0512	0.0037	125.8098	
B_6			0.0037	125.8098	
C_3	−0.0038	−0.1008	0.0000	125.7090	已知点

【控制点成果表】

点名	$H(\text{m})$	备注	点名	$H(\text{m})$	备注
C_3	125.7090	已知点	D_8	125.8504	
A_1	125.8611		B_6	125.8098	

项目小结

本项目从高程测量方法入手,主要讲了水准测量的基本概念、水准测量原理、水准测量技术设计、水准仪的认识与使用、图根水准测量、四等水准测量、水准测量误差分析、水准仪和水准尺的检校,最后以四等闭合水准测量为例,阐述了水准测量中测站记录与计算、成果检查、高程平差计算。

思考与习题

1.绘图说明水准测量的基本原理。

2.简述我国的高程系统,水准测量如何分级?

3.水准仪由哪些部件组成,各有什么作用?

4.用水准仪在水准尺上读数时,为什么会产生视差? 如何消除视差?

5.简述微倾式 DS_3 水准仪的操作步骤。

6.什么是测站? 什么是测段? 什么是水准路线?

7.单一水准路线有哪些类型? 它们有什么区别?

8.什么是高差闭合差? 如何计算高差闭合差的限差?

9.四等水准测量测站限差有哪些? 如何计算? 怎么取位?

10.水准测量高程如何计算?

11.水准仪有哪些轴线? 它们之间应满足哪些条件?

12.微倾式水准仪和自动安平水准仪有什么区别?

13.什么是水准仪的 i 角? 什么是 i 角误差? 如何测定和改正?

14.简述影响水准测量精度的因素。

15.试分析仪器升沉对一测站高差的影响。

16.有一条四等闭合水准路线,A_4 为已知水准点,该点高程 $H_{A_4} = 2\,003.982$ m,观测路线为 $A_4 \rightarrow B_4 \rightarrow C_1 \rightarrow D_1 \rightarrow A_4$,根据每站观测数据(见表3-13),完成测站计算,并完成水准平差计算,求得 B_4、C_1、D_1 点的高程值。

表 3-13　四等水准测量记录

测站编号	测点编号	后尺 上丝 下丝 后距 视距差 d	前尺 上丝 下丝 前距 Σd	方向及尺号	标尺读数 黑面	标尺读数 红面	K+黑−红	高差中数	备注
1	A_4 — TP_1	1476 1208	1502 1230	后 A_4 前 后−前	1341 1366	6030 6155			
2	TP_1 — TP_2	1549 1292	1552 1291	后 前 后−前	1420 1420	6207 6107			
3	TP_2 — TP_3	1515 1192	1430 1120	后 前 后−前	1355 1290	6041 6075			
4	TP_3 — TP_4	1479 1192	1455 1177	后 前 后−前	1337 1317	6122 6002			
5	TP_4 — TP_5	1404 1262	1479 1307	后 前 后−前	1335 1383	6024 6173			
6	TP_5 — B_4	1458 1245	1468 1236	后 前 B_4 后−前	1354 1359	6142 6048			
7	B_4 — TP_1	1592 1098	1520 1038	后 B_4 前 后−前	1350 1285	6037 6072			

续表 3-13

测站编号	测点编号	后尺 上丝 / 下丝	前尺 上丝 / 下丝	方向及尺号	标尺读数		K+黑−红	高差中数	备注
		后距	前距		黑面	红面			
		视距差 d	∑d						
8	TP₁—TP₂	1415	1631	后	1263	6049			
		1111	1321	前	1475	6165			
				后−前					
9	TP₂—TP₃	1452	1461	后	1282	5971			
		1110	1115	前	1290	6076			
				后−前					
10	TP₃—C₁	1678	1698	后	1362	6152			
		1049	1075	前 C₁	1385	6075			
				后−前					
11	C₁—TP₁	1691	1535	后 C₁	1533	6221			
		1372	1213	前	1375	6163			
				后−前					
12	TP₁—TP₂	1457	1450	后	1325	6110			
		1200	1209	前	1330	6015			
				后−前					
13	TP₂—TP₃	1570	1415	后	1434	6121			
		1309	1149	前	1285	6071			
				后−前					
14	TP₃—D₁	1475	1551	后	1312	6098			
		1148	1239	前 D₁	1398	6084			
				后−前					

续表 3-13

测站编号	测点编号	后尺	上丝 下丝	前尺	上丝 下丝	方向及尺号	标尺读数		K+黑−红	高差中数	备注
		后距		前距			黑面	红面			
		视距差 d		Σd							
15	D_1 − TP_1	1531		1508		后 D_1	1395	6080			
		1255		1236		前	1372	6158			
						后−前					
16	TP_1 − A_4	1511		1559		后	1305	6093			
		1120		1149		前 A_4	1355	6041			
						后−前					

17. 如图 3-42 所示,有一条四等附合水准路线,BM_A、BM_B 为起、终水准点,高程已知,N_1、N_2、N_3 为待定水准点,各测段路线长度和测段高差已标注于路线图上,试通过水准高程平差,计算三个待定点高程。

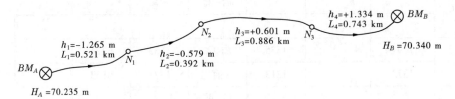

图 3-42　附合水准路线略图

18. 如图 3-43 所示,有一条四等闭合水准路线,A 为起、终水准点,高程已知,BM_1、BM_2、BM_3 为待定水准点,各测段路线长度和测段高差已标注于路线图上,试通过水准高程平差,计算三个待定点高程。

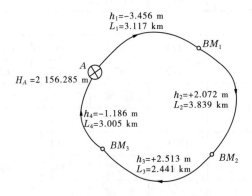

图 3-43　闭合水准路线略图

项目四　角度测量

项目概述

　　角度测量是三种基本测量工作之一,包含水平角测量和垂直角测量。本项目主要讲水平角、垂直角的概念与测量原理,J₆经纬仪的构造和使用方法,并引入《城市测量规范》(CJJ/T 8—2011)和《国家三角测量规范》(GB/T 17942—2000),阐述了测回法角度观测、方向法水平角观测,并对角度测量进行误差分析,从经纬仪该满足的轴系关系角度,说明了经纬仪的检验与校正方法。

学习目标

　　通过本项目的学习,理解水平角和垂直角的测量原理,认识经纬仪的结构,能进行经纬仪的对中整平,能使用经纬仪进行水平和垂直方向值读数,能进行测回法角度观测、方向法角度观测和垂直角观测,具备检查角度测量成果的能力,并对经纬仪进行检验与校正。

【导入】

　　测量的主要目的之一就是确定地面点平面位置,即 x、y 坐标,而要求得 x、y 坐标,则需要测量角度与距离,另外现实生活中方位的确定,如方位角,也是通过角度测量来定向的,要学会角度测量,就要学习角度测量原理、测量仪器和测量方法。

【正文】

任务一　角度测量原理

　　角度测量包括水平角测量和垂直角测量,前者主要用于测定地面点的平面位置,后者用于测定高程或将倾斜距离化为水平距离。

一、水平角

　　地面上一点到另外两目标点的方向线垂直投影到水平面上,其投影线在水平面上所夹的角称为水平角。如图 4-1 所示,O、A、B 为地面上三个高度不同的地面点,方向线 OA、OB 所夹的 $\angle AOB$ 不是水平角,按水平角定义,OA、OB 投影到水平面上,其投影线 $O'A'$、$O'B'$ 所夹的角 $\angle A'O'B'$ 即 β 才是 OA、OB 所夹的水平角。

　　由此可知,地面上任意两方向线间的夹角就是通过该方向线所作的两个铅垂面所组成的二面角。其二面角的大小可以在与过 A 点铅垂线垂直任意水平面内求得。为了测定水

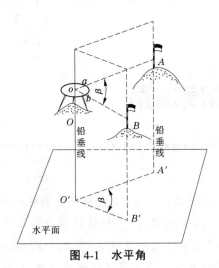

图 4-1　水平角

平角角值大小,假设在角顶点 O 的铅垂线上安置一台经纬仪,仪器上能有一个水平安置的刻度圆盘——水平度盘,度盘上有 $0°\sim360°$ 的刻度,其中心位于过 O 点的测站铅垂线上。经纬仪的望远镜不但可以在水平方向左右旋转,还能在铅垂面内上下旋转,以照准不同方向不同高度的目标。通过望远镜分别瞄准高低不同的目标 A、B,在水平度盘上读数为 a、b,则水平角 β 应该为

$$\beta = b - a \tag{4-1}$$

读数 a、b 称为水平方向值,夹角 β 称为水平角,其取值范围为 $0°\sim360°$。

【小贴士】

由此测出来的水平角是以铅垂线为基准的在水准面上的角。通过"三差"(垂线偏差、标高差和截面差)改正,即可化算为以参考椭球面和法线为基准的球面角,再经"曲率改正"即可化算到高斯平面上,得到高斯平面上的夹角。在高斯平面上,依据一定数量的大地点或三角点,用一定的计算公式即可推求未知点的坐标。

二、垂直角

垂直角就是测站点到目标点的视线方向与水平方向在垂直面内投影的夹角。如图 4-2 所示,垂直角通常用 α 表示,垂直角也称为竖直角、高度角,其取值范围为 $0°\sim\pm90°$,当 $\alpha = 0°$ 时,目标视线为水平线,目标视线 $O'A$ 在水平方向以上称为仰角,角值为正,目标视线 $O'B$ 在水平方向线以下称为俯角,角值为负。

目标视线 $O'A$ 与测站点天顶方向之间的夹角称为天顶距,用 Z 来表示,角值范围为 $0°\sim180°$,当 $Z = 90°$ 时目标视线为水平线,$Z < 90°$ 时为仰角,$Z > 90°$ 时为俯角,垂直角与天顶距的关系为

$$\alpha = 90° - Z \tag{4-2}$$

假设在 O 点架设经纬仪,经纬仪上安置一个带有刻度范围 $0°\sim360°$ 的垂直圆盘,使望远镜在垂直面内的旋转轴通过垂直度盘中心,垂直度盘与望远镜固定在一起,能够随望远镜俯仰而一起转动,且有一指标线始终处于铅垂位置,不随度盘的转动而转动,垂直角就是目标视线和水平方向线在垂直度盘上的读数差来求得的。

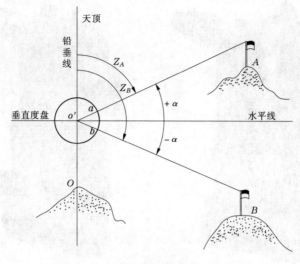

图 4-2　垂直角

光学经纬仪就是根据上述水平角和垂直角测量原理而研制的一种测角仪器。

任务二　经纬仪的认识与使用

经纬仪是一种主要用于精确测量水平角和垂直角的仪器。根据测角精度不同,经纬仪分为 DJ_{07} 型、DJ_1 型、DJ_2 型、DJ_6 型和 DJ_{15} 型。D、J 分别表示"大地测量"和"经纬仪"汉语拼音的第一个字母,下标 07、1、2、6 等表示该类仪器的精度等级,其含义为一测回方向中误差分别为 ±0.7″、±1.0″、±2.0″、±6.0″等。

经纬仪分为光学经纬仪和电子经纬仪,如图 4-3 所示,光学经纬仪利用几何光学器件的放大、反射和折射等原理进行度盘读数。光学经纬仪的国内外生产厂商很多,我国主要有北京光学仪器厂、苏州一光仪器有限公司、南京测绘仪器厂等,国外主要有德国蔡司厂、瑞士威特(WILD)厂等。

电子经纬仪则利用物理光学器件、电子器件和光电转换原理显示度盘,两者在机械结构上基本相同,随着电子经纬仪的发展,又增加了测距、测坐标、放样等功能,成为全站仪,如图 4-4 所示。生产全站仪的厂商,国内有南方测绘、苏州一光仪器有限公司、广东科力达仪器有限公司等,国外有徕卡测量系统、美国天宝公司、日本尼康测量仪器公司等。

地形测量中最常用的是 DJ_2 型和 DJ_6 型经纬仪。DJ_2 型经纬仪主要用于控制测量,DJ_6 型经纬线则主要用于图根控制测量和碎部测量。

一、经纬仪的构造

经纬仪的种类很多,其基本构造主要由基座和照准部组成,每个部件基本构造如图 4-5 所示。

基座用于连接脚架和照准部,如图 4-6 所示,基座上有三个脚螺旋,用于整平仪器,首先根据基座上的圆水准器粗平仪器,然后依据管水准器精平仪器。基座底板中心有连接螺旋孔,安置仪器时,将三脚架上的连接螺旋旋入螺孔中,使仪器与三脚架固连。

图 4-3 苏一光 DJ$_6$ 光学经纬仪

  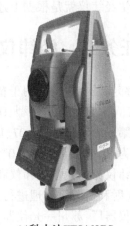

(a)Trimble S6　　　　　(b)Leica TS02 PLUS　　　　(c)科力达KTS462RS

图 4-4 全站仪

照准部则是经纬仪的主体,它由如下组件构成。

(一)水平度盘

水平度盘指经纬仪上用于度量水平角的圆盘,由金属或光学玻璃制成。盘面与竖轴正交,度盘中心由竖轴穿过,保证由指标读取的角为该点的水平角。

(二)垂直度盘

垂直度盘指经纬仪上度量垂直角的圆盘,亦称"竖盘"。安装在横轴的一端,盘面与横轴正交,度盘中心由横轴穿过,一般可随望远镜一同俯仰转动。

(三)水准器

管水准器用于经纬仪的精平,它是使经纬仪平面或轴线处于水平或垂直位置的一种装有液体的玻璃器皿。通过调整三个基座脚螺旋的高度,同时观察水准器气泡的移动变化,使气泡到达正确的位置,可使竖轴铅垂,水平度盘水平,从而满足正确的测角状态。

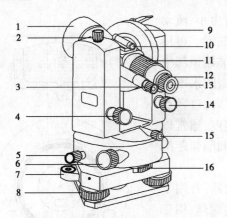

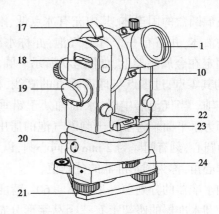

1—望远镜物镜；2—望远镜竖直制动螺旋；3—度盘读数窗口；4—望远镜竖直微动螺旋；5—照准部水平制动螺旋；6—照准部水平微动螺旋；7—圆水准器；8—脚螺旋；9—竖盘；10—瞄准器；11—望远镜物镜调焦环；12—望远镜目镜调焦环；13—望远镜目镜；14—竖盘水准管微倾螺旋；15—光学对点器；16—水平度盘位置变换轮；17—指标水准管反光镜；18—竖盘指标水准管；19—进光孔（照明镜）；20—水平度盘；21—基座底板；22—管水准器校正螺丝；23—管水准器；24—基座

图 4-5　DJ$_6$光学经纬仪的基本构造

(四) 横轴

横轴指测量仪器上望远镜绕其俯仰纵转的几何轴线，亦称"水平轴"。它被支架撑起在水平度盘上方，与水平度盘平行而与竖轴垂直。

(五) 竖轴

竖轴指仪器照准部旋转所围绕的几何轴线，亦称"垂直轴"或"纵轴"。它由主轴和轴套组成，两者密合而又旋转灵活，其旋转的稳定程度是衡量仪器质量优劣的重要标志。测角时，它应位于铅垂线方向，并通过下部悬挂的垂球对准地面标志点，以保证照准部绕地面点的铅垂线水平旋转。

(六) 视准轴

视准轴指望远镜物镜中心与十字丝交点的连线，它是照准目标的基准方向线，也称"视准轴"。它应与横轴正交并过横轴与竖轴的交点，以保证望远镜的俯仰面为过测站的铅垂面。

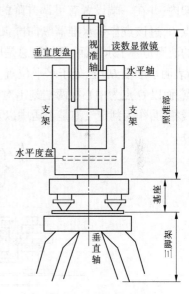

图 4-6　DJ$_6$经纬仪的基座

竖轴、横轴和视准轴，统称三轴，能否严格保持三轴之间的正交关系，是保证正确测角的关键。

二、经纬仪的整平装置

使经纬仪的竖轴铅垂、水平度盘水平、竖盘读数指标处于铅垂位置的装置，称为经纬仪的整平装置，主要包括圆水准器和管水准器。

(一) 圆水准器

圆水准器主要用于粗平，使经纬仪水平度盘大致水平。其内部为一内壁光滑的玻璃球面与玻璃圆盒的固连体,其内充有冰点低、附着力小、流动性强的液体,并留有一个真空气泡,亦称水准气泡。再用石膏固定在金属座架上,如图 4-7 所示。圆水准器顶部中心 O 为其零点,过零点与球面垂直的直线,称为圆水准器的水准轴。当气泡居中时,水准轴处于铅垂方向;过零点的切面为水平面。为了便于判断气泡的居中程度,通常以 O 点为圆心,刻有间隔为 2 mm 的同心圆,以该间隔弧距所对的球心角,称为圆水准器的分划值。

圆水准器的分划值一般为 $8' \sim 60'$,精度较低,常用于粗平。圆水准器的座架上有三个品字形分布的螺丝,用于校正。

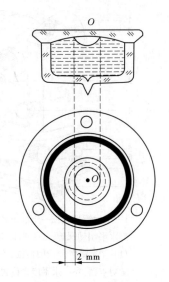

图 4-7　圆水准器

(二) 管水准器

管水准器为一内壁具有一定曲率半径的光滑玻璃管,与圆水准器类似,里面充有液体,并留有一个真空气泡,亦称水准气泡,如图 4-8 所示。通常用石膏将其固定在金属支架内,并在一端设置有可调升降的改正螺丝。管水准器纵断面内壁的中点,称为水准器的零点 O,过该点作管水准器纵向圆弧的切线 HH,称为管水准器的水准轴。由于重力作用,静止的液面是一个水准面,且气泡总是居于最高处,当气泡中心与水准器的零点重合时(气泡居中)表明水准轴 HH 已处于水平位置。由于气泡较长,为准确判定气泡居中程度,通常不刻出 O 点,而以 O 点为中心在两端刻出对称的分划线,如图 4-9 所示,并以气泡两端是否与对称分划线相切,作为判定气泡是否居中以及倾斜程度的依据。

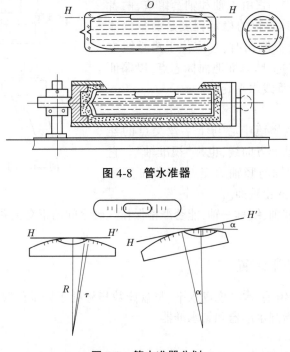

图 4-8　管水准器

图 4-9　管水准器分划

水准器相邻两分划的弧长一般为 2 mm。它所对的圆心角,称为水准器的分划值 τ ,即

$$\tau = \frac{2 \text{ mm}}{R} \cdot \rho'' \tag{4-3}$$

式(4-3)中,R 为管水准器内壁圆弧的曲率半径;τ 值愈小,水准器的灵敏度愈高。DJ_6 级经纬仪上管水准器的分划值多为 $30'' \sim 60''$。

三、经纬仪的读数系统

经纬仪的测读角度的一系列装置,称为经纬仪的读数系统。通常包括度盘、光路系统和测微装置。如图 4-10 所示,光路系统主要指传递度盘分划影像,使之成像、放大和进行测微读数的光线路径。一般随仪器类型不同,光路各异,但基本思路大体一致。

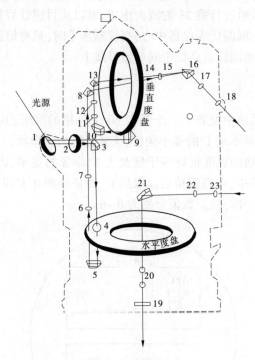

1—单面反光镜;2—毛玻璃;3、5、8、9、10、13、16—棱镜;4、6、7、11、12、17—透镜;14—读数窗;
15—测微板;18、23—目镜;19—防护玻璃;20—物镜;21—转向棱镜;22—标志板

图 4-10　经纬仪光路系统

(一)光路系统

图 4-10 中 1 是单面反光镜,其作用是将外界光线反射到仪器内;2 是一块毛玻璃,其作用是使光线变得均匀和柔和,然后分别传递到水平度盘和垂直度盘。

1. 水平度盘光路

入射光线经由棱镜 3 转向 90°,再经聚光透镜 4,使明亮的光线照射到水平度盘一侧,这一段称为照明路段,如果视场中没有光线或亮度不均匀,则是棱镜 3 位置不当所致。等腰棱镜 5 把投射下的度盘刻划影像转向 180°,经成像透镜组 6、7 并经转向棱镜 8,把水平度盘刻划影像成像在读数窗 14 中的测微板 15 上,这一段称为成像路段。如果视场中出现度盘分划影像格距与测微板上相应分划格距不一致(称为行差),或度盘影像与测微板上的分划不

能同时清晰(称为视差),则是 6、7 位置不当所致。棱镜 16 把测微板上的影像转向 90°后,经透镜 17 成像在目镜 18 的前焦点内,这样由目镜 18,即可同时看到测微板上测微分划和度盘分划的放大虚像。

2. 垂直度盘光路

与水平度盘光路相似,1、2 及棱镜 9,组成照明路段,把竖盘一侧的分划照亮;11、12 是竖盘成像透镜组,把经棱镜 10 传过的影像经棱镜 13 成像在测微板 15 的另一个位置上,显然 11、12 的位置关系影响竖盘影像的行差和视差;最后 16~18 与水平度盘光路相同,由目镜看到竖盘分划与测微板分划的放大虚像。

3. 光学对点器光路

来自地面上带有标志点中心影像的光线,通过防护玻璃 19、物镜 20 和转向棱镜 21 后,成像于标志板 22 上,然后通过目镜 23 的放大作用,可以从目镜处看到地面标志中心和标志板的影像。标志板上的小圆圈代表仪器中心,当仪器水平时,只要地面标志点中心与小圆圈重合,即说明仪器中心与地面标志点位于同一铅垂线上。

(二)读数系统

1. 测微装置

测微装置是在光路系统中安装了一个具有 60 个分格的尺子,其宽度正好与度盘上 1°影像的宽窄相同,用来测量不足 1°的微小角值,该装置称为测微尺。

由于测微尺 60 个分格的宽度正好等于度盘上 1°影像的宽窄,因此测微尺上每一小格的格值为 1′。在读数过程中,可直接精确读取到 1′,而估读到 0.1′即 6″。如图 4-11 所示,测微尺上每 10 个小格注记一次,注记数值分别为 0~6。

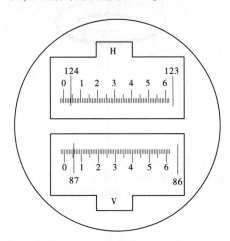

图 4-11　经纬仪读数窗口

2. 读数方法

如图 4-11 所示,在度盘读数窗口的视场中有上下两个读数窗口,其中视场上半部分标有"H"的表示水平度盘读数窗口,有的经纬仪中标的是"水平"或"－",均表示水平度盘读数窗口。视场下半部分标有"V"的表示竖直度盘读数窗口,也有的经纬仪标注的是"竖直""⊥"字样的窗口,均表示竖直度盘读数。

读数时,首先读出落在 0~6 的度盘分划线"度"的读数,再读出该分划线所在测微尺上

"分"的读数,以上"度"与"分"均为精度,无读数误差,最后估读小于1′的秒值,读至0.1′,即6″的整倍数。图 4-11 中水平和竖直方向值读数分别为 124°04′12″和 87°05′54″。

【小贴士】

利用测微装置进行 DJ$_6$ 经纬仪读数,度与分均为精度,秒估读至 0.1′即 6″,就是说秒值需是 6″的整倍数。图 4-12(a)水平和竖直方向值读数分别为 226°47′54″和 85°26′54″,图 4-12(b)水平和竖直方向值读数分别为 148°00′00″和 265°01′06″,图 4-12(b)所示水平方向值读数为特殊情形。

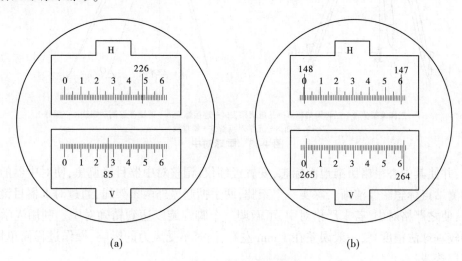

图 4-12　经纬仪读数练习

任务三　测回法水平角观测

进行水平角观测,首先要熟练掌握经纬仪的使用,主要包括仪器整置、照准、调焦、度盘配置,然后是角度观测。

一、经纬仪的整置

(一)对中

对中的目的是使仪器的中心与测站位于同一个铅垂线上,精确对中的方法有垂球法和光学对点器法。

1. 垂球法

如图 4-13(a)所示,把架腿伸开,长短适中,选好脚架架尖入地的位置,凭目估尽量使脚架面中心位于标志中心正上方,并保持脚架面概略水平。将垂球挂在脚架中心螺旋的小勾上,稳定之后,检查垂球尖与标石中心的偏离程度不大(约 3 cm 以内)时,装上经纬仪,旋上连接螺旋(不完全旋紧),双手扶基座在架头上平移仪器,使垂球尖精确对准测站点,最后将连接螺旋固紧。用垂球对中的误差一般可小于 3 mm,若要提高对中精度,还可以用仪器上的光学对中器进行对中,其对中误差可减少到 1 mm。

2. 光学对点器法

架腿伸开、竖立并齐,使脚架底座达到下颚高度,然后呈三角形均匀安置于地面,架头大

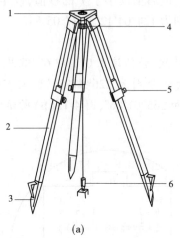
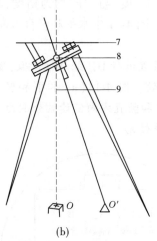

(a)　　　　　　　　　　　　　　　(b)

1—三脚架架头;2—三脚架架腿;3—三角架架尖;4—连接螺旋;5—架腿伸缩制动螺旋;6—垂球;
7—水平面;8—光学对点器;9—铅垂线

图 4-13　垂球对中

致水平,并使其中心粗略照准地面标志,安置经纬仪;调整对中器目镜调焦,使对中器的圆圈标志和测站点标志影像清晰。踩实一个架腿,两手掳起另外两条架腿,通过对点器目镜观察测站点,使之严格对中,若未严格对中,可微调三个脚螺旋以达到精确对中。利用光学对点器对中较垂球法精度高,一般误差在 1 mm 左右,同时不受风力的影响,操作过程简单快速,因而应用普遍。

【小贴士】

使用光学对中器对中测站点标志时,为在对中器目镜窗口中尽快看到标志,通常这样做:一是在放置脚架时,尽可能让架头水平,并对准测站点标志,二是用自己脚尖顶住标志,先寻找脚尖,找到脚尖便找到了标志。

(二) 整平

整平的目的是使竖轴处于铅垂位置,水平度盘处于水平位置。分为用圆水准器粗平和管水准器精平两个阶段。首先松开三脚架架腿制动螺旋,调节三脚架,升降架腿使圆水准器气泡居中,调整原则是圆水准器气泡偏向哪一侧,说明该侧高,降低这一侧架腿或升高相反方向一侧架腿即可,最终使圆水准器气泡在各个方向都居中。

用管水准器精平时,先让管水准器平行于某两个脚螺旋的连线,如图 4-14(a)所示,同时向里或同时向外旋转这两个脚螺旋,使气泡居中。然后转动照准部 90°,使管水准器垂直于该两个脚螺旋连线,如图 4-14(b),只转动第三个脚螺旋,使气泡居中,多个方向调节,直到各方向管水准器气泡均居中。

观察光学对点器与测站点标志是否完全重合,若有偏离,则半松开脚架中心连接螺旋,平行移动仪器使光学对点器与测站点完全重合,然后检查管水准器气泡是否居中。精平与对中反复操作,直到既精平,又完全对中测站点标志。

【小贴士】

为什么光学对点器粗平(使圆水准器气泡居中)需要靠升降脚架整平呢? 如图 4-13(b)所示,当用光学对点器对中以后,即对中了 O 点,若此时调节三个脚螺旋整平仪器,则光学

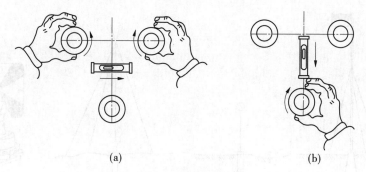

(a)　　　　　　　　　　　　　　　　　(b)

图 4-14　用管水准器精平

对点器会对中 O'，造成偏离过大，因此粗平时不能用调节脚螺旋整平仪器的方法，而只能采用升降架腿的方法。

注意：

（1）在坚滑地面上设站时，为防止仪器摔倒，应将架腿用绳子串牢，或用砖、石顶住。

（2）在山坡上设站时，应使两个架腿在下坡，一个架腿在上坡，以保障仪器稳定安全。

（3）转动脚螺旋时不可旋转过快，否则气泡不易稳定。

（4）应掌握气泡移动规律，即左手拇指的运动方向就是气泡的移动方向，右手则相反。

（5）三个脚螺旋高低相差过大，转动不灵活时，应重新调整仪器架头水平并对中，然后再整平，不可强行旋转。

（6）当旋转第三个脚螺旋时，不可再转动前两个脚螺旋，反之亦然。

（7）若反复数次难以整平，可能与管水准器未校正好有关。这时只要气泡总是偏在管水准器某一固定位置即可。

（三）调焦

调焦的目的是使十字丝和目标成像同时清晰。首先调节目镜调节螺旋，使十字丝清晰，然后调节物镜调焦螺旋使目标成像清晰。为了提高测角精度，观测时一定要注意消除视差。视差的概念及消除在项目三水准测量中讲过，这里不再赘述。

（四）照准

观测时，在地面的目标点上设立照准标志后才能进行瞄准。如图 4-15 所示，照准标志有地面上的花杆、测钎、垂球或安置在三脚架上的觇牌等。花杆适用于离测站较远的目标，垂球、测钎适用于较近的目标，觇牌则远近都适用。

照准目标是用十字丝中心部位照准目标，测水平角与垂直角所用的十字丝是不同的，但都是用接近十字丝中心的位置照准目标。如图 4-16（a）所示，在水平角测量中，应用十字丝的竖丝照准目标，根据目标的大小和距离的远近，可以选择用单丝或双丝照准目标。当所照准的目标较粗时，常用单丝平分之；若照准的目标较细，则常用双丝对称夹住目标。当目标倾斜时，应照准目标的底部以减弱目标偏心误差的影响。

如图 4-16（b）所示，进行垂直角测量时，应用十字丝的横丝（中丝）切准目标的顶部或特殊部位，在记录时一定要注记照准位置。

照准操作的方法是，松开照准部和望远镜制动螺旋，转动照准部和望远镜，用粗瞄准器使望远镜大致照准目标，然后从镜内找到目标并使其移动到十字丝中心附近，固定照准部和

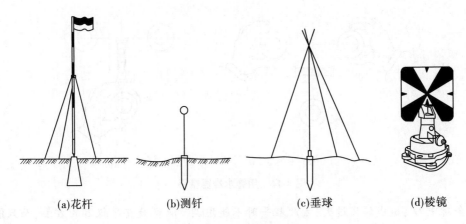

(a)花杆　　　　　(b)测钎　　　　　(c)垂球　　　　　(d)棱镜

图 4-15　角度测量照准标志

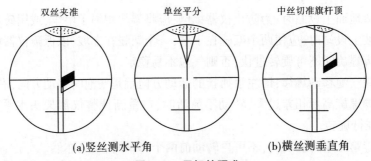

(a)竖丝测水平角　　　　　　　　　(b)横丝测垂直角

图 4-16　目标的照准

望远镜制动螺旋,再旋转其微动螺旋,便可准确照准目标的固定部位,读取水平角或垂直角数值。为了减少仪器的隙动误差,使用微动螺旋精确照准目标时,一定要用旋进方向。测水平角时,照准部的旋转一定要按规定的方向旋转,以减小仪器的带动误差。

二、水平度盘的配置

当用望远镜照准目标进行水平角或垂直角观测时,有几个基本概念:

盘左:竖盘在望远镜的左侧称为盘左,又称为正镜。

盘右:竖盘在望远镜的右侧称为盘右,又称为倒镜。

用盘左观测水平角时称为"上半测回";用"盘右"观测水平角时称为"下半测回";上半测回和下半测回合称"一测回"。

在水平角观测时,为了方向值的计算方便,通常规定某一目标清晰、成像稳定、边长适中的目标作为"零方向"。为了减弱水平度盘的刻划误差,多测回观测时,按一定公式计算来配置起始方向值读数,该过程称为配置度盘。如果一个测站总计观测了 m 测回,那么各测回起始方向按式(4-4)或式(4-5)进行度盘配置:

DJ$_6$ 型:
$$G = \frac{180°}{m}(k-1) + \frac{60'}{m}(k-1) \tag{4-4}$$

DJ$_2$ 型:
$$G = \frac{180°}{m}(k-1) + 10' \times (k-1) + \frac{600''}{m}\left(k - \frac{1}{2}\right) \tag{4-5}$$

式(4-4)和式(4-5)中,m 为总测回数;k 为测回序号。

具体配置步骤:

(1)仪器整平后,盘左位置精确照准目标。

(2)转动水平度盘位置变换手轮,使度盘读数调整至预定读数。

(3)为防止观测时碰动度盘变换手轮,度盘"置数"后,应及时盖上护盖。

三、测回法水平角观测

观测水平角常用的方法有测回法、方向观测法和复测法,当只有两个观测方向时称为测回法,测回法适用于两个方向的单角测量。如图 4-17 所示,以 O 点为测站,对中、整平仪器后即可用测回法进行观测水平角观测。

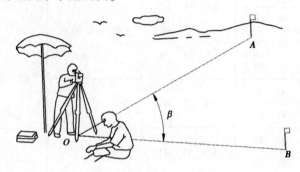

图 4-17 测回法水平角观测

测回法水平角观测步骤:

(1)用盘左精确照准目标 A(注意消除视差,双丝夹住目标或单丝平分目标底部),配置度盘,记录此数为 $a_左$。

(2)顺时针转动仪器的照准部,照准右边的 B 目标,读取水平度盘的读数 $b_左$。

以上两步用盘左观测,称为上半测回,其角值称为上半测回角值,大小为

$$\beta_左 = b_左 - a_左 \tag{4 6}$$

(3)倒转望远镜用盘右观测,按上述方法先观测 B 目标,记录水平度盘读数 $b_右$。

(4)逆时针转动仪器的照准部,观测目标 A,读数、记录 $a_右$。

以上(3)、(4)步用盘右观测,称为下半测回,其角值称为下半测回角值,大小为

$$\beta_右 = b_右 - a_右 \tag{4-7}$$

上、下两个半测回称为一测回,其角值大小为上、下两半测回角值的平均值,即

$$\beta = \frac{1}{2}(\beta_左 + \beta_右) \tag{4-8}$$

为提高观测精度,常采用多个测回进行水平角观测,为减弱度盘刻划误差,各测回间应变换度盘位置。测回法观测水平角的限差要求见表 4-1。

表 4-1 测回法观测限差要求

项目	半测回角值之差(″)	测回角值之差(″)
限差大小	36	24

注: 半测回角值之差就是上半测回角值和下半测回角值之差;测回角值之差又称为测回差,就是各测回角值之差。

【小贴士】

测回法角度观测,盘左精确照准第一个目标,此时配置度盘,一测回观测只配置一次;水平角完整一测回观测可以用"上顺下逆、ABBA"来描述其转动与照准顺序;无论上半测回或下半测回,半测回角度值都是第二个方向值减第一个方向值。

测回法观测水平角的记录、计算见表4-2。

表4-2　测回法观测水平角的记录手簿

测站	测回数	竖盘位置	目标	水平度盘读数 (° ′ ″)	半测回角值 (° ′ ″)	一测回角值 (° ′ ″)	各测回平均值 (° ′ ″)	备注
O	1	左	A	0　01　06	85　35　12	85　35　09	85　35　06	
			B	85　36　18				
		右	A	180　01　24	85　35　06			
			B	265　36　30				
O	2	左	A	90　00　36	85　35　06	85　35　03		
			B	175　35　42				
		右	A	270　00　48	85　35　00			
			B	355　35　48				

该表计算中的取位,秒值取至1″,取舍原则为"四舍六入,奇进偶不进",即取舍位若为1~4,则舍去,若为6~9,则进上,若为5,则根据该取舍位的前一位的奇偶情况,奇数进上去,偶数舍掉。

【例4-1】　根据"四舍六入、奇进偶不进"的原则,对下面四个数值进行取舍,要求保留至小数点后三位小数。

135.7412,135.7417,135.7415,135.7485。

解: 根据"四舍六入、奇进偶不进"原则,取至小数点后三位,以上四个数取舍后应该分别为:

135.741,135.742,135.742,135.748。

【小贴士】

表4-2中测回法水平角的观测与记录中,方向值的记录除了按照ABAB的顺序,也可按ABBA的顺序;半测回角度值为第二个方向减第一个方向,若第二个方向值小于第一个方向值,则第二个方向加360°再减。

任务四　全圆方向法水平角观测

在一个测站上需要观测3个以上方向时,可以采用方向法观测水平方向值,任何两个方向值之差即为该两个方向间的水平角。如果需要观测的水平方向超过3个,则依次对各个目标观测水平方向值后,还应继续向前转到第一个目标(零方向)进行第二次观测,称为归零。此时方向法观测因为从零方向出发又回到零方向,转了一个圆,因此称为全圆方向法。

全圆方向法观测归零的目的是,当应观测的方向较多时,半测回的观测时间也较长,这样在半测回中很难保持仪器底座及仪器本身不发生变动。由于归零,便可从零方向的两次方向值之差(即归零差)的大小,判明这种变动对观测精度影响的程度以及观测结果是否可以采用。

如图 4-18 所示,在 O 点设站,观测方向为 A、B、C、D 等目标,选定 OA 方向为零方向。零方向按这样的原则选定:边长适中,与本点其他方向比较,其边长既不是太长,又不是最短;成像清晰,目标背景最好是天空,若本点所有目标的背景均不是天空,可选择背景为远山的目标作为零方向;视线超越或离障碍物较远,不易受水平折光影响。

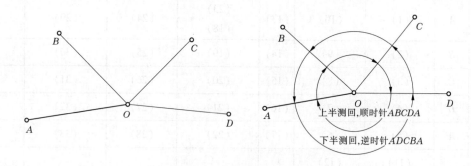

图 4-18　方向法观测水平角

一、全圆方向法观测

(一)上半测回盘左观测

在四个目标中,选择一个目标清晰、成像稳定的目标 A 作为零方向,按式(4-4)或式(4-5)配置度盘,读数、记录,然后按顺时针方向转动照准部依次观测 B、C、D 目标,读数、记录,最后照准 A 目标,读数、记录。两次照准 OA 方向所得两个方向值之差称为上半测回归零差。

(二)下半测回盘右观测

倒转望远镜盘右照准目标 A,读数、记录,然后逆时针转动照准部分别照准目标 D、C、B、A,读数、记录。在观测中又两次照准目标 A,两次 OA 方向值之差称为下半测回归零差。

上、下两半测回合称为一测回,其余各测回观测只需按要求变换零方向的度盘位置即可,其观测、记录方法完全相同。只有当上下半测回的归零差都符合规定要求时,才能进行后面的计算。

二、全圆方向法观测记录与计算

上半测回观测时,照准目标后分别读取目标 A、B、C、D、A 的水平度盘读数,记录在表 4-3 的第 3 列内。下半测回观测时,分别照准目标 A、D、C、B、A,并读取相应的水平度盘读数,记录在表 4-3 的第 4 列内。记录时,观测值应与相应的目标栏对齐。

如表 4-3 所示,记录手簿中的计算如下。

（一）归零差

归零差是半测回归零方向值之差：（11）=（5）-（1），（12）=（6）-（10）。

表 4-3　全圆方向观测法记录手簿的计算

测回	目标	水平度盘读数		2C ("")	盘左盘右平均方向值 (° ′ ″)	一测回归零方向值 (° ′ ″)	各测回归零方向平均值 (° ′ ″)	备注
		盘左 (° ′ ″)	盘右 (° ′ ″)					
1	2	3	4	5	6	7	8	9
I	A	（1）	（10）	（13）	（23） （18）	（24）	（29）	
	B	（2）	（9）	（14）	（19）	（25）	（30）	
	C	（3）	（8）	（15）	（20）	（26）	（31）	
	D	（4）	（7）	（16）	（21）	（27）	（32）	
	A	（5）	（6）	（17）	（22）	（28）	（33）	
		（11）	（12）					

（二）2C 值的计算

2C 值即 2 倍照准差，计算公式见式（4-9）

$$2C = L - (R \pm 180°) \tag{4-9}$$

式（4-9）中，L 为盘左读数；R 为盘右读数，当 $R \geq 180°$ 时，取"-"，当 $R < 180°$ 时，取"+"号。

以 OA 方向为例，（13）=（1）-（10）±180°，其余（14）~（17）计算同此。

（三）盘左盘右平均方向值

以盘左读数为准，同一方向盘左与盘右方向值求平均：

（18）=［（1）+（10）］/2，其余（19）~（22）同此。

零方向 OA 的平均方向值为：（23）=［（18）+（22）］/2。

（四）一测回归零方向值

一测回内各方向归零方向值由本测回盘左盘右平均方向值减去零方向 OA 平均方向值所得。

（24）= 0°00′00″；

（25）=（19）-（23），其余（26）~（27）计算同此。

（五）各测回归零方向平均值

全圆方向观测法记录手簿的计算见表 4-3。

各测回同一方向平均值（29）~（33）由该方向各测回方向值求平均所得。

表 4-4 为全圆方向观测法的记录与计算，一测回观测完成后，应及时进行计算，并对照检查各项限差（见表 4-5），如有超限，应立即重测。

表4-4　全圆方向观测法记录手簿

测回	目标	水平度盘读数		2C (″)	盘左盘右 平均方向值	一测回归 零方向值	各测回归 零方向平均值	备注
		盘左 (°　′　″)	盘右 (°　′　″)		(°　′　″)	(°　′　″)	(°　′　″)	
1	2	3	4	5	6	7	8	9
I	A	0　01　06	180　01　12	−6	(0　01　14) 0　01　09	0　00　00		
	B	71　52　06	251　52　00	+6	71　52　03	71　50　49		
	C	145　30　48	325　30　48	0	145　30　48	145　29　34		
	D	210　12　12	30　12　06	+6	210　12　09	210　10　55		
	A	0　01　18	180　01　18	0	0　01　18			
		$\Delta_左 = 12''$	$\Delta_右 = 06''$					
II	A	90　01　24	270　01　12	+12	(90　01　22) 90　01　18	0　00　00	0　00　00	
	B	161　52　06	341　52　00	+6	161　52　03	71　50　41	71　50　45	
	C	235　30　54	55　30　48	+6	235　30　51	145　29　29	145　29　32	
	D	300　12　18	120　12　18	0	300　12　18	210　10　56	210　10　56	
	A	90　01　30	270　01　24	+6	90　01　27			
		$\Delta_左 = 06''$	$\Delta_右 = 12''$					

表4-5　方向观测法限差要求

经纬仪级别	半测回归零差(″)	同一测回各方向2C互差(″)	同一方向各测回互差(″)
DJ$_2$	8	13	9
DJ$_6$	18	—	24

三、角度观测注意事项

为了保证测量成果的合格,在进行角度观测和记录时应注意以下几个方面。

(一)原始观测数据更改的规定

(1)原始记录不得涂改、转抄;铅笔粗细适当,字迹工整,记错的可用直线正规划去,并在旁边写上正确读数,但不得连环涂改;手簿项目填写齐全,不留空页,不撕页;记录数字字体正规,符合规定。

(2)读记错误的秒值不许改动,否者应重新观测。读记错误的度、分值,必须在现场更改,但同一方向盘左、盘右、半测回方向值三者不得同时更改两个相关数字,同一测站不得有两个相关数字连环更改,否则均应重测。

(3)凡更改错误,均应将错误数字、文字用横线整齐划去,在其上方写出正确数字或文字。原错误数字或文字应仍能看清,以便检查。需重测的方向或需重测的测回可用从左上

角至右下角的斜线划去。凡划改的数字或划去的不合格成果,均应在附注栏内注明原因。需重测的方向或测回,应注明其重测结果所在页数。废站也应整齐划去并注明原因。

(4)补测或重测结果不得记录在测错的手簿页数前面。

(二)水平角观测注意事项

(1)仪器高度要和观测者的身高相适应;三脚架要踩实,仪器与脚架连接要牢固,操作仪器时不要手扶三脚架,走动时要防止碰动脚架,使用各种螺旋时用力要适当,不可过猛过大。

(2)对中要认真、仔细。特别是对于短边观测水平角时,对中要求应更严格。

(3)当观测目标为高低相差较大时,更需注意仪器整平。

(4)观测目标要竖直,尽可能用十字丝中心部位瞄准目标(花杆或旗杆)底部,并注意消除视差。

(5)有阳光照射时,要打伞遮光观测;一测回观测过程中,不得再调整照准部管水准器气泡;如气泡偏离中心超过1格,应重新整平仪器、重新观测;在成像不清晰的情况下,要停止观测。

(6)一切原始观测值和记事项目,必须现场记录在正式外业手簿中,字迹要清楚、整齐、美观,不得涂改、擦改、重笔、转抄。手簿中各记事项目,每一测站或每一观测时间段的首末页都必须记载清楚、填写齐全。方向观测时,每站第1测回应记录所观测的方向序号、点名和照准目标,其余测回仅记录方向序号即可。

(7)在一个测站上,只有当观测结果全部计算,检查合格后,方可迁站。

任务五   垂直角观测

一、竖盘结构及注记形式

(一)竖盘结构

经纬仪上的垂直度盘简称竖盘,主要用于测定垂直角。如图4-19所示,竖盘固定在横轴一端,横轴通过其中心,当经纬仪整平后,竖盘处于垂直面内,并随着望远镜的俯仰而一起转动。竖盘的读数指标线与竖盘水准管或垂直补偿器一起安装在支架上,不随望远镜而转动。通过旋转竖盘水准管微倾螺旋,使竖盘指标水准管气泡居中时,读数指标线即处于正确位置,此时可以读出正确的方向值。因此,在进行垂直角观测时,每次读取竖盘读数之前,都必须先使竖盘指标水准管气泡居中。

【小贴士】

现在新型经纬仪以及全站仪都已经由垂直补偿器替代了竖盘管水准器,补偿器在重力作用下,可使竖盘读数指标线自动位于铅垂线位置。

(二)竖盘注记形式

竖盘注记形式主要有顺时针注记和逆时针注记。如图4-20(a)所示,这是 J_6、J_1、J_2 等经纬仪竖盘注记形式,为顺时针从0°~360°注记,图4-20(b)所示为 DJ_6-1 型经纬仪竖盘注记形式,为逆时针从0°~360°注记。

图4-20所示是望远镜水平时,若指标线处于正确位置,竖盘的正确读数。光学经纬仪

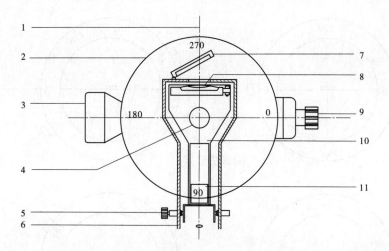

1—铅垂线；2—竖盘；3—望远镜物镜；4—横轴；5—竖盘水准管微倾螺旋；6—支架；7—管水准器反光镜；
8—竖盘管水准器；9—望远镜目镜；10—竖盘水准管支架；11—棱镜组

图 4-19　竖盘结构

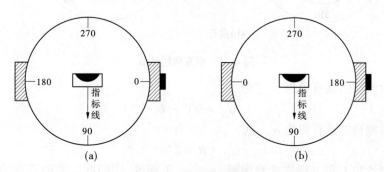

图 4-20　竖盘注记形式

竖盘指标一般在下方铅垂线位置，但蔡司 010 经纬仪的竖盘指标线则在水平位置。

二、垂直角和指标差的计算公式

（一）垂直角计算公式

垂直角是目标方向与水平方向的夹角，要测定垂直角，像水平角一样，一定也是两个方向读数之差。不过与水平角不同的是，垂直角的两个方向中，水平方向是确定的，如图 4-21 所示，望远镜水平时，指标线指向竖直度盘的读数，盘左是 90°，盘右是 270°，此时盘左与盘右分别只需读取照准目标方向时的读数，即可计算出垂直角。

根据垂直角是仰角时为正、俯角时为负的特点，如图 4-21 所示竖直度盘为顺时针注记，则有下面规律：

（1）盘左位置，当望远镜视线慢慢上扬时，垂直角为正，竖盘读数减小，则垂直角 α = 视线水平时读数 – 瞄准目标时的读数。

（2）盘右位置，当望远镜视线慢慢上扬时，垂直角为正，竖盘读数增加，则垂直角 α = 瞄准目标时的读数 – 视线水平时的读数；

设 L 为盘左时视线照准目标时的读数，R 为盘右时视线照准目标时的读数。

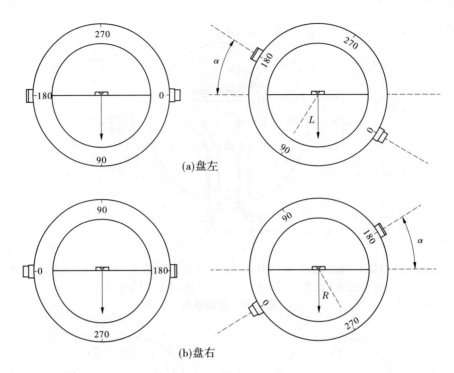

(a)盘左

(b)盘右

图 4-21　垂直角的计算

设盘左时测得的垂直角为 $\alpha_左$,则

$$\alpha_左 = 90° - L$$

设盘右时测得的垂直角为 $\alpha_右$,则

$$\alpha_右 = R - 270°$$

由于竖盘读数 L 和 R 通常含有误差, $\alpha_左$ 、 $\alpha_右$ 不相等,我们取二者的平均值为垂直角 α 的大小,则

$$\alpha = \frac{1}{2}(\alpha_左 + \alpha_右) = \frac{1}{2}[(R - L) - 180°] \tag{4-10}$$

【例 4-2】　用竖盘顺时针注记形式的经纬仪,观测一高处目标,盘左时读数为 87°35′30″,盘右读数为 272°24′24″,计算垂直角的大小。

解:将盘左、盘右读数代入式(4-10),则

$$\alpha = \frac{1}{2}(\alpha_左 + \alpha_右) = \frac{1}{2}[(R - L) - 180°]$$

$$= \frac{1}{2}[(272°24′24″ - 87°35′30″) - 180°]$$

$$= + 2°24′27″$$

(二)指标差的计算公式

如图 4-22 所示,理想情况是当竖盘水准管气泡居中,望远镜视线水平时,竖盘读数应该为 0°或 90°的整倍数。但竖盘管水准器与竖盘读数指标线的关系不正确,使视线水平时的实际读数与应有读数有一个小的角度差 x ,称为竖盘读数指标差。如指标线沿度盘注记增大的方向偏移,使读数增大,则 x 为正;反之 x 为负。

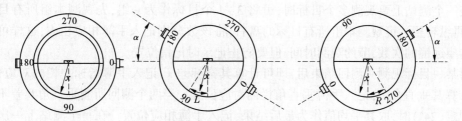

图 4-22 竖盘指标差

由图 4-22 可以看出：

盘左时，垂直角为 $\qquad \alpha_{左} = 90° - (L - x)$

盘右时，垂直角为 $\qquad \alpha_{右} = (R - x) - 270°$

盘左、盘右测得的垂直角相减，则得

$$x = \frac{1}{2}(L + R - 360°) \qquad (4\text{-}11)$$

盘左、盘右测得的垂直角相减，则得

$$\alpha = \frac{1}{2}(R - L - 180°) \qquad (4\text{-}12)$$

从式(4-12)可以看出，取盘左、盘右观测结果的中数，可以消除指标差的影响。中丝法垂直角计算公式见表 4-6。

表 4-6 中丝法垂直角计算公式

仪器型号	指标差计算公式	垂直角计算公式
DJ_{07}、DJ_1	$L + R - 180°$	$L - R$
DJ_2、DJ_6	$(L + R - 360°)/2$	$(R - 180° - L)/2$

三、垂直角的观测与记录

(一)中丝法

安置经纬仪，对中整平，如图 4-23 所示，在盘左位置用望远镜水平中丝照准目标，转动垂直度盘指标水准管微动螺旋，使垂直度盘指标水准器精密符合，读取垂直度盘读数；纵转望远镜(在盘右位置)，同样用水平中丝照准目标，读取垂直度盘读数。

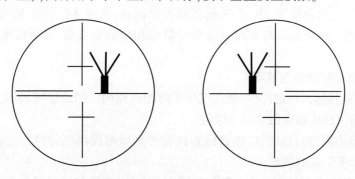

图 4-23 中丝法垂直角观测

当一个测站上要观测多个目标时,可将 3~4 个目标作为一组,先观测本组所有目标的盘左,再纵转望远镜观测本组所有目标的盘右,将该数分别记入手簿相应栏内,这样可以减少纵转望远镜的次数,节约观测时间,但要防止记录时记错位置。

对某一目标观测一测回结束后,即可计算其指标差 x,记入手簿指标差栏内对应位置;然后计算其垂直角 α,记入手簿垂直角栏内对应位置。当两个测回所测垂直角互差不超过限差规定(24″)时,取其平均值作为最后结果,记入手簿相应位置。在一个测站上一次设站观测结束后,如果本站所有指标差互差不超过限差要求(24″),则本站垂直角观测合格,否则超限目标应重测,中丝法垂直角观测见表 4-7 中 M_6 测站点的观测记录。

表 4-7　垂直角观测记录手簿

作业日期:2016-06-25　　　　　　天气:晴　　　　　　　　观测者:李明

开始时间:10 时 30 分　　　　　　成像:清晰

结束时间:12 时 10 分　　　　　　仪器:J$_6$78325　　　　　记录者:张梦航

测站	觇点	读数						指标差 (″)	垂直角 (° ′ ″)			仪器高 (m)	觇标高 (m)	照准 觇标 部位
		盘左 (° ′ ″)			盘右 (° ′ ″)									
M_6 花杆顶部 2.50 m	M_7	88	05	24	271	55	54	+39	+1	55	15	1.54	2.51	花杆 顶部
		88	05	30	271	55	18	+24	+1	54	54			
								中数	+1	55	04			
M_6 花杆顶部 2.50 m	M_8	95	06	42	264	20	06	−16′36″	−5	23	18	1.54	2.22	旗顶
		95	23	48	264	37	18	+0′33″	−5	23	15			
		95	41	06	264	54	24	+17′45″	−5	23	21			
								中数	−5	23	18			

(二)三丝法

垂直角观测精度要求较高时,必须按盘左、盘右依次用上、中、下三根十字丝进行读数,这种测法称为三丝法,如图 4-24 所示。由于上、下丝与中丝间所夹视角约为 17′左右,所以由上、下丝观测值算得的指标差分别约为+17′和−17′。记录观测数据时,盘左按上、中、下三丝读数次序记录,盘右则按下、中、上三丝读数次序记录,见表 4-7 中的 M_8 觇点观测成果。计算垂直角时,按三丝所测得的 L 和 R 分别计算出相应的垂直角,最后取平均值作为最后结果。

(三)垂直角观测的注意事项

(1)横丝切准目标的特定部位,要在观测手簿相应栏内注明或绘图表示,不能含糊不清或没有交待。同一目标必须切准同一部位。

(2)盘左、盘右照准目标时,应使目标影像位于竖丝附近两侧的对称位置上,这样有利于消除横丝不水平引起的误差。

(3)每次读数前必须使指标水准器气泡居中(对自动安平经纬仪则无此要求)。

(4)图根控制的垂直角观测时刻一般不予限制,但对于视线过长或通过江河湖海等水

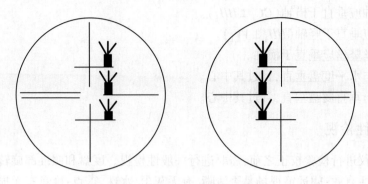

图 4-24 三丝法垂直角观测

面时,应选择在中午前后进行观测。避免在日出前和日落后空气对流较强时观测。高级控制时,宜在 10~15 时观测。

(5)每次设站应及时量取仪器高和觇标高,量至厘米,记入观测手簿相应栏内,并将量取觇标高的特定部位在手簿相应栏内注明,否则,将出现返工。

任务六 经纬仪的检验与校正

经纬仪要测得准确的水平角和垂直角,除正确操作外,仪器各轴系关系必须正确,因此经纬仪需要进行检验和校正。如图 4-25 所示,经纬仪轴线主要包括:竖轴 VV_1,横轴 HH_1,视准轴 CC_1,管水准轴 LL_1,圆水准轴 $L'L'_1$。经纬仪轴线应该满足如下关系:

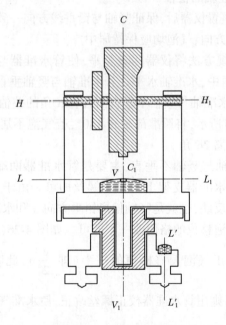

图 4-25 经纬仪的轴线

(1)管水准轴应垂直于竖轴($LL_1 \perp VV_1$)。
(2)圆水准轴应平行于竖轴($L'L'_1 /\!/ VV_1$)。

（3）视准轴应垂直于横轴（$CC_1 \perp HH_1$）。

（4）横轴应垂直于竖轴（$HH_1 \perp VV_1$）。

（5）十字丝竖丝应垂直于横轴。

（6）竖轴与水平度盘垂直，且过其中心。

（7）横轴与垂直度盘垂直，且过其中心。

一、一般性检视

在对经纬仪进行检验校正之前，需要进行一般性检视。度盘和照准部旋转是否灵活；各种螺旋是否灵活有效；望远镜视场是否清晰，有无灰尘、水珠、霉点；度盘有无损伤；分划线是否清晰；测微尺分划是否清晰；仪器各种附件是否齐全。

二、经纬仪的检验与校正

仪器在经过长期使用和多次搬迁后，会使某些部件的结构发生变化，从而使得上述条件或多或少地遭到破坏。除第（6）、（7）两项在仪器制造时得到严格的保证外，其他几项可通过一定的方法检查其几何关系是否正确，如果存在偏差，则通过设置的调整装置来改正，使其恢复这些几何条件，以减少或补偿其对角度测量的影响，这一过程称为对仪器的"检验校正"。

检验校正应遵循后一项检校过程不破坏前一项检校结果的原则进行。在地形测量中，通常按照下述项目和顺序进行检校。

（一）管水准轴垂直于竖轴的检校

此项检校的目的在于整置仪器后，保证竖轴与铅垂线方向一致。若此项条件满足，经纬仪整平后，照准部转到任一方向，气泡均应保持居中。

（1）检验方法：先按常规方法将仪器尽量整平，使管水准器与某两个基座螺旋连线平行，旋转基座螺旋，使气泡居中，水准轴水平。若水准轴与竖轴垂直，则竖轴必处于铅垂线方向。如图 4-26（a）所示，若水准轴与竖轴不垂直而含有 α 角的差值，则水平度盘及竖轴也都将倾斜 α 角。如图 4-26（b）所示，将照准部旋转 180°，若气泡不居中，说明水准轴与竖轴不垂直，水准轴相对水平面偏离 2α 角。

（2）校正方法：管水准轴与竖轴不垂直，主要是管水准器两端支架高度不等所致。因此，校正时只要适当调整管水准器支架上的校正螺丝即可。由于照准部旋转 180° 以后，气泡偏离中点的格值是 2α 的反映，也就是竖轴偏离铅垂方向 α 和水准轴偏离水平度盘面 α 的综合反映。因此，只要按气泡移位的格值改一半即可。如图 4-26（c）所示，设气泡移位的格值为 e，首先用基座螺旋改正气泡偏移格值的一半（即 $\frac{e}{2}$），此时竖轴处于铅垂方向；如图 4-26（d）所示，剩下的 $\frac{e}{2}$ 则用管水准器校正螺丝改正，使水准气泡居中，此时水准轴与水平度盘都处于水平位置，而且竖轴仍保持铅垂方向，此项校正即告完成。

由于不能使管水准器与两基座螺旋连线严格平行，则改正 $\frac{e}{2}$ 分划值时也不可能很准确。因此，该项检验校正须反复进行，直到照准部转动 180° 以后气泡偏移值不大于一个分

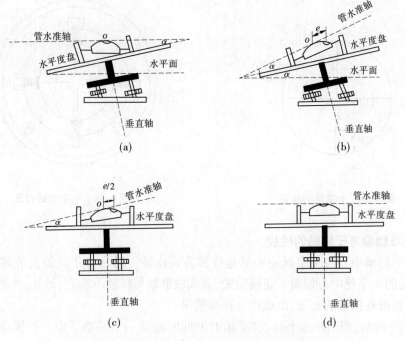

图 4-26　管水准器与竖轴的正交性检验

划时为止。该项检校完成以后,还可附带对圆水准器进行检校。如果此时圆水准器的气泡不居中,可用其下面的校正螺丝校正,使圆水准器气泡居中即可。

进行此项校正时,拧动校正螺丝不要用力过猛;两端的校正螺丝应一松一紧,先松后紧;校正完毕一定要拧紧被松动过的螺丝。

(二)十字丝竖丝垂直于横轴的检校

十字丝竖丝与横轴垂直,意味着当横轴水平时,竖丝应位于垂直照准面内(设横轴已与视准轴垂直)。如果十字丝板安置得不正确,则竖丝可能与横轴不垂直。由于竖丝不在照准面内,观测时用竖丝不同位置去照准同一目标,则会出现不同的水平度盘读数,这显然是不允许的,此项检校的目的是使十字丝竖丝与照准面一致。

检验方法:整置仪器后,用十字丝中心照准一大概与仪器同高的点状目标,固定照准部和望远镜,然后用垂直微动螺旋使望远镜徐徐转动。此时在物镜视场中可以看到目标对竖丝做相对运动,如果目标点不离开竖丝,则说明竖丝与横轴是垂直的。如图 4-27 所示,如果目标点偏离竖丝,则说明竖丝与横轴不垂直,需要进行校正。为更明显地看出目标点与竖丝的偏离,也可用竖丝上部照准目标,垂直微动望远镜后,则可在竖丝下部看到 2 倍于上述偏差的距离。

校正:用十字丝中心照准目标点,固定照准部和望远镜,用望远镜垂直微动螺旋使目标点移至视场的上方或下方并尽量靠近视场边沿,尽量显示出目标点的偏离情况。此时打开十字丝环的护盖,即可看到如图 4-28 所示的十字丝环校正装置。首先松开四个校正螺旋 E,然后轻轻地转动十字丝环,使竖丝压住目标点为止。此项校正需反复进行,直至上下转动望远镜时,目标不偏离十字丝竖丝为止,校正完毕,拧紧四个校正螺旋 E。

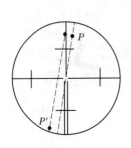

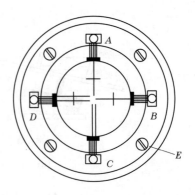

图 4-27　十字丝的检验　　　　　　　图 4-28　十字丝的校正

(三) 视准轴垂直于横轴的检校

望远镜的物镜中心与十字丝中心的连线称为视准轴。通常由于仪器安装和调整不正确,使望远镜的十字丝中心偏离了正确位置,造成视准轴与横轴不垂直,另外,外界温度的变化也会引起视准轴位置的变化,由此产生视准轴误差。

如图 4-29 所示,当横轴水平时,视准轴的俯仰面应是一个铅垂平面。若视准轴与横轴不垂直,则视准轴绕横轴旋转时将是一个圆锥面。视准轴与横轴不垂直而产生的偏差 C 称为视准轴误差。它对半测回的水平角观测值有影响,而对一测回的水平角没有影响。但 C 值过大,记录和计算很不方便,因此需要进行检验与校正。

(1) 检验。如图 4-30 所示,该项检验通常采用四分之一法,首先在平坦的地面上选定直线 AB,并确定中点 O,将仪器安置在点 O 上,在 A 点设置瞄准标志,在 B 点横置一根有毫米分划的尺子,并使标志和尺子与仪器同高。用盘左瞄准 A 点,固定照准部,纵转望远镜读取尺子上的读数 B_1。盘右瞄准 A 点,纵转望远镜在尺子上读取读数 B_2。若 B_1、B_2 重合,说明条件满足,否则 B_1、B_2 之差为 4 倍 C 角的反映,视准轴误差 C 可按式(4-13)求取。

$$C = \frac{1}{4D}(B_2 - B_1)\rho''$$ 　　　　　　(4-13)

式中:D 为仪器到 B 点的距离。

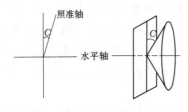

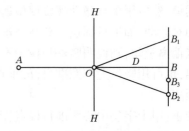

图 4-29　视准轴误差图　　　　　　　图 4-30　视准轴误差

(2) 校正。校正前先求出视准轴与横轴垂直时在尺子上的读数 B_3(在 B_1B_2 的四分之一处),然后用打开十字丝护盖,同样可从图 4-28 中看到四个校正螺丝 A、B、C、D。先松开相

邻两个校正螺丝 A 或 C 中的任一个,然后按照先松后紧和一松一紧的原则移动两个校正螺丝 B、D,使十字丝环按水平方向移动,同时在目镜中注意观察,直至十字丝竖丝正好照准 B_3 点。然后拧紧所有松开的螺丝,使其不留空隙和松紧适宜为止。

【小贴士】

$\rho'' = 206\ 265$,是由弧度化角度的转换系数,其由下式计算:$\rho = \dfrac{180 \times 3\ 600}{3.141\ 592\ 6} \approx$ $206\ 265$("/弧度),当由弧度化为角度乘以 ρ'',由角度化为弧度除以 ρ'',但需要现把度分秒的角度化为以秒为单位的角度再计算。

【例 4-3】 使用常数 ρ 进行角度与弧度的相互换算。

(1)请把角度值 $60°25'50''$ 化为弧度值。

(2)请把 2 弧度值化为以度分秒形式表示的角度值。

解:(1)角度化弧度:

①$60°25'50'' = 60 \times 3\ 600 + 25 \times 60'' + 50'' = 217\ 550''$;

②弧度值 $= \dfrac{217\ 550''}{206\ 265("/弧度)} \approx 1.055$(弧度)。

(2)弧度化角度:

①$2$ 弧度 $\times 206\ 265$("/弧度) $= 412\ 530''$;

②化为度分秒形式:$412\ 530'' \div 3\ 600$ 结果取整得:$114°$

$$[412\ 530 - (114 \times 3\ 600)] \div 60 \text{ 结果取整得:} 35'$$
$$[412\ 530 - (114 \times 3\ 600)] - 35 \times 60 = 30''$$

最终结果为:$114°35'30''$。

(四)横轴垂直于竖轴的检校

经过前面几项检校,可使仪器的竖轴处于铅垂方向,视准轴与横轴垂直,如果仪器的横轴与竖轴垂直,则视准轴绕横轴旋转将形成一个铅垂面;否则,将是一个倾斜平面,会对水平角观测产生影响,需要进行检校。

横轴与竖轴不垂直,当竖轴位于铅垂线上时,横轴与水平面的夹角 i 称为横轴误差。

检验方法如图 4-31 所示,在距墙面 $10 \sim 20$ m 处整置仪器,用盘左照准墙上高处某一点 P(高出仪器 5 m 以上),然后固定照准部,纵转望远镜使其概略水平,此时在墙上照准了与仪器大致同高的一点 A,用盘右再一次照准 P 点,同样固定照准部放平望远镜,如果此时仍能照准 A 点,则说明横轴与竖轴垂直,否则,它将照准另一点 B。

由图 4-31 可见,对于高处目标 P,用盘左、盘右向水平面上投影时,由于横轴误差 i 的存在而产生不重合的两个投影点 A、B,在 $\triangle ACP$ 中:

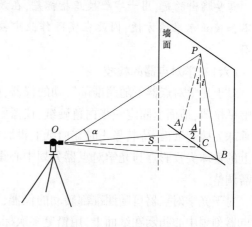

图 4-31　横轴误差

$$AC = \frac{1}{2}AB, AB = \Delta$$

$$\tan i = \frac{AC}{PC} \tag{4-14}$$

$$PC = OC \cdot \tan\alpha = S \cdot \tan\alpha$$

$$\tan i = \frac{\Delta}{2S}\cot\alpha \tag{4-15}$$

只要量取 Δ 和 S，测得垂直角 α，即可由式(4-15)计算出横轴误差。

横轴与竖轴不垂直的主要原因是横轴两端的支架不等高，校正的目的就是调整支架的高度使之处于正确位置。由于校正装置封装于仪器内部，在外业条件下一般不宜作此项校正，多由专业仪器维修人员在室内进行校正。规范要求 DJ$_2$ 级经纬仪的横轴误差不应超过 15″，J$_6$ 级经纬仪的横轴误差不应超过 20″。

(五)垂直度盘指标差检校

指标差的存在并不影响一测回垂直角的精度，但指标差过大，既不便于计算，也易产生差错，因此检校的目的是尽量使指标差接近于零。

整置仪器，用中丝法对某一明显目标观测一测回，计算出指标差 i。对有指标水准器的仪器进行校正时，旋转指标水准器微动螺旋，保持中丝照准目标不动，使垂直度盘读数为 $(R-i)$ 或 $(L-i)$，此时水准气泡就不居中了，可拧下垂直度盘水准器一端的护盖，用改针松紧其上、下两校正螺丝，使气泡居中。此法需反复进行，直到指标差 $i<1'$（J$_6$ 级）或 $i<30''$（J$_2$ 级），最后仍需拧紧松开的校正螺丝。

也可用校正十字丝环上下位置的办法进行校正。具体做法是，旋转望远镜垂直微动螺旋，使垂直度盘读数为 $(R-i)$ 或 $(L-i)$，此时十字丝必不切准目标。打开十字丝环护盖，先松开左、右两个校正螺丝 B 和 D 中的任一个，然后松紧上、下两校正螺丝 A 和 C（见图4-28），并注意观察目镜内影像的变化，直至中丝切准目标为止，最后拧紧松开的校正螺丝。

【小贴士】

需要指出的是，用十字丝校正指标差，在效果上会影响视准轴与横轴的正交，在操作上也不如校正水准器方便，因此在实际作业中较少用到，只对有竖盘自动补偿装置的经纬仪使用。

(六)光学对点器的检校

对于光学对点器不随照准部转动的仪器，可用垂球法检校。在室内或无风的场地上，精确整平仪器，地面上固定一张白色硬纸，仪器中心螺丝下挂一个较重的垂球，调整垂球线长，使垂球尖接近纸面，待其静止时在白纸上投影标定一点。取下垂球，调好光学对点器，如白纸上的垂球尖投影点与光学对点器分划中心重合，说明光学对点器安置正确，可以使用，否则需调整。

对于光学对点器可随照准部转动的仪器，可在精确整平后，缓慢转动照准部，并依光学对点器刻划中心指示在纸面上，用铅笔多次标出其位置。若投影点固定不变，则说明光学对点器安置正确，若多次标出的对点器刻划中心投影点形成一个小圆，则应把对点器光轴调整到圆心上去。

任务七 角度测量的误差分析

经纬仪经过检验校正,已经很大程度上满足了所要求的几何条件,但由于检校不完全彻底,加之在要求上又有一定的宽容度,同时又由于长期作业和搬运等外界因素的影响,也会使得某些已满足的几何条件遭到破坏。使得仪器本身不可避免地存在误差,这种残留的和有变化的误差必然会对测角产生影响。因此,需要研究仪器误差的性质和大小,分析它们对角度测量的影响,采取适当的作业方法和创造有利条件来限制或减弱仪器误差的影响。

影响角度测量的误差源与水准测量误差分析相同,主要从观测仪器、观测者和外界条件三个方面进行分析。

一、照准部偏心差

水平角观测中,经纬仪的照准部是绕竖轴转动的,所测得的角度却是从水平度盘上读取的,这就要求照准部的旋转中心与水平度盘的刻划中心相重合。否则,所读得的水平度盘读数将不正确,其中必然包含某种误差,这种误差称为照准部偏心差。

如图 4-32 所示, C 为度盘刻划中心, C' 为照准部旋转中心, $CC' = e$,称为照准部偏心距, CC' 方向与度盘 0°方向的夹角 θ 称为照准部偏心角。若 C 与 C' 重合,当仪器照准某一方向时水平度盘的读数为 L、R,若 C 与 C' 不重合,仪器照准同一方向时水平度盘的读数为左′、右′,从图 4-32 中可以看出它们之间的关系为

$$L = L' + \varepsilon$$
$$R = R' - \varepsilon$$

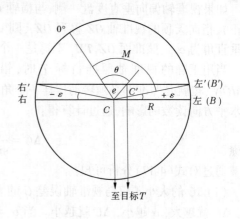

图 4-32 照准部偏心差

由正弦定理推导可得:

$$\varepsilon = \rho'' \frac{e}{R} \sin(M - \theta) \qquad (4-16)$$

式中: ε 为该方向的照准部偏心误差, ε 不仅与偏心元素 e 和 θ 有关,而且与目标方向的读数有关。但它对盘左盘右读数的影响符号相反,大小相等,任一方向的盘左盘右读数取平均值时均可消除 ε 的影响。

二、经纬仪轴系误差的影响

测角时经纬仪的三轴应满足一定的几何关系,即视准轴与横轴正交,横轴水平,竖轴与测站铅垂线一致。当这些关系不能满足时,将分别产生视准轴误差、横轴误差和竖轴误差,合称"三轴误差"。

(一)视准轴误差的影响

如图 4-33(a)所示,设仪器已经整平,横轴 HH_1 也水平,垂直度盘在 H_1 一侧,实际视准轴 OM_1 与正确视准轴 OM 的夹角 C 即称为视准轴误差,并假设视准轴偏向垂直度盘一侧时

C 为正,反之为负。

如图4-33(b)所示,以横轴中心 O 为圆心,任意长为半径作球, HH_1 代表横轴,垂直度盘在 H_1 一侧。如果没有视准轴误差,视准轴指向天顶与球面交点 Z, OZ 应与铅垂线方向一致。当视准轴绕横轴转动时,在空间形成一个垂面,即铅垂照准面 OZM 。

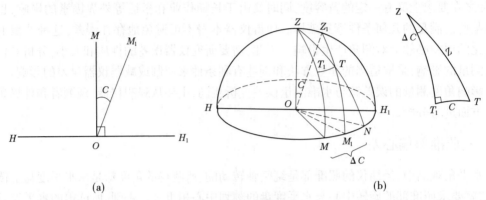

(a)   (b)

图 4-33　视准轴误差

如果视准轴偏向垂直度盘一侧,与横轴 OH_1 一端交角不是90°,而是90° – C (此时 C 为正),指向天顶的视准轴 OZ 移到 OZ_1 ,则 $\angle ZOZ_1 = C$ 。当在盘左位置照准目标 T 时(目标垂直角为 α),照准面 OZ_1TM 不再是一个铅垂照准面,而是以 OH_1 为主轴的锥面。

当用正确的视准轴照准目标 T 时,铅垂照准面就必须以 OZ 为轴转动一个角度 $\angle MON$,也就是照准部必须转动这样一个角度。设 $\angle MON = \Delta C$,则 ΔC 即为视准轴误差 C 对水平方向读数的影响,通过计算得:

$$\Delta C = \frac{C}{\sin Z} = \frac{C}{\cos \alpha} \qquad (4-17)$$

通过对式(4-17)分析可知:

(1) ΔC 的大小不仅与视准轴误差 C 的大小成正比,而且与目标的垂直角 α 有关。 α 越大, ΔC 就越大, α 越小, ΔC 就越小。当 $\alpha = 0°$ 时, $\Delta C = C$ 。

(2)用盘左观测目标时,视准轴偏向垂直度盘一侧,正确的方向值 $L_0 = L - \Delta C$,用盘右观测目标时,正确的方向值 $R_0 = R + \Delta C$ 。因此,视准轴误差对观测方向值的影响,在望远镜纵转前后,大小相等,符号相反,取盘左盘右的中数,可以消除视准轴误差的影响。

(3)观测一个角度,若两方向的垂直角相等,则视准轴误差的影响可在半测回中得到消除,即使垂直角不等,如果差异不大且接近0°,其影响也可忽略不计。

(4)视准轴误差在短时间内,可认为 C 是常数,在垂直角很小,且各方向相差不大时, ΔC 近似等于 C ,因此

$$2C = L - R \pm 180° \qquad (4-18)$$

【小贴士】

视准轴误差一般可以通过一测回中上下半测回方向值求平均而得到消除。视准轴与横轴的关系是机械的结合,在短时间内可以认为 C 是常数。水平角观测中,通常以同一测回各方向2C 互差的大小来反映观测质量的高低,规范要求互差不超过13″。

(二)横轴误差的影响

横轴误差是指横轴不水平而产生的微小倾角 i ,它对水平角的影响为 X ,由于 X 和 i 均

甚小,故有

$$X = i\tan\alpha \tag{4-19}$$

由此可知其影响规律:

(1) X 随垂直角增大而增大。

(2) 当垂直角 $\alpha = 0$，$X = 0$，即观测目标与仪器同高时,不受横轴倾斜误差的影响,当 $\alpha_1 = \alpha_2 = \cdots$ 时,i 的大小对水平角也无影响。

(3) 横轴倾斜对盘左、盘右观测值的影响大小相等而符号相反,故取盘左、盘右读数的平均值,可以抵消横轴误差的影响,即一测回同一方向的观测值不含横轴误差。

(三) 竖轴误差的影响

当管水准器的水准轴与竖轴不正交时,即使气泡居中,竖轴也不在铅垂线方向上,这种竖轴偏离铅垂线的角度称为竖轴误差。

如图 4-34 所示,OV 表示居于铅垂线方向的竖轴,若 OV 在 VOL 面内倾斜一个小角度 δ 而位于 OV' 时,则水平度盘也随之倾斜 δ,L 移至 L',即 $\angle V'OV = \angle L'OL = \delta$,其中 ZZ 为度盘平面倾斜前后的交线,它是度盘绕之旋转的轴线,故 ZZ 垂直于 LL 和 $L'L'$。当照准部绕 OV' 旋转至任意位置时,设横轴在倾斜了的水平度盘上的投影为 $Z'Z'$,而在居于水平位置的度盘上的投影为 $Z''Z''$,令 $Z'Z'$ 与 $Z''Z''$ 的夹角为 i,即相当于横轴倾斜了 i 角,其对观测值的影响则仍可按前述横轴倾斜误差公式计算,即 $X = i\tan\alpha$。但是,这里 i 不是定值,它将随竖轴的倾斜角 δ 以及照准方向的不同而改变。

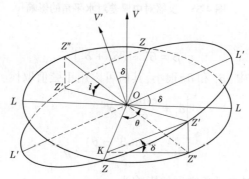

图 4-34　竖轴误差

过 $Z'Z''$ 作垂直于 ZZ 的平面,其与 ZZ 的交点为 K。显然,$\angle Z'KZ'' = \delta$,并令 $\angle Z'OZ = \theta$,由于 i 和 δ 一般均甚小,故

$$i = \frac{Z'Z''}{OZ'}$$

由于

$$Z'Z'' = KZ' \cdot \delta, KZ' = OZ'\sin\theta$$

故

$$i = \delta \cdot \sin\theta \tag{4-20}$$

将式 (4-20) 代入式 (4-19),即得竖轴误差公式

$$X = \delta\sin\theta\tan\alpha \tag{4-21}$$

由式 (4-21) 可知竖轴误差有以下性质和特点:

(1) 竖轴误差随垂直角 α 的增大而增大,又与横轴的位置即照准方向有关。当 $\alpha = 0$ 时,$X = 0$,即与仪器同高处的目标不受竖轴误差的影响。当照准方向与竖轴倾斜方向一致

时,即 θ 为 0°或 180°时,$X=0$,则该方向不受竖轴误差的影响。

（2）一测回观测过程中,一般不允许重新整置仪器,δ 是定值。而同一方向不论是盘左或盘右照准,横轴的位置并未改变,故 θ 不变。盘左、盘右读数的平均值不能消除竖轴误差的影响。因此,在观测前要进行管水准器的检校,观测时,要随时注意管水准器气泡的居中情况,尤其当观测目标垂直角较大的时候。

三、仪器对中和目标偏心误差的影响

（一）仪器对中误差的影响

仪器对中误差是指仪器经过对中后,仪器竖轴没有与过测站点的铅垂线严密重合的误差。

如图 4-35 所示,O 为测站点,O' 为仪器中心,$OO'=e$,称为测站偏心距,θ 为水平角观测的起始方向与偏心方向之间的夹角,称为测站偏心角。观测的水平角 β' 与正确的水平角 β

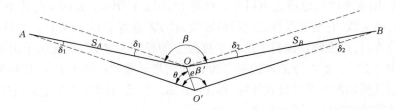

图 4-35　仪器对中误差对水平角的影响

之间的关系为

$$\beta = \beta' + (\delta_1 + \delta_2)$$

在 $\triangle AOO'$ 和 $\triangle BOO'$ 中,δ_1 和 δ_2 很小,其值可以用正弦值取代

$$\begin{cases} \delta_1 = \dfrac{e\sin\theta}{S_A} \cdot \rho'' \\ \delta_2 = \dfrac{e\sin(\beta'-\theta)}{S_B} \cdot \rho'' \end{cases} \qquad (4\text{-}22)$$

因此仪器对中误差对水平角观测的影响为

$$\delta = \delta_1 + \delta_2 = e\left[\frac{\sin\theta}{S_A} + \frac{\sin(\beta'-\theta)}{S_B}\right] \cdot \rho'' \qquad (4\text{-}23)$$

由式（4-23）可知:

（1）仪器对中误差对水平角的影响与测站偏心距成正比,与观测边长成反比。

（2）当水平角接近 180°、偏心角接近 90°时,对中误差影响最大。因此,观测接近 180°的水平角或过短的边长时,应特别注意仪器的对中整平。

（二）目标偏心误差的影响

目标偏心误差指照准点上竖立的花杆或测钎不竖直,或没有立于点位中心而使观测方向偏离点位中心的误差。

如图 4-36 所示,O 为测站点,A、B 分别为目标点标志的实际中心,A'、B' 为观测时照准的目标中心,e_1、e_2 分别为目标 A、B 的偏心误差,β 为 $\angle AOB$ 的正确角度,β' 为目标发生偏心的观测角度,S_A、S_B 分别为测站点至目标点的距离,θ_1、θ_2 分别为目标点 A、B 处观测方向

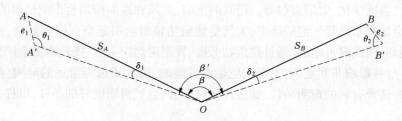

图 4-36　目标偏心误差对水平角的影响

与偏心方向的夹角,δ_1、δ_2 分别为 A、B 目标偏心对水平观测方向值的影响:

$$
\begin{cases}
\delta_1 = \dfrac{e_1 \sin\theta_1}{S_A}\rho'' \\[2mm]
\delta_2 = \dfrac{e_2 \sin\theta_2}{S_B}\rho''
\end{cases}
\tag{4-24}
$$

由式(4-24)可知,目标偏心误差与测站对中误差的影响大致相同。

(1)目标偏心误差对方向值影响与目标偏心距成正比,与观测边长成反比。因此,观测边越短,越要注意将目标杆立在目标点位中心上并尽可能立直,杆子一定要细一些,尽量照准目标的底部。

(2)垂直于瞄准方向的目标偏心($\theta = 90°$)影响最大。

四、观测误差

(一)照准误差

测量角度时,人的眼睛通过望远镜瞄准目标产生的误差,称为照准误差,它用于衡量望远镜照准目标的精度。其影响因素很多,如望远镜的放大倍率、物镜的孔径等仪器参数,人眼的分辨率、十字丝的粗细、标志的形状和大小、目标影像的亮度和清晰度等。一般认为望远镜放大倍率和人眼的判别能力是影响照准精度的主要因素。通常以眼睛的最小分辨视角 60″ 和望远镜的放大倍数 V 来衡量仪器照准精度的大小,即

$$
m_V = \pm\frac{60''}{V}
\tag{4-25}
$$

对于 DJ_6 级经纬仪,一般 $V = 26$,则 $m_V = \pm 2.3''$

(二)读数误差

读数误差主要取决于仪器的读数设备,一般以仪器最小估读数作为读数误差的极限,同时还与观测者的生理习惯和技术熟练程度、读数窗的清晰度以及读数系统的形式有关。对于采用分微尺读数系统的经纬仪,读数时可估读的极限误差为测微器最小格值 τ 的 1/10,以此作为读数误差 m_0,即

$$
m_0 = \pm 0.1\tau
\tag{4-26}
$$

DJ_6 经纬仪分微尺测微器最小格值 $\tau = 1'$,则读数误差 $m_0 = \pm 0.1' = \pm 6''$

五、外界条件的影响

外界条件的影响主要是指外界条件的各种变化对角度观测精度的影响,如大风天气、大

气透明度、空气温度变化、太阳直射等。松软的土壤、大风和地面振动会影响仪器的稳定;日晒、温度变化会影响水准管气泡的居中;大气受地面热辐射会引起空气剧烈波动,由此导致目标影像的跳动;视线靠近地面、通过建筑物旁边、冒烟的烟囱上方、接近水面会产生水平或垂直折光等。这些影响非常复杂,完全避免是不可能的,因此要选择合适的时间,如目标成像清晰稳定,并选择有利的观测条件,如选择微风多云、空气清晰度好的条件,以提高观测成果的质量。

■ 项目小结

本项目主要讲水平角和垂直角测量。首先从水平角和垂直角的概念入手,讲述了两种角度测量的基本原理,接着阐述了基本测角仪器 J_6 光学经纬仪的基本构造和使用方法,然后开始进入本项目的重点,测回法水平角观测、全圆方向法水平角观测、中丝法垂直角观测和三丝法垂直角观测。角度测量是在达到一定精度前提下进行的,要达到预定精度,必须使仪器基本轴线达到要求状态,因此讲了经纬仪的检验与校正。最后就角度测量误差来源从观测仪器、观测者和外界条件三个方面进行了分析。

■ 思考与习题

1. 什么是水平角?测定水平角的基本条件是什么?

2. 什么是垂直角?测定垂直角的基本条件是什么?

3. 经纬仪的主要轴线有哪些?其基本关系是什么?

4. 经纬仪的主要部件有哪些?各有什么作用?

5. 简述测回法水平角观测的过程、测量限差,并绘图说明。

6. 简述全圆方向法水平角观测的过程、测量限差,并绘图说明。

7. 简述经纬仪竖盘的基本构造,并由此说明垂直角计算方法。

8. 什么是指标差?如何计算?有限差要求吗?

9. 已知某目标的垂直角观测数据为,盘左 $= 88°16'24''$,盘右 $= 271°42'48''$,竖盘为顺时针注记,计算该目标的垂直角和指标差。

10. 如何进行照准部管水准器的检验与校正?

11. 如何进行十字丝竖丝垂直于横轴的检校、视准轴垂直于横轴的检校、横轴垂直于竖轴的检校?

12. 经纬仪仪器误差对角度测量有哪些影响?

13. 观测者对角度测量有哪些影响?

14. 外界条件对角度测量有哪些影响?

15. 完成表 4-8 中丝法垂直角观测的表格计算。

表4-8 中丝法垂直角观测记簿

照准点名	盘左			盘右			指标差	垂直角		
	(°	′	″)	(°	′	″)	(″)	(°	′	″)
1	90	32	24	269	27	18				
2	85	40	12	274	19	36				
3	90	30	18	269	29	24				
4	85	42	12	274	17	12				
5	76	27	24	283	32	06				
6	95	32	30	264	27	12				
7	82	37	06	277	22	30				
8	100	58	30	259	01	06				

16. 完成表4-9测回法观测的表格计算。

表4-9 测回法水平角观测记簿

测站	测回数	目标	竖盘位置	水平度盘读数 (° ′ ″)			半测回角值 (° ′ ″)	一测回平角值 (° ′ ″)	各测回平均角值 (° ′ ″)
D_1	1	C_1	左	0	10	00			
		E_1		81	31	02			
		C_1	右	180	10	24			
		E_1		261	31	05			
D_1	2	C_1	左	90	10	00			
		E_1		171	30	55			
		C_1	右	270	10	19			
		E_1		351	31	07			
E_1	1	D_1	左	0	10	00			
		F_1		153	21	08			
		D_1	右	180	10	10			
		F_1		333	21	16			
E_1	2	D_1	左	90	10	00			
		F_1		243	21	19			
		D_1	右	270	10	10			
		F_1		63	21	31			

续表 4-9

测站	测回数	目标	竖盘位置	水平度盘读数 (° ′ ″)			半测回角值 (° ′ ″)	一测回平角值 (° ′ ″)	各测回平均角值 (° ′ ″)
F_1	1	E_1	左	0	10	00			
		B_1		69	32	53			
		E_1	右	180	10	00			
		B_1		249	32	44			
F_1	2	E_1	左	90	10	00			
		B_1		159	33	02			
		E_1	右	270	10	13			
		B_1		339	33	13			
B_1	1	F_1	左	0	10	00			
		C_1		131	27	52			
		F_1	右	180	10	11			
		C_1		311	28	03			
B_1	2	F_1	左	90	10	00			
		C_1		221	27	48			
		F_1	右	270	10	01			
		C_1		41	27	54			
C_1	1	B_1	左	0	10	00			
		D_1		104	57	07			
		B_1	右	180	11	34			
		D_1		284	58	38			
C_1	2	B_1	左	90	10	00			
		D_1		194	57	12			
		B_1	右	270	10	20			
		D_1		14	57	41			

大家若把 D_1、E_1、F_1、B_1、C_1 五个测站的两测回平均角值相加,再减去 $(n-2) \times 180°$ 会得到一个什么值呢? 其实所计算结果就是后续内容将导线测量中的角度闭合差。

项目五　距离测量

项目概述

　　距离测量是确定地面点位的基本工作之一,根据使用的仪器及方法不同,距离测量主要分为钢尺量距、视距测量、电磁波测距和 GNSS 测距等。本项目主要由钢尺量距、视距测量电磁波测距和全站仪的使用等学习任务组成。

学习目标

　　通过本项目的学习,同学们能掌握钢尺测距的一般方法、视距测量的原理、电磁波测距的原理、全站仪测角度和距离,了解脉冲式测距的原理。

【导入】

　　某学校因在操场举行活动,每个班级的同学必须参加,作为本次活动的组织者,需要给每个班级同学划分区域,该怎么进行划分呢?用步子丈量?还是用钢尺丈量?还是用测量仪器丈量?如果测量长江大桥的长度呢?如何测量两个山头之间的距离呢?

【正文】

任务一　钢尺量距

　　距离指两点之间的直线长度。水平距离指两点之间的距离在水平面上的投影,简称平距;倾斜距离指不在同一水平面上的两点之间的距离,简称斜距。

　　在地形测量中,直接量距的工具有钢尺、皮尺、竹尺和绳尺,其中最常使用的是钢尺和皮尺,个别情况下会使用竹尺和绳尺。

　　钢尺量距具有设备简单、作业直观方便、精度高等特点,常用于图根控制测量、工程测量及隐蔽地区的碎部测量等场合。

一、钢尺量距的器材

(一) 钢尺

　　钢尺又称为钢卷尺,由钢带制成,宽 1~1.5 cm,厚 0.3~0.4 cm,一般有 20 m、50 m、100 m 几种规格,钢尺的一端为扣环,另一端安装木手柄,收卷后如图 5-1(a)所示。另外还有一种用薄钢带制成的钢尺,叫轻便钢卷尺,长度通常有 10 m、20 m、50 m 几种规格,其通常收卷在一铁皮盒或皮盒内,如图 5-1(b)所示。

　　根据钢尺零点的不同位置,钢尺分为端点尺和刻线尺两种。端点尺是以尺环外缘作为

图 5-1　钢尺

尺子的零点,如图 5-2(a)所示。刻线尺是以尺的前端刻线为起点,如图 5-2(b)所示。端点尺使用比较方便,但量距精度较刻线尺低些,钢尺大多为刻线尺,而常用的皮尺一般为端点尺。

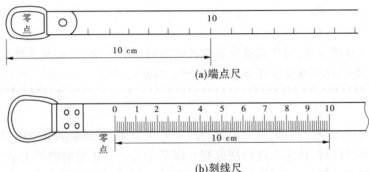

(a)端点尺

(b)刻线尺

图 5-2　端点尺和刻线尺

在尺端第一分米内刻有毫米(mm)刻划,或将毫米作为钢尺的基本分划,这两种钢尺适用于较精密的量距中。此外,在零端附近还注写尺长(如 20 cm)、温度(10 ℃)、拉力(5 kg)等。这些表明在规定的拉力(5 kg)、温度(10 ℃)等条件下钢尺的实际长度(20 cm)。如果拉力、温度等条件发生变化,则钢尺的实际长度也会随之变化。为了在不同条件下得到钢尺的实际长度,钢尺在出厂时都要附上尺长方程式。在实际工作中,应经常检定钢卷尺的长度。

皮尺是由麻或纱线与金属丝编织成的布带,长度通常有 20 m、30 m、50 m 几种规格,收卷在皮盒中,由于布带受拉力影响较大,所以皮尺适用于精度不高的量距中。

(二)测钎、垂球

1.测钎

测钎一般用 8# 铅丝或 φ 4 钢筋制成,长度为 30～40 cm,如图 5-3 所示,一端卷成圆环,便于串在一起携带,另一端磨尖以便插入准确位置,测钎可作为定线的标志,也可用来标定所量尺段的起点位置,以便计算已量过的整尺段数。

2.垂球

垂球用来向地面投点。

(三)温度计

由于钢尺测距时其长度受温度和拉力影响,实际长度往往不是其标定的长度,实际丈量时需要对外界温度和拉力影响产生的误差进行改正,因此实际丈量时必须对外界温度和丈量时使用的拉力进行测定,以便进行该项误差改正。

(四) 弹簧秤

因钢尺有一定的重量,展开时成悬链线状,当拉力不同时,尺长会不同,使用弹簧秤可以使钢尺保持检定时的标准拉力,进而保证尺长的稳定性,当距离精度要求不高时,可不用弹簧秤。

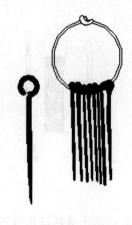

图 5-3　测钎

(五) 标杆

标杆也称花杆,用木或竹制成,通常长 2～3 m,直径 3～4 cm,标杆上每间隔 20 cm 涂红白相间的油漆,下端装有尖铁脚,便于插入土中,为了稳定标杆,一般用人扶或用标杆架固定,也可用绳索或铁丝固定,如图 5-4 所示,标杆主要用于目测定线或在倾斜尺段上进行水平丈量时标定尺段的点位。

(a)

(b)

(c)

图 5-4　固定标杆的方法

二、标定地面点与直线定线

(一) 标定地面点

要丈量两点之间的距离需要确定出地面上两点的位置,地面点的位置通常用木桩来标定,凡是土质松软的地方木桩宜稍粗长些,将木桩打入地面后,需在桩顶钉一个小钉作为该点位置的标志,如地面点的位置需要长期保存,则需使用石桩或混凝土进行标定,其尺寸大小在有关规范中有明确说明,为便于使用,根据周围地物绘制点之记。

(二) 直线定线

若丈量的距离比整尺段长,或地面起伏较大,为防止出现折线量距,需要在直线方向上标定一些点,相邻点间的距离小于一整尺段,这项工作称为直线定线。直线定线的方法包括目估定线和经纬仪定线。一般量距用目估定线,精密量距用经纬仪定线。

1. 目估定线

如图 5-5 所示,在 A、B 两点竖立标杆,测量员甲站在 A 点标杆后,瞄准 B 点标杆,并指挥测量员乙在略小于一整尺段处左右移动标杆,直至 A 点、1 点、B 点 3 个标杆位于同一条直线上,同样可标定出其余点。

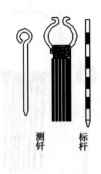

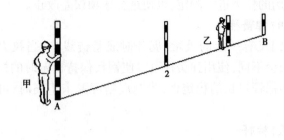

图 5-5　目估定线

2. 两点不易到达或两端点不能通视时的定线

1）两点不易到达时

地面两点被河道阻断,不易到达时,如图 5-6 所示,在河道一边选择一个点 C_1,使点 C_1 接近直线 AB,且点 C_1 与点 A 和点 B 均通视,插标杆,由 C_1B 方向确定出点 D_1,再由 D_1A 方向确定点 C_2,依次确定出点 D 和点 C,直至点 A、点 C、点 D、点 B 在一条直线上。

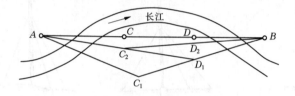

图 5-6　两点不易到达的直线定线

2）两点互不通视时

地面两点被山冈阻断,互不通视,如图 5-7 所示,在山冈合适位置选择一个点 C_1,使点 C_1 与点 A 和点 B 均通视,插标杆,由 C_1B 方向确定出点 E_1,由 C_1A 方向确定出点 D_1,再由 D_1E_1 方向确定点 C_2,一般情况下,C_1、C_2、…的位置应逐步提高,依次确定出点 E 和点 D。

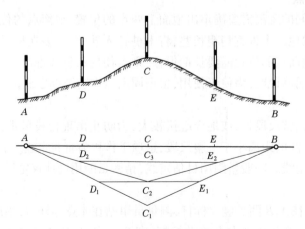

图 5-7　两点互不通视的直线定线

【小贴士】

直线定线一般由远到近逐步进行,在地面起伏较大时,点与点之间的距离宜更短,在平坦地区,直线定线常与丈量距离同时进行。

三、钢尺检定

钢尺两端点刻划线之间的标准长度称为钢尺的实际长度,尺面刻注的长度称为钢尺的名义长度,由于制造误差及环境温度的影响,钢尺的实际长度不等于其名义长度,使用这种钢尺量取距离,必然存在丈量误差,每丈量一个整尺长,误差会持续累积,因此为了量取准确的距离,除使用正确的量距方法外,还须对钢尺进行检定,进而求出钢尺的尺长改正值。

(一)尺长方程式

钢尺受到的拉力不同,尺长会有所变化,故在检定钢尺长度和精密量距时,拉伸尺子需用一定拉力。一般要求:30 m 的钢尺,用 100 N(弹簧秤指针读数为 10 kg)的拉力;50 m 的钢尺,用 150 N(弹簧秤指针读数为 15 kg)的拉力。另外,在不同的温度下,钢尺会热胀冷缩,其尺长也会发生变化。因此,在一定的拉力作用下,用温度作自变量的函数来表示尺长 l,这就是尺长方程式。

$$l = l_0 + \Delta l + \alpha l_0 (t - t_0) \tag{5-1}$$

式中:l_0 为钢尺名义长度,m;Δl 为钢尺的尺长改正数,mm;α 为钢的膨胀系数,其值为 0.011 5~0.012 5 mm/(m·℃);t_0 为钢尺检定时的标准温度,℃,一般取 20 ℃;t 为距离丈量时的温度,℃。

【例 5-1】　某钢尺的名义长度为 50 m,当温度为 20 ℃时,其真实长度为 49.996 m,试求该钢尺的尺长方程式。

解:根据题意可得:

$l_0 = 50$ m,$t_0 = 20$ ℃,$\Delta l = 49.996 - 50 = -0.004$ m,则该钢尺的尺长方程式为

$$l = 50 - 0.004 + 1.25 \times 10^{-5} \times 50 \times (t - 20)$$

每把钢尺都应有尺长方程式,才可得到其实际长度。其中,尺长方程式中的尺长改正数 Δl 须经过钢尺检定,与标准长度相比较求得。

(二)钢尺尺长检定的方法

钢尺尺长检定的方法通常有基线检定法和比长检定法。

1. 基线检定法

在平整的地面上选取一段距离,其长度为被检定钢尺名义长度的整数倍(30 m 或 50 m 的倍数),在线段的两端点埋设固定标志,用精密的检测工具(如标准钢尺、因瓦线尺、高精度全站仪等)测量出两固定点之间的精确长度作为标准长度,称为固定基线或检定基线。钢尺检定时,使用作业钢尺丈量检定基线的长度,然后与基线的标准长度进行比较,即可求出作业钢尺的尺长方程式。

钢尺检定时使用弹簧秤施加一定拉力(如 30 m 钢尺,用 100 N;50 m 钢尺,用 150 N)如图 5-8 所示,钢尺两端有刻划的位置精确对准基线两端标志中心,并读出 A、B 两端的读数,分别记为 a、b,则得出基线的测量长度 $l_测$ 为

$$l_测 = a - b \tag{5-2}$$

为了保证钢尺的检定精度,应往返各丈量三次,读数至 0.5 mm。往测三次丈量的读数

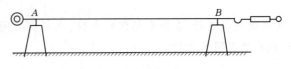

图 5-8　检定钢尺

差值小于 1 mm 时,求三次读数的中数作为往测读数 $l_{往}$,调转尺头,返测三次丈量的读数,要求和往测一样,求出返测读数 $l_{返}$,当 $l_{往}$ 和 $l_{返}$ 差值与钢尺总长的比值(即相对精度)不低于 1/100 000 时,取中数得到基线的测量值 $l_{测}$:

$$l_{测} = \frac{1}{2}(l_{往} + l_{返}) \tag{5-3}$$

在检定过程中,要同时使用温度计量取地面温度 t,则钢尺在 t 温度下的尺长改正数 Δl 为

$$\Delta l = l_{基} - l_{测} \tag{5-4}$$

式中:$l_{基}$ 为基线长。

将 Δl、t 代入尺长方程式(5-1)可得该检定尺的尺长方程式。

由于钢尺的刻划误差和线胀系数很小,故在使用钢尺进行碎部测量和其他精度较低的工作时,可直接作为真值丈量,无须进行检定。

2. 比长检定法

比长检定法是指用一根已有尺长方程式的钢尺作为标准尺,用作业尺和标准尺进行比较,从而求得作业钢尺尺长方程式的方法。在平坦的地面上,将标准尺和作业尺并排伸展,两钢尺零分划端各接一支弹簧秤,并使两尺末端分划线对齐,一人拉尺,一人辅助,保持对齐状态,喊"预备",听到口令后,零分划端两人各拉一支弹簧秤,使尺达到标准拉力时喊"好",此时在零分划端的观测员读出两尺的零分划线之间的差值 Δl($\Delta l = l_{作} - l_{标}$),读数至 0.5 mm,同样方法读三次读数,若三次读数差值不超过 1 mm,则取中数作为最后的结果。

由于温度相同、拉力相同,钢尺膨胀系数也相同,则两尺长度之差就是两尺尺长方程式的差值,从而可根据标准钢尺的尺长方程式计算出被检定的钢尺的尺长方程式。

【例 5-2】　已知标准钢尺的尺长方程式为 $l_{标} = 30 - 0.005 + 1.25 \times 10^{-5} \times 30 \times (t-20)$。用该标准钢尺与作业钢尺进行比较,其结果是标准钢尺的零分划线与作业钢尺的 0.005 m 分划线对齐,检定时的温度为 25 ℃,试求该作业钢尺的尺长方程式。

解:由题意可知,作业钢尺的实际长度为

$$l_{作} = l_{标} + 0.005$$

则 $l_{作} = 30 - 0.005 + 1.25 \times 10^{-5} \times 30 \times (25-20) + 0.005$

　　　$= 30 + 0.002$

在检定温度为 25 ℃ 条件下,作业钢尺的尺长方程式为

$$l_{作} = 30 + 0.002 + 1.25 \times 10^{-5} \times 30 \times (t-25)$$

如果将作业钢尺的尺长方程式改换为标准温度为 20 ℃ 的尺长方程式,则为

$$l_{作} = 30 + 0.002 + 1.25 \times 10^{-5} \times 30 \times (20-25) + 1.25 \times 10^{-5} \times 30 \times (t-20)$$

即 $l_{作} = 30 - 0.002 + 1.25 \times 10^{-5} \times 30 \times (t-20)$

四、量距方法

(一)直线量距

1. 平地丈量距离

平坦地区量距如图 5-9 所示。后尺手站在 A 点,手持钢尺零端,前尺手持末端沿丈量方向前进,走到一整尺段处,按定线标出的直线方向将尺拉平,前尺均匀增加拉力至标准拉力时,后尺手将零点对准起点 A,喊好时,前尺手将测钎按末端整尺段处的刻线垂直插入地面,即得 $A \sim 1$ 整尺段。同样丈量其余各尺段。最后不足整尺段时,前后尺手同时读数相减即可得该段长度。

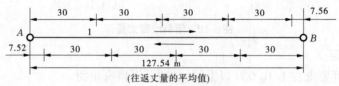

图 5-9　平坦地区量距

A、B 间的水平距离为

$$D_{AB} = n \times l_0 + q \tag{5-5}$$

式中:l_0 为整尺段长度;n 为整尺段数;q 为不足整尺段长度。

相对误差为

$$K = \frac{|D_{往} - D_{返}|}{D_{平均}} = \frac{1}{D_{平均} / |D_{往} - D_{返}|} \tag{5-6}$$

相对误差以分子为 1 的形式表示,分母越大,精度越高。

【例 5-3】　一条直线往测长度为 456.79 m,返测长度为 456.65 m,则其相对误差为

$$\frac{456.79 - 456.65}{456.72} \approx \frac{1}{3\ 200}$$

一般丈量要求相对误差不大于 $\frac{1}{2\ 000}$,故该次丈量数据符合要求,取其平均值作为最后结果,即 456.72 m。

【小贴士】

为了防止错误和提高精度,往往采用往返观测取平均值作为最后的丈量结果,量距精度用相对误差表示。

2. 倾斜地面丈量有平量法和斜量法两种

(1)平量法。当地面起伏变化不大时采用平量法。丈量时由高点向低点进行量距,后尺手握尺的零刻线对准 A 点,前尺手将尺抬高并拉平,用垂球尖将尺段的末端投点在地面上,然后在地面上的投影点处插入测钎,如图 5-10(a)所示。若坡度较陡,可将整尺段分段进行丈量,各段丈量值总和等于总水平距离。

(2)斜量法。当倾斜地面的坡度均匀时,可以沿斜坡丈量 AB 的斜距 l,测出地面倾角 α 或两点的高差 h,如图 5-10(b)所示。然后算出两点间的水平距离。

$$D = \sqrt{l^2 - h^2} \tag{5-7}$$

$$D = l\cos\alpha \hspace{4cm} (5\text{-}8)$$

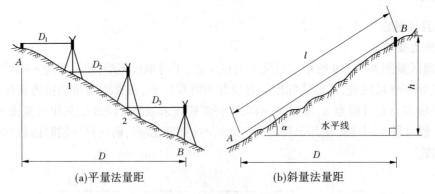

(a)平量法量距　　　　　　　(b)斜量法量距

图 5-10　倾斜地面丈量

(二) 精密量距

当量距的精度要求在 1/10 000 以上时,必须采用精密量距。

1. 经纬仪定线

(1)在一个端点 A 处安置经纬仪,瞄准另一端点 B。

(2)用钢尺进行量距,在视线方向上依次定出比钢尺整尺段略小的尺段 $A1$、12、23、34、45、56、$6B$,并打下木桩,如图 5-11 所示。

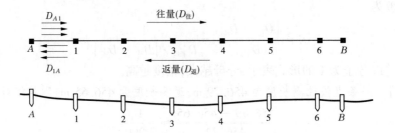

图 5-11　钢尺精密量距

(3)利用经纬仪进行定线,依次在 1、2、3、4、5、6 点各桩顶面上划一条线,使其与 AB 方向重合,并在其垂直方向上划线形成"十"字作为丈量的标志。

2. 精密量距

丈量由 5 人完成,2 人拉尺,2 人读数,1 人指挥并读取丈量时的温度并记录。

(1)后尺手使用弹簧秤控制拉力使其等于标准拉力。

(2)当拉力等于标准拉力并稳定后,前尺手和后尺手同时读取读数,并记录现场温度。

(3)使用水准仪测量尺段木桩顶之间的高差。

需要注意的是,每尺段需要往、返测量 3 次,3 次误差小于允许值,取平均值作为最后结果。每量一次要前后移动钢尺位置。

3. 成果整理

钢尺量距的成果整理包括计算每段距离的丈量长度、尺长改正、温度改正和倾斜改正,最后计算出经过各项改正后的水平距离。

当距离丈量的相对精度要求不低于 1/3 000 时,以下情况下需要进行相关项目的改正:

(1)当尺长改正值大于尺长的 1/10 000 时,需要加尺长改正。

(2)在丈量距离时,现场测得温度与标准温度相差±10 ℃时,需要加温度改正。

(3)当丈量地面的坡度大于 1% 时,需要加高差改正。

①计算丈量长度。使用钢尺丈量距离时,一般前尺手持钢尺零分划一端,对准起点地面标志,后尺手持钢尺另一端拉平、拉直,同时读取后尺读数 a 和前尺读数 b,为此,丈量长度 d 为

$$d = a - b \tag{5-9}$$

当丈量整尺段时,后尺手将尺上末端分划对准地面标志,前尺手按尺上零分划在地面做标志,此时丈量的长度为钢尺的名义长度;当丈量的不是整尺段(如丈量余长)时,则按照式(5-9)计算该尺段的长度。

每一段距离丈量若干尺段后所得的总长为量得长度,计算公式如下:

$$D' = \sum d_i = \sum (a_i - b_i) \tag{5-10}$$

②尺长改正。由于钢尺的名义长度与实际长度不符,从而产生尺长误差,每支钢尺在作业前经过专业检定机构检定后都要求出尺长方程式,为此,每支钢尺的尺长改正数为已知,用尺长改正数 Δl 除以钢尺的名义长 l_0,得到每米尺长改正数,在实际工作中,如果丈量的距离为 D',则该段距离的尺长改正数为

$$\Delta D_l = D' \frac{\Delta l}{l_0} \tag{5-11}$$

③温度改正。由于受到温度的影响,钢尺长度会产生伸缩,当量距时的温度(t)与钢尺检定时的标准温度(t_0)不一致时,须对丈量的距离进行温度改正,其改正公式为

$$\Delta D_t = D'(t - t_0) \tag{5-12}$$

④倾斜改正(高差改正)。在高低不平的地面上丈量距离时,因钢尺不水平会使丈量的距离与实际距离不一样,为此,须要把测得的斜距化算为平距,进而进行倾斜改正,其改正公式为

$$\Delta D_h = - \frac{h^2}{2D'} \tag{5-13}$$

综上所述,经过各项改正,可得地面上两点之间的水平距离为

$$D = D' + \Delta D_l + \Delta D_t + \Delta D_h \tag{5-14}$$

【小贴士】

(1)在进行倾斜改正时,如果沿线的地面倾斜不是同一坡度,则应分段测定高差,并分段进行高差改正。

(2)精密钢尺量距,需要进行尺长改正、温度改正、倾斜改正,最终求得两点间的水平距离。

【例 5-4】　如果所丈量的距离为倾斜地面,钢尺的尺长方程式为

$$l_t = 30 + 0.005 + 1.25 \times 10^{-5} \times (t - 20) \times 30$$

采用串尺法进行丈量,需要加入倾斜改正,具体计算见表 5-1。

表 5-1　钢尺量距计算表（串尺法）

线段	尺段	距离 D(m)	温度 (℃)	尺长改正数 (mm)	温度改正 (mm)	高差 (m)	倾斜改正 (mm)	水平距离 (m)
AB 往测	A—1	32.168	12	+5.4	−3.2	+1.123	−19.6	32.151
	1—2	28.246	10	+4.7	−3.5	+0.986	−17.2	28.230
	2—3	29.125	10	+4.9	−3.6	−0.713	−8.7	29.118
	3—4	27.145	11	+4.5	−3.0	−0.624	−7.2	27.139
	4—B	23.453	12	+3.9	−2.3	−0.760	−12.3	23.442
							Σ	140.080
BA 返测	B—4	24.214	10	+4.0	−3.0	−0.754	−11.7	24.203
	4—3	28.125	10	+4.7	−3.5	−0.635	−7.2	28.119
	3—2	30.009	13	+5.0	−2.6	−0.724	−8.7	30.003
	2—1	28.374	13	+4.7	−2.5	+0.998	−17.6	28.359
	1—A	29.427	12	+4.9	−2.9	+1.125	−21.5	29.408
							Σ	140.092
辅助计算	平均值： $$\frac{140.092 + 140.080}{2} = 140.086(\text{m})$$ 相对精度： $$\frac{140.092 - 140.080}{140.086} = \frac{1}{11\,673}$$							

（三）量距误差

（1）定线误差。指量距时由于钢尺没有准确地安放在待测距离的直线方向上，所量的是折线而不是直线，从而造成量距结果偏大所产生的误差。

（2）尺长误差。指由于钢尺的名义尺长与标准尺长不等所产生的误差，并随着量距的增加而增加。钢尺虽然经过检定，但钢尺的误差不可能绝对消除。

（3）温度误差。指由于丈量时的温度与钢尺检定时的标准温度不一致，以及进行温度改正时由于测温误差对量距产生影响所产生的误差。

（4）拉力误差。指由于钢尺具有弹性，在不同的拉力下，钢尺的伸长量不同，从而对量距结果产生影响所产生的误差。

（5）钢尺倾斜误差。指尺面没有位于桩顶面而产生的误差。

（6）读数误差。指两端未能同时读数，或尺子未稳定就读数而造成的误差。

（四）注意事项

（1）打开钢卷尺时，要小心慢拉，不可卷扭、打结。

（2）丈量前，仔细辨清钢尺零端和末端，丈量时，钢尺要逐渐拉平、拉直、拉紧，丈量过程中，钢尺拉力是检定时的拉力。

（3）转移尺段时，不得将钢尺在地面上拖拉摩擦。

（4）测钎对准钢尺的分划并插直。

（5）一测回丈量完毕，应检查限差是否符合要求，不符合要求时，应重测。

（6）丈量工作结束后，应用干净的布将钢尺擦干净后上油，以防生锈。

（五）间接量距

当无法直接量距时，可采用间接量距法，又称基线法，如图 5-12 所示，欲测量直线 AB 的距离，因河流阻挡无法直接测量，故在河流一侧选取两点 C、D，布设两条基线 AC、AD，用直线丈量的方法测量出 S_{AD} 和 S_{AC}，并用经纬仪测出角 α_1、α_2、β_1、β_2，在 △ACB 和 △ADB 中，求出直线 AB 的距离 D_{AB}。

$$D_{AB} = \frac{S_{AD}}{\sin(\alpha_1 + \beta_1)}\sin\beta_1 \tag{5-15}$$

$$D_{AB} = \frac{S_{AC}}{\sin(\alpha_2 + \beta_2)}\sin\alpha_2 \tag{5-16}$$

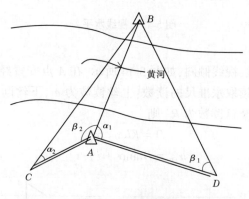

图 5-12　间接量距

双基线测量距离是为了检核，当两次计算的距离满足规定的限差时，取平均值作为最后的结果。

【小贴士】

水平距离与倾斜距离有何异同点，它们之间有什么关系？

任务二　视距测量

视距测量是根据几何光学原理、用简单操作方法迅速测出地面上两点之间距离的方法。其利用光线透过光学镜片的折射原理进行测量的一种间接光学测距方法。具体地讲，它是利用测量仪器望远镜内的十字丝分划板上的视距丝及水准尺，根据光学原理和三角学原理间接测定两点间的水平距离和高差。测定距离的相对精度约为 1/300，低于直接量距；测定高差的精度低于水准测量。视距测量广泛用于地形测量中。

一、视距测量原理

（一）视线水平

在地势平坦地区，如图 5-13 所示，在 A 点安置水准仪，在 B 点竖立水准尺，利用水准仪

提供的水平视线,读取上丝读数和下丝读数。其中上丝读数为 a,下丝读数为 b,则水平距离

$$D = Kl \tag{5-17}$$

式中:K 为视距乘常数,一般取 100;l 为上丝和下丝的间隔,即:$l = a - b$,单位为 m。

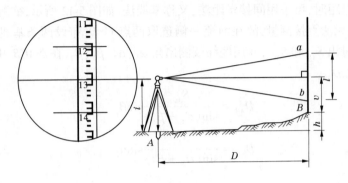

图 5-13　视线水平

(二)视线倾斜

在地面起伏较大地区,视线倾斜,如图 5-14 所示,在 A 点安置经纬仪,在 B 点竖立水准尺,用经纬仪瞄准水准尺读取水准尺的读数:上丝读数为 a,下丝读数为 b,中丝读数为 v,盘左竖盘读数为 L,盘右竖盘读数为 R,则

水平距离:　　　　　　　　　$D = Kl\cos^2\alpha$　　　　　　　　　　　(5-18)

高差:　　　　　　　　　　$h_{AB} = D\tan\alpha + i - v$　　　　　　　　　(5-19)

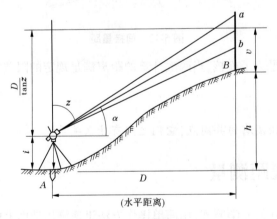

图 5-14　视线倾斜

式(5-18)、式(5-19)中,K 为视距乘常数,一般取 100;l 为上、下丝读数差,m;i 为仪器高;v 为中丝读数;α 为垂直角。

【小贴士】

使用经纬仪测得垂直角为仰角时,α 为正值,$D\tan\alpha$ 也为正值;垂直角为俯角时,α 为负值,$D\tan\alpha$ 也为负值。

【例 5-5】　使用经纬仪进行视距测量的数据如表 5-2 所示,试计算测站点至照准点的水平距离及各照准点的高程。

表 5-2　视距测量记录表

测站:O　　　　　　　　　　　测站高程:56.26 m　　　　　　　　　仪器高:1.42 m

照准点号	下丝读数 上丝读数 视距间隔	中丝读数 v	竖盘读数 L (° ′)	垂直角 α (° ′)	水平距离 D(m)	高差 h(m)	高程 H(m)
A	1770 0926 0.844	1.35	85　06	+4　54	83.78	+7.25	63.51
B	2158 0568 1.590	1.36	88　03	+1　57	158.82	+5.46	61.72
C	2456 1852 0.604	2.15	92　36	-2　36	60.28	-3.47	52.79
D	2236 0786 1.450	1.51	90　42	-0　42	144.98	-1.86	54.40

注:竖盘公式:$\alpha = 90° - L$。

二、视距测量的误差来源及注意事项

(一)误差来源

1.仪器误差

(1)仪器制造误差,K 值不等于 100。

(2)标尺分划误差造成尺的间隔误差。

2.人的原因

(1)观测者瞄准目标及读数误差。

(2)标尺倾斜引起的误差。

3.外界环境影响

如风力、水气、阳光等产生的影响。

(二)注意事项

(1)在视距丝的上边缘(或下边缘)读数,减少读数误差。

(2)使用安有圆水准器的标尺,以保证标尺竖立,减小标尺倾斜引起的误差。

(3)在地面之上具有一定高差的位置读数,以减少地面辐射热对读数的影响。

(4)由于视距乘常数对视距有影响,在测量前须准确测定 K 值,必要时可进行改正。

任务三　电磁波测距

采用钢尺量距,虽然可以满足一定的精度要求,但是效率低、劳动强度大、受地形条件等的限制,尤其在河谷、山区、沼泽等区域,丈量难度大;采用视距法量距,虽然测量较简单、受地形条件的限制也较小,但是测得的距离较短、测量精度较低。使用电磁波测距不仅可以克服上述两种方法的不足,还具有精度高、射程远、效率高、几乎不受地形限制等优点。

电磁波测距(electro-magnetic distance measuring,EDM)是利用电磁波作为载波传输测距信号,进而测出两点之间距离的方法。目前,全站仪广泛地采用电磁波测距。

一、电磁波测距概述

电磁波测距仪的种类较多,按采用的载波不同可以分为微波测距仪(用微波段的无线电波作为载波)、激光测距仪(用激光作为载波)和红外测距仪(用红外光作为载波),后两种又总称为光电测距仪,其中微波测距仪和激光测距仪主要用于远程测距,测程可达到十千米,一般用在大地测量中。红外测距仪主要用于中、短程测距,一般用在地形测量、小地区控制测量、房地产测量及建筑施工测量。

按测程可以分为远程测距仪(测程>15 km)、中程测距仪(测程 3~5 km)、短程测距仪(测程<3 km),其中远程测距仪常用于等级控制测量,中程测距仪常用于国家三角网和特级导线,短程测距仪常用于普通工程测量和城市测量。

按基本功能可以分为专用型、半站型和全站型;按测量精度可以分为 Ⅰ 级($m_D \leqslant 5$ mm)、Ⅱ 级(5 mm<$m_D \leqslant 15$ mm)、Ⅲ 级($m_D > 15$ mm),其中 m_D 为每千米测距中误差。

电磁波测距仪的精度如下公式所示:

$$m_D = a + bD \tag{5-20}$$

式中:a 为不随测距长度变化的固定误差,mm;b 为随测距长度变化的误差比例系数,mm/km(常记为 ppm);D 为测距仪所测距离,km。

二、光电测距的基本原理

光电测距的原理是利用已知光速,测出它在两点之间的传播速度,进而计算出距离。

如图 5-15 所示,欲测出地面上 A、B 两点之间的距离,首先在点 A 安置仪器,在点 B 安置棱镜,测出传播时间后,将测得数据代入式(5-20),进而求出 A、B 两点之间的距离

$$S = \frac{1}{2}Ct \tag{5-21}$$

式中:C 为光波在大气中的传播速度,$C = \dfrac{C_0}{n}$;C_0 为光波在真空中的传播速度,其值为 299 792 458±1.2 m/s;n 为大气折射率,其为光的波长(λ)、大气温度(t)、大气气压(p)的函数;t 为光波在待测距离上往返传播时间。

需要注意的是,一般地面上 A、B 两点不等高,光电测距测出的是两点之间的倾斜距离(S),之后需通过垂直角观测,将倾斜距离化算为水平距离(D)和高差(h)。

$$n = f(\lambda, t, p) \tag{5-22}$$

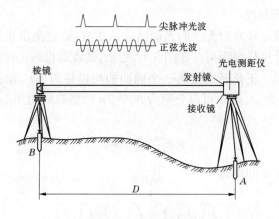

图 5-15　光电测距原理

由于 $n \geqslant 1$, $C \leqslant C_0$,故光波在大气中的传播速度小于其在真空中的传播速度。

光电测距仪的波长 (λ) 是常数,影响光速的大气折射率(n)随着大气温度(t)和大气气压 (p) 发生变化,为此,在光电测距中,需要对现场的大气温度(t)和大气气压(p)进行现场测定,对测得的距离进行气象改正。

根据测定光波在待测距离上往返一次传播时间 t 的方法的不同,将光电测距仪分为脉冲式光电测距仪和相位式光电测距仪。

(一)脉冲式光电测距仪

脉冲式光电测距仪是通过测定光脉冲在待测距离上往返传播的时间来计算距离。如图 5-16 所示,在点 A 处安置测距仪,在点 B 处安置反光镜,测定点 A 和点 B 之间的距离,测距仪发出光脉冲,经过反光镜反射后回到测距仪,如果测出光脉冲在 A、B 两点往返传播的时间,即测出发射光脉冲与接收光脉冲的时间间隔 t_{2D},则 A、B 两点之间的距离为

$$D = \frac{1}{2} \frac{C_0}{n} t_{2D} \qquad (5\text{-}23)$$

式中: C_0 为光波在真空中的传播速度,其值为 299 792 458 ±1.2 m/s;n 为大气折射率,其为光的波长 λ、大气温度 t、大气气压 (p) 的函数;t_{2D} 为光脉冲在 A、B 两点往返传播的时间。

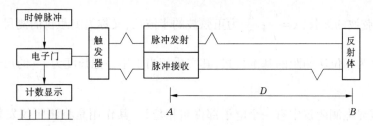

图 5-16　脉冲测距原理

式(5-23)为脉冲法测距公式,使用脉冲法测量距离,其测距精度取决于光脉冲在待测距离往返传播的时间 t_{2D} 的测量精度。

若量距的精度达到±1 mm,则时间的测量精度应达到 6.7×10^{-11} s。这种精度要求对电子性能的要求很高,很难能够达到,为此一般使用脉冲法测量距离常用在远距离测距上,如激光雷达等,其测距精度为 0.5~1 m。

(二) 相位式光电测距仪

相位式光电测距仪是将发射光波的光调制成正弦波,通过测出正弦光波在待测距离上往返传播的相位移来计算待测距离。如图 5-17 所示,是将返程的正弦波以棱镜站 B 点作为中心对称展开后的图形。正弦光波振荡一个周期的相位移为 2π,设其发射的正弦光波经过 $2D$ 距离后的相位移为 φ,则 φ 可以分解为 N 个 2π 的整数周期和不足一个整数周期的相位移 $\Delta\varphi$,即有

$$\varphi = 2\pi N + \Delta\varphi \tag{5-24}$$

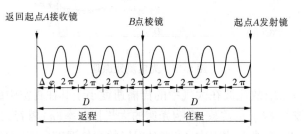

图 5-17 相位法测距原理

正弦光波的振荡频率为 f,其意义是指 1 s 振荡的次数,振荡一次的相位移为 2π,则正弦光波经过 t_{2D} 后振荡的位移为

$$\varphi = 2\pi f t_{2D} \tag{5-25}$$

由式(5-24)和式(5-25)求出 t_{2D} 为

$$t_{2D} = \frac{2\pi N + \Delta\varphi}{2\pi f} = \frac{1}{f}\left(N + \frac{\Delta\varphi}{2\pi}\right) = \frac{1}{f}(N + \Delta N) \tag{5-26}$$

式中:N 为相位变化的整数或调制光波的整波长数; $\Delta N = \dfrac{\Delta\varphi}{2\pi}$,其中 $\Delta\varphi$ 不是一个整周期的相位变化尾数,$0 < \Delta N < 1$。

将式(5-26)代入式(5-21),可得:

$$S = \frac{C}{2f}(N + \Delta N) = \frac{\lambda}{2}(N + \Delta N) \tag{5-27}$$

式中:λ 为正弦波的波长,$\lambda = \dfrac{C}{f}$; $\dfrac{\lambda}{2}$ 为正弦波的半波长,又称为测距仪的测尺。

式(5-27)为相位法测距的基本公式,其实质相当于用一把长度为 $\dfrac{C}{2f}$ 的尺子来测量待测距离。

在相位式光电测距仪中有一个电子部件叫相位计,其作用是将测距仪发射镜发出的正弦波与接收镜接收的正弦波进行相位比较,进而测出不足一个周期的相位(ΔN),但相位计无法测出整周数(N),此时待测距离会产生多值,为此,需要确定出整周数(N)。由式(5-27)可知,当测尺长度大于待测距离时,$N = 0$,此时可以确定出待测距离,即 $S = \dfrac{1}{2}\Delta N$,由此可得,为了增大单解值的测程,需要使用较长的测尺,即采用较低的调制频率。

由于测距仪的测尺为 $\dfrac{C}{2f}$,取 $C = 3 \times 10^8$ m/s,可得不同的调制频率 f 与测尺长度的关

系,见表5-3。

表5-3　测尺频率、长度与精度关系

测尺频率(kHz)	3×10^4	1.5×10^4	1.5×10^3	1.5×10^2	1.5×10
测尺长度(m)	5	10	100	1 000	10 000
测距精度(mm)	0.5	1	10	100	1 000

由表5-3可得:测尺长度越长,调制频率越小,仪器的测相误差对测距误差的影响越大,为了解决测程与测距精度的矛盾,采用一组测尺同时测距,其中,长测尺(粗测尺)用来增大测程,短测尺(精测尺)用来提高精度,进而解决距离出现多值的问题。

【例5-6】　选两把测尺,尺长分别为10 m和1 000 m,用它们分别测长度为586.526 m的距离时,精测尺可以测得不足10 m的尾数6.526 m,粗测尺可以测得不足1 000 m的尾数586.5 m,将两者结合起来即可得距离586.526 m,见图5-18。

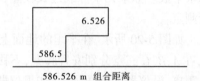

图5-18　测尺组合测距

三、光电测距成果整理

为了提高距离测量的可靠性和精确性,使用光电测距时需要进行多测回测量。根据《城市测量规范》(CJJ/T 8—2011)要求,四等及以上等级的控制网应往返双向测量四个测回;四等以下的控制网单项观测两个测回。5″级及以上的控制网在测站上测距时需测定大气温度和大气压力;5″级以下的控制网在某一时段的起始测定气象数据,取其平均值作为各边的气象数据。

使用光电测距,其传播速度和路径与介质常数有关,大气的介质常数随时间、地点、气压、温度、湿度的变化而变化,由于存在机械安装误差,使相位起算点、反射点和仪器对中点的几何位置不一致,为此,使用仪器直接测定的距离需要加上与上述因素有关的改正数,如仪器常数、气象改正,才可得出仪器中心到棱镜中心的距离。因这些改正数数据不大,在进行距离较短的测量,如碎部测量时,可不考虑这些改正数。

(一)棱镜常数改正

由于棱镜是玻璃介质,光电的传播速度和路径与大气中存在很大的差异,同时由于反射点机械安装与对中的几何位置不一致,从而使测得的距离与实际距离相差一个固定的差数,这个差数称为棱镜常数。如图5-19所示,玻璃的折射率为 n(大气的折射率为1),则棱镜常数为

$$C = d - H(n-1) \qquad (5-28)$$

设计时棱镜常数有0 mm、−30 mm、+30 mm三种,标识在仪器说明书或棱镜上,在混合使用多种仪器和棱镜时,须修改棱镜常数。

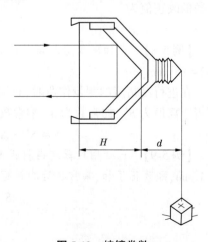

图5-19　棱镜常数

(二)仪器常数改正

仪器常数包括仪器加常数和仪器乘常数,仪器在设计时相位起算位置和仪器的几何对中位置是一致的,测距频率也为设计值,但是在仪器运输、长期使用过程中,仪器电子器件的机械位置和电器常数发生了变化,使得相位中心发生偏移,从而对测出的距离产生了影响,此影响不随待测距离的长短发生变化,在短期内是一个固定的常数,这个固定常数称为仪器的加常数。由于仪器电子器件的老化,使得测距频率发生了微小的偏移,进而使测距信号的波长发生变化(即测尺的尺长发生变化),对待测距离的影响与距离的长度成正比,常以 ppm 表示,称为仪器的乘常数。在使用仪器进行距离测量前,须检测仪器的加常数和乘常数。仪器的检测工作一般由计量部门在高精度的基线场按照"六段法"进行,并测得仪器的加常数和乘常数。如果无条件或边长较短,乘常数可忽略不计时,使用"三段法"对仪器加常数进行测定。

如图 5-20 所示,在平坦的地面上选取 100 ~ 200 m 的一段直线 AB,在直线上任取一点 C,在 A、B、C 三点分别安置脚架,不移动脚架位置仅移动仪器和棱镜,分别测出 d_1、d_2、d_3 三段距离,设仪器加常数为 a,如果仪器存在加常数,则应满足如下方程式:

$$(d_1 + a) + (d_2 + a) = (d_3 + a)$$

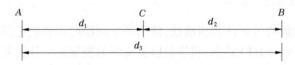

图 5-20　三段法测仪器加常数

从而得出:

$$a = d_1 + d_2 + d_3$$

由于仪器的加常数改正与待测距离的长度无关,则加常数的改正值为

$$\Delta S_a = a \tag{5-29}$$

【例 5-7】　已知仪器的加常数 $a = -8.1$ mm,则 $\Delta S_a = -8$ mm。

由于仪器的乘常数改正与待测距离的长度成正比,乘常数改正的单位为 mm/km,即乘常数的改正值为

$$\Delta S_b = bS' \tag{5-30}$$

【例 5-8】　已知用仪器测得斜距 $S' = 863.682$ m,$b = +6.3$ mm/km,则 $\Delta S_b = 6.3 \times 863.682 = +5$(mm)。

在进行高精度的测量作业时,必须对仪器进行加常数和乘常数的改正。如果通过仪器测得距离值为 S',加常数为 a,乘常数为 b,改正后距离为 S,则改正后的距离公式为

$$S = S' + \Delta S_a + \Delta S_b = (1 + b)S' + a \tag{5-31}$$

【例 5-9】　已知用仪器测得斜距 $S' = 863.682$ m,$b = +6.3$ mm/km,仪器的加常数 $a = -8.1$ mm,则改正了加、乘常数后的斜距为

$$\begin{aligned}
S &= S' + \Delta S_a + \Delta S_b \\
&= (1 + b)S' + a \\
&= 863.682 + 0.0063 \times 0.863682 + (-0.008) \\
&= 863.679(\text{m})
\end{aligned}$$

(三) 气象改正

光在不同介质中传播速度不一样,即波长不一样,大气介质常数受到大气状态(温度 t、气压 p 等)的影响,这也将导致测尺长度发生变化,从而影响测量结果。仪器的测尺长度是按标准温度(20 ℃)和标准气压(760 mmHg)设计制造的,而实际作业时的温度、气压与标准环境有变化,这将会使测距结果产生系统误差,为此,在使用仪器前,须测定现场环境的温度和气压,利用仪器厂家提供的气象改正公式进行改正,即加入相应的改正值,称为气象改正(ΔS_n),气象改正的大小与测得的距离成正比,仪器的气象改正常数 n 相当于一个乘常数,其单位为 mm/km,可在仪器使用说明书中查到气象改正常数 n。则气象改正值为

$$\Delta S_n = nS' \tag{5-32}$$

【例 5-10】 使用仪器进行观测时,$t = 30$ ℃,$p = 98.67$ kPa,则 $n = +21$ mm/km,对于斜距 $S' = 863.682$ m 的距离,其气象改正值为 $\Delta S_n = nS' = (+21 \text{ mm/km}) \times 0.863 = +18$ mm。

(四) 改正后的距离、高差计算

观测得到的斜距 S' 经过加常数改正、乘常数改正和气象改正后,得到改正后的斜距

$$S = S' + \Delta S_a + \Delta S_b + \Delta S_n \tag{5-33}$$

【例 5-11】 上述斜距观测值 S',经过加常数改正、乘常数改正、气象改正后,得出改正后的斜距为

$$S = 863.682 + 0.005 + (-0.008) + 0.018 = 863.697 (\text{m})$$

两点之间的平距 D 及两点之间测距仪与棱镜的高差 h',是斜距在水平和垂直方向的分量,用仪器测得斜距方向上的垂直角 α,则得

$$D = S\cos\alpha \tag{5-34}$$

$$h' = S\sin\alpha \tag{5-35}$$

四、电磁波测距误差分析

(一) 电磁波测距的误差来源

1. 调制频率误差

目前,国内外生产的仪器,其精测尺调制频率的相对误差一般为 $(1 \sim 5) \times 10^{-6}$,其对测距的影响为每千米产生 $1 \sim 5$ mm 的比例误差。由于仪器在使用过程中,电子器件的老化和外部环境的变化,会使设计的标准频率发生变化,因此需要对仪器进行检定,测定乘常数 b,对其距离进行改正,其主要是为了减小或消除仪器的调制频率误差。在测距过程中,是否需要进行此项改正,根据测距所需要的精度及乘常数的大小来决定。

2. 气象参数误差

使用仪器进行距离测量时,测定的气象参数为大气温度 t 和大气气压 p,根据仪器的气象改正参数公式可得:对于 1 km 的距离,测定气温时每 1 ℃ 的误差或测定气压时每 0.4 kPa 或 3 mmHg 的误差,对距离产生的误差是 1 mm,为此,只有在参数与标准状态相差很大时才有必要测定气象参数并改正。

3. 仪器对中误差

电磁波测距是测定仪器中心至棱镜中心的距离,为此仪器对中误差包括仪器的对中误差和棱镜的对中误差,仪器和棱镜的对中误差有多大,对测距的影响就有多大。仪器对中误差的大小与待测距离的长短无关。对于短距离测量,要注意仪器及棱镜的对中精度,其一般

要求用校核准的光学对中器进行对中,误差不大于 2 mm。

　　4.测相误差

　　进行距离测量时,不论距离长短,均从测定参考信号和测距信号的相位差中间接计算出距离,而在测定相位差时存在一定的误差。测相误差包括自动数字测相系统误差和测距信号在大气传输中的信噪比误差(信噪比为接收到的测距信号强度与大气中杂散光的强度比)等。前者决定测距仪的精度和性能,后者与测距时的自然环境有关,如干扰因素的多少、空气的透明度、视线距离地面及障碍物的远近等。

(二)电磁波测距注意事项

　　(1)光电测距仪属于精密仪器,要按照要求进行运输、携带、装卸和操作。

　　(2)仪器在运输和携带过程中要防潮、防震;搬站时,须将仪器装箱。

　　(3)仪器在装卸和操作过程中要连接牢固、电源插接准确,严格按照仪器操作流程操作仪器。

　　(4)在有阳光照射时或雨天,须撑伞保护仪器。

　　(5)为避免电磁场干扰,不易在变压器、高压线附近设置测站。

任务四　全站仪的认识与使用

一、全站仪的认识

　　随着光电测距和电子计算机技术的发展,出现了高度集成和智能化的全站型电子速测仪,简称全站仪。它是一种集自动测角、测距,自动记录、计算、存储、传输数据等功能于一体的高精度、自动化、数字化及智能化的三维坐标测量与定位系统。其含有四大光电系统,即水平角测量系统、垂直角测量系统、水平补偿系统和测距系统,各个系统通过键盘可以输入操作指令、数据和设置参数,并通过数据传输接口,将测量得到的数据传输到计算机或绘图仪,并通过相应的软件绘制出地形图。常用的全站仪见图 5-21。

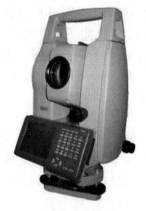　　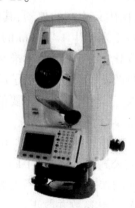

(a)南方全站仪　　　　　　(b)科力达全站仪　　　　　　(c)拓普康全站仪

图 5-21　全站仪的种类

(一)全站仪的构造

如图 5-22 所示为全站仪各部件的名称。

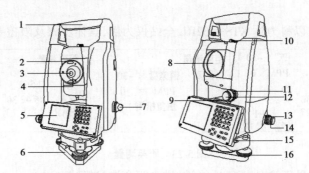

1—手柄；2—物镜调焦螺旋；3—目镜；4—目镜调焦螺旋；5—显示屏和面板；6—基座；
7—光学对中器；8—物镜；9—管水准器；10—准星；11—竖直制动螺旋；12—竖直微动螺旋；
13—水平制动螺旋；14—水平微动螺旋；15—圆水准器；16—脚螺旋

图 5-22　全站仪各部件名称

(二)全站仪测角原理

1.电子测角原理

虽然全站仪型号很多，但其测角原理和方法却有很多相似之处，主要包括编码度盘测角、光栅度盘测角和光栅动态度盘测角。

光栅动态测角系统由绝对光栅度盘及驱动系统，与机座连在一起的固定光栅探测器和与照准部连在一起的活动光栅探测器及数字测微系统等组成。

测角时，度盘在马达的带动下，以一定的速度旋转，使光电探测器断续地接收透过光栅度盘的红外线，并将其转换为高、低电平信号，其输出的是矩形方波。通过固定光栅和可动光栅的粗测功能和精测功能测得栅距的整倍数和不足一个分划的相位差，其精度取决于栅距划分为多少相位差脉冲。

2.角度测量的自动补偿

为了削弱水平轴、垂直轴倾斜对测量结果产生的影响，在电子经纬仪和全站仪测角时采用了自动补偿系统，在仪器内部的倾斜传感器检测出垂直轴在视准轴方向和水平轴方向的倾斜量时，微处理器计算出角度改正值，自动对测量角值进行改正。自动补偿系统分为单轴补偿和双轴补偿。

二、全站仪的基本功能

(一)距离测量

全站仪具有光波测距仪的测距部，除测量至棱镜的距离(倾斜距离)外，还可以根据全站仪的类型、反射棱镜的数目、气象条件等改变其最大测程，从而满足不同的测量目的及要求。在测距过程中，可对测距模式进行变换：按照具体情况设置高精度测量和快速测量模式；根据具体情况选取距离测量的最小分辨率，如 1 cm、1 mm、0.1 mm 等；根据具体要求选取测距次数，主要包括单次测量(能显示一次测量结果，然后停止测量)、连续测量(可进行不间断测量，只要按停止键，测量马上停止)、指定测量次数、多次测量平均值自动计算(根据指定的测量次数，测量后显示平均值)；根据具体情况设置测距精度及时间，主要包括精

密测量(测量精度高,需要数秒测量时间)、简易测量(测量精度低,可快速测量)、跟踪测量(如在施工放样时,一边移动发射棱镜一边测距,测量时间小于 1 s,一般测量的最小单位为 1 cm)。

如图 5-23 所示,以科力达 KTS-462RL 全站仪为例,具体步骤及限差要求如下:

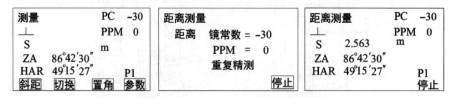

图 5-23　距离测量

(1)在常规测量界面按"距离"功能键,进入距离测量模式。

(2)选择距离类型(按切换键改变距离类型:斜距 S、平距 H、高差 V)。

(3)按斜距键开始测量,此时有关测距信息(测距类型、棱镜常数改正数、大气改正数和测距模式)闪烁并显示在显示窗上。

(4)距离测量完成时,仪器发出一声短响,并将测得的斜距 S、垂直方向值 ZA 和水平方向值 HAR 显示出来。

(5)进行重复测距时,按停止键停止测距并显示测距结果,限差要求见表 5-4。

表 5-4　光电测距导线的主要技术要求(《城市测量规范》(CJJ/T 8—2011))

等级	闭合导线或附合导线长度(km)	平均边长(m)	测距中误差(mm)	测角中误差(″)	导线全长相对闭合差
三等	15	3 000	不超过 ±18	不超过 ±1.5	≤ 1/60 000
四等	10	1 600	不超过 ±18	不超过 ±2.5	≤ 1/40 000
一级	3.6	300	不超过 ±15	不超过 ±5	≤ 1/14 000
二级	2.4	200	不超过 ±15	不超过 ±8	≤ 1/10 000
三级	1.5	120	不超过 ±15	不超过 ±12	≤ 1/4 000

【小贴士】

(1)测距后,按操作键可随意切换斜距、平距和高差。

(2)若测距模式设置为单次精测和 N 次精测,则完成指定的测距次数后将自动停止。

(3)量取仪器高和棱镜高时一定要正确,仪器高是标面至全站仪示高点的高度;棱镜高是标面至棱镜中心(镜框上有标志线)的高度,不是测垂直角(或天顶距)照准的觇牌标志线的高度。

(二)角度测量

全站仪具有电子经纬仪的测角部,除测量水平角和垂直角外,还具有其他附属功能,具体包括:设置水平角(利用水平微动螺旋设置水平度盘读数,启动水平度盘锁定功能,照准定向的目标点,取消水平度盘锁定功能);垂直角显示变换(可通过高度角、天顶距、倾斜角、坡度等方式显示垂直角)。

如图 5-24 所示,以科力达 KTS-462RL 全站仪为例,具体步骤如下:

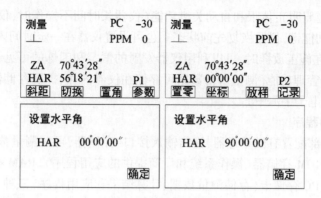

图 5-24　角度测量

（1）在常规测量界面按"角度"功能键,进入角度测量模式。

（2）盘左:使用水平制动螺旋和水平微动螺旋照准左目标,按置零键,置零键闪烁,再按一次置零键,左目标方向置零（0°00′00″）。

（3）顺时针旋转照准部,瞄准右目标,将显示的（HAR）数据填入相应表格。

（4）盘右:瞄准右目标,将显示的（HAR）数据填入相应表格。

（5）逆时针旋转照准部,瞄准左目标,将显示的（HAR）数据填入相应表格,限差要求见表 5-5。

表 5-5　导线测量水平角观测的技术要求（《城市测量规范》（CJJ/T 8—2011））

等级	测角中误差 （″）	测回数			方位角闭合差 （″）
		DJ₁	DJ₂	DJ₆	
三等	不超过±1.5	8	12	—	不超过±$3\sqrt{n}$
四等	不超过±2.5	4	6	—	不超过±$5\sqrt{n}$
一级	不超过±5	—	2	4	不超过±$10\sqrt{n}$
二级	不超过±8	—	1	3	不超过±$16\sqrt{n}$
三级	不超过±12	—	1	2	不超过±$24\sqrt{n}$

注:n 为架设全站仪进行观测的测站数。

【小贴士】

（1）水平度盘顺时针注记,顺时针旋转照准部,水平方向值 HAR 增加。

（2）锁定水平度盘时,照准部旋转时角值不变。

（3）通过置角键可将水平方向设置为所需的任何方向值。

（三）坐标测量

对全站仪的参数进行设置后,可直接测定点的坐标（X,Y,H）。首先,在一个已知点（测站点）上安置全站仪,输入测站点平面坐标、高程、仪器高和棱镜高,转动照准部瞄准另一个已知点（定向点或后视点）定向,使水平度盘读数为测站点至定向点的坐标方位角,接着瞄准目标点（前视点）上的棱镜,确认,完成建站,即可进行坐标测量。

（四）辅助功能

全站仪的辅助功能包括:照明系统（在夜晚或黑暗环境下进行测量时,可对显示屏、操

作面板、十字丝实施照明);休眠和自动关机功能(仪器长时间不操作时,仪器可自动进入休眠状态,操作时按功能键,仪器恢复先前状态。也可设置仪器在一定时间内不操作时自动关机);导向光引导(在施工放样时,可以利用仪器发射的恒定和闪烁的可见光,引导持镜员快速找到方位);数据管理功能(测量所得数据可存储在仪器内存、扩展存储器中,也可通过数据端口实时输出到电子手簿中)。

(五)机载应用程序

在全站仪的内部配置有微处理器、输出输入接口、存储器,可对测量数据进行处理和存储,其存储器包括 ROM 存储器(操作系统和厂商提供的应用程序)、RAM 存储器(存储测量数据和计算结果)、PC 存储卡(存储测量数据、计算结果和应用程序)三种,各厂商提供的应用程序在功能、数量、操作方法等方面不相同,使用时可阅读操作手册,但基本原理是一致的,全站仪一般有下面常用测量程序。

1. 单点放样

全站仪经过测站设置和定向后,可照准棱镜进行测量,仪器可以显示出棱镜位置与设计位置的差值,根据此差值持镜员修正棱镜位置,直至确定设计位置。

2. 对边测量

在不移动仪器的情况下,测量两棱镜站点之间的斜距、平距、方位、高差、坡度。其包括连续模式和辐射模式。

3. 偏心测量

当目标点被遮挡或无法放置棱镜(如柱子中心等)时,可在目标点左边或右边放置棱镜,并使目标点和偏移点到测站的水平距离相等,通过偏移点测出水平距离,再测出水平角,即可计算出目标点的坐标。

4. 悬高测量

测定无法放置棱镜的地物(如桥梁等)高度的功能。

5. 面积测量

通过顺序测定地块边界点的坐标,进而计算出地块面积。

■ 项目小结

本项目从距离测量出发,主要讲述了量距的工具、量距的方法、钢尺的检定、视距测量原理、视距测量的误差来源及注意事项、电磁波测距仪的分类、光电测距的基本原理、光电测距成果整理、电磁波测距误差分析、全站仪的使用等内容。

■ 思考与习题

1. 什么叫直线定线? 直线定线的目的是什么? 有哪些方法? 如何进行?

2. 使用钢尺丈量距离前,需要做哪些准备工作?

3. 丈量距离的方法有几种? 分别适用于什么场合?

4. 使用钢尺在平坦地面上如何量距? 使用钢尺在倾斜地面上如何量距?

5. 一钢尺的名义长度为 30 m,经检定后实际长度为 29.996 m,求该尺的每米尺长改正数。

6. 用一名义长度为 50 m 的钢尺,沿倾斜地面丈量 A、B 两点之间的距离,该钢尺的尺长方程式为 $l = 50+0.01+0.6(t-20)$,丈量时温度为 31 ℃,A、B 两点之间的高差为 1.88 m,量得距离为 128.686 m,计算经过尺长改正、温度改正和倾斜改正后 A、B 两点之间的水平距离 D_{AB}。

7. 钢尺量距时会产生哪些误差?对钢尺量距的成果进行整理时,需要注意什么?

8. 衡量丈量精度的指标是什么?

9. 在地面上选定 AB、CD 两段距离,丈量 AB 的往测距离为 258.56 m,返测距离为 258.63 m;丈量 CD 的往测距离为 328.26 m,返测距离为 328.16 m。试问哪段距离的量测精度高?

10. 视距测量的方法包括哪些?在进行视距测量时需要注意什么?

11. 简述电磁波测距仪的分类。

12. 简述光电测距的原理。

13. 光电测距成果整理时需要注意什么?

14. 使用全站仪如何进行角度测量、距离测量、坐标测量?

项目六　直线定向与坐标测量

项目概述

在测量工作中,确定两点间平面位置的相对关系,除了测定两点间的距离外,还需确定两点所连直线的方向。通过确定直线的方向和测量距离,可以计算点的平面坐标。本项目主要由直线方向的确定、坐标正算和坐标反算以及全站仪坐标测量等学习任务组成。

学习目标

通过本项目的学习,同学们能理解直线方向确定的方法,掌握直线的坐标方位角及其推算通式;掌握坐标正算与反算的概念,能用计算器进行坐标正算与坐标反算的计算;能进行全站仪坐标测量以及数据传输。

【导入】

测量的主要目的之一就是要确定地面点的坐标(x,y),而要求得坐标(x,y),除有角度和距离外,还需要确定两点所连直线的方向,有了这些测量基本要素,还需要知道如何得到点的坐标,这就要学习坐标的计算方法。

【正文】

■ 任务一　直线方向的确定

在测量工作中,通常需要确定两点间平面位置的相对关系。除测定两点间的距离外,还需确定两点所连直线的方向。一条直线的方向是根据某一标准方向线来确定的。确定直线与标准方向之间的水平角度,称为直线定向。

一、直线定向的依据

测量工作中,常用的标准方向有三种:真北方向、磁北方向和坐标纵轴北方向,统称为"三北方向"。

(一)真北方向

过地球表面某点的真子午线的切线北端所指示的方向,称为真北方向(见图 6-1)。地面上各点的真子午线方向都指向地球的北极,因此地面各点的真北方向是不平行的。真北方向是用天文观测方法、陀螺经纬仪和 GNSS 测定的。

(二)磁北方向

在地球磁场的作用下,磁针自由静止时,其轴线所指的方向,称为磁北方向(见图6-2)。因此地面上各点的磁北方向是不平行的。磁北方向可用罗盘来确定。

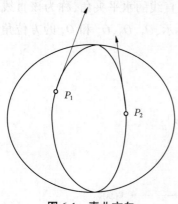

图6-1　真北方向

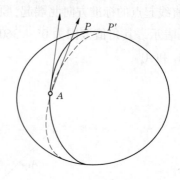

图6-2　磁北方向(P 为北极,P'为磁北极)

(三)坐标纵轴北方向

测量中所采用的高斯平面直角坐标系统的坐标纵轴,其方向是由投影带中央子午线投影得到的,称为轴子午线方向,又称坐标纵轴北方向(见图6-3)。地面上各点的坐标纵轴北方向是平行的。

由于地球磁场的北极与地球自转轴的北极不一致,地面各点的磁北方向与真北方向不重合,如图6-4所示,同一点的磁北方向偏离真北方向的夹角称为磁偏角,用符号 δ 表示。磁北方向在真北方向以东时为东偏,δ 定为"+",在西时为西偏,δ 定为"−"。同一点的坐标纵轴北方向偏离真北方向的夹角称为子午线收敛角,用 γ 表示。坐标纵轴北方向在真子午线北方向以东称为东偏,γ 取正号;相反称为西偏,γ 取负号。同一点的磁北方向与坐标纵轴北方向所夹的角称为磁坐偏角,一般用 ω 表示。反映三个标准方向关系的示意图,通常称为"三北方向"图或偏角图。

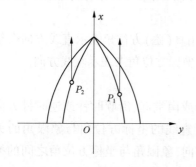

图6-3　高斯平面直角坐标系

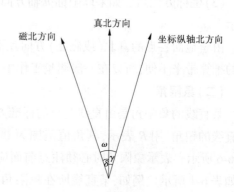

图6-4　"三北方向"图

二、直线定向的方法

确定直线与标准方向之间的关系,以方位角或象限角来表示。

(一)方位角

从直线起点的标准方向北端起,顺时针方向量至直线的水平夹角,称为该直线的方位角,用 A 表示。其角值范围为 $0° \sim 360°$。如图 6-5 所示,O_1、O_2、O_3 和 O_4 的方位角分别为 A_1、A_2、A_3 和 A_4。

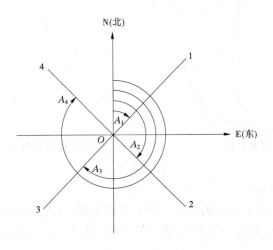

图 6-5　方位角

由于选定的标准方向不同,表示直线的方位角也不同。

(1)真方位角。如果以真子午线方向作为基本方向,则其方位角称为真方位角,用 A 表示。

(2)磁方位角。如果以磁子午线方向为基本方向,则其方位角称为磁方位角,用 A_m 表示。

(3)坐标方位角。如果以坐标纵轴方向为基本方向,则其方位角称为坐标方位角,用 α 表示。

由于地面各点的真北(或磁北)方向互不平行,用真(磁)方位角表示直线方向会给方位角的推算带来不便,所以在一般测量工作中,常采用坐标方位角来表示直线方向。

(二)象限角

某直线的象限角是由直线起点的标准方向北端或南端起,沿顺时针或逆时针方向量至该直线的锐角,用 R 表示,其角值范围为 $0° \sim 90°$。直线的坐标方位角与象限角的关系如图 6-6 所示。表示象限角时必须注意前面应加上方向,象限角与坐标方位角之间的换算关系如表 6-1 所示。例如,某直线所在象限角是第一象限,角度大小为 $30°$,用象限角表示为"北东 $30°$"。

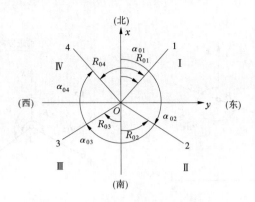

图 6-6 坐标方位角与象限角的关系

表 6-1 坐标方位角与象限角的关系

直线所在象限	坐标方位角的值域	由象限角求坐标方位角	由坐标方位角求象限角
Ⅰ（北东）	$0° \sim 90°$	$\alpha = R$	$R = \alpha$
Ⅱ（南东）	$90° \sim 180°$	$\alpha = 180° - R$	$R = 180° - \alpha$
Ⅲ（南西）	$180° \sim 270°$	$\alpha = 180° + R$	$R = \alpha - 180°$
Ⅳ（北西）	$270° \sim 360°$	$\alpha = 360° - R$	$R = 360° - \alpha$

（三）直线正、反坐标方位角

一条直线有正、反两个方向,直线的两端可以按正、反坐标方位角进行定向,这一点在实际工作中经常用到。如图 6-7 所示,如果以从 A 点到 B 点的方向为正方向,则直线 AB 的坐标方位角为正坐标方位角,表示为 α_{AB} ,而直线 BA 的坐标方位角 α_{BA} 就是直线 AB 的反坐标方位角,正、反坐标方位角是相对的。在同一平面直角坐标系中,过各点的坐标纵轴相互平行,因此直线的正反坐标方位角换算较为方便。若以直线 AB 的坐标方位角 α_{AB} 为正坐标方位角,则与其反坐标方位角的关系式为

$$\alpha_{AB} = \alpha_{BA} \pm 180° \tag{6-1}$$

（四）坐标方位角的推算

在实际工作中并不需要测定每一条直线的坐标方位角,通常采用如下方法,根据起始边的坐标方位角和观测的水平角,依次推算出各边的坐标方位角。在推算路线左侧的夹角称为左角,在推算路线右侧的夹角称为右角。

如图 6-8 所示,已知直线 12 的坐标方位角为 α_{12} ,观测 12 边与 23 边的水平角为 β_2 ,23 边与 34 边的水平角为 β_3 ,要求推算直线 23 和直线 34 的坐标方位角 α_{23} 、α_{34} 。

由图 6-8 可以看出:

$$\alpha_{23} = \alpha_{21} + \beta_2 - 360° = \alpha_{12} + 180° + \beta_2 - 360° = \alpha_{12} + \beta_2 - 180°$$

$$\alpha_{34} = \alpha_{32} + \beta_3 - 360° = \alpha_{23} + 180° + \beta_3 - 360° = \alpha_{23} + \beta_3 - 180°$$

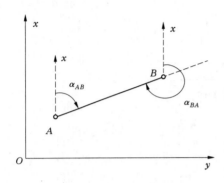

图 6-7 正、反坐标方位角

图 6-8 坐标方位角的推算

因 β_2、β_3 在观测路线前进方向的左侧,该转折角称为左角;反之,则称为右角。从而可归纳出推算坐标方位角为左角的一般公式

$$\alpha_{前} = \alpha_{后} + \beta_{左} - 180° \tag{6-2}$$

如果观测为右角,不难得到坐标方位角为右角的推算公式

$$\alpha_{前} = \alpha_{后} - \beta_{右} + 180° \tag{6-3}$$

【小贴士】

在运用式(6-2)或式(6-3)时,前后的坐标方位角的方向必须一致。若计算出的坐标方位角 $\alpha_{前} > 360°$,减 360°;若计算出的坐标方位角 $\alpha_{前} < 0°$,加 360°。

【例 6-1】 已知直线 12 的坐标方位角 $\alpha_{12} = 46°$,水平角 β_2、β_3 和 β_4 的角值均注于图 6-9 上。

(1)求直线 23、直线 34 和直线 45 边的坐标方位角 α_{23}、α_{34} 和 α_{45};

(2)将所求的坐标方位角 α_{23}、α_{34} 和 α_{45} 换算成象限角 R_{23}、R_{34} 和 R_{45}。

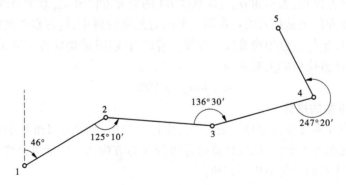

图 6-9 坐标方位角推算

解:由题意可知,α_{23}、α_{34} 和 α_{45} 为同一方向的坐标方位角,所以可以直接利用坐标方位角的推算公式(6-2)或式(6-3)计算。再如图 6-9 所示,∠123 和 ∠345 为右角,∠234 为左角。

(1)根据式(6-3),23 边的坐标方位角:

$$\alpha_{23} = \alpha_{12} - \beta_2 + 180° = 46° - 125°10' + 180° = 100°50'$$

根据式(6-2),34 边的坐标方位角:

$$\alpha_{34} = \alpha_{23} - 180° + \beta_3 = 100°50' - 180° + 136°30' = 57°20'$$

所以 $\alpha_{34} = 417°20' - 360° = 57°20'$。

根据式(6-3),45 边的坐标方位角:

$$\alpha_{45} = \alpha_{34} - \beta_4 + 180° = 57°20' - 247°20' + 180° = -10° < 0°$$

所以 $\alpha_{45} = -10° + 360° = 350°$。

(2)相应的象限角为

$R_{23} = 79°10'($南东$)$; $R_{34} = 57°20'($北东$)$; $R_{45} = 10°($北西$)$ 。

■ 任务二　坐标正算和坐标反算

一、坐标正算与反算的原理

(一)坐标计算的基本原理

如图 6-10 所示,已知 A 、B 点的坐标分别为(x_A, y_A)、(x_B, y_B),直线 AB 的边长 S_{AB} 和坐标方位角 α_{AB} ,则在 $\triangle ABC$ 中,根据正弦定理依次可求得直线 BC 的边长 S_{BC} 及 BC 边的坐标方位角 α_{BC} ,从而推算 C 点的坐标,具体步骤如下。

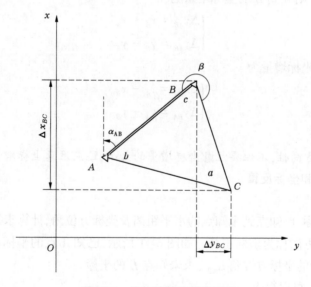

图 6-10　坐标计算的基本原理

$$S_{BC} = \frac{\sin b}{\sin a} S_{AB} \tag{6-4}$$

$$\alpha_{BC} = \alpha_{AB} + \beta - 180° \tag{6-5}$$

$$\begin{cases} \Delta x_{BC} = S_{BC} \cos\alpha_{BC} \\ \Delta y_{BC} = S_{BC} \sin\alpha_{BC} \end{cases} \tag{6-6}$$

$$\begin{cases} x_C = x_B + \Delta x_{BC} \\ y_C = y_B + \Delta y_{BC} \end{cases} \tag{6-7}$$

在式(6-4)~式(6-7)中,B 点的坐标(x_B,y_B),直线 AB 的边长 S_{AB} 及直线 AB 的坐标方位角 α_{AB} 称为起算数据;而 A、B 和 C 三点上的水平角称为观测值;直线 BC 的边长 S_{BC}、坐标方位角 α_{BC} 及 C 点的坐标称为推算值。

【小贴士】

起算数据可以通过以下途径获取:

(1)起算边长可以利用测区中的国家等级点反算边长作为起算边;如果测区内无已知点,可采用测距仪或钢尺直接测定。

(2)起算坐标可以利用测区中国家等级点的坐标;如果测区内无已知点,可采用假定坐标(即独立坐标系)。

(3)起算方位角可以利用测区中已知点反算已知边的方位角;如果测区内无已知点,测定磁方位角或真方位角,或假定方位角。

(二)坐标增量

两点的坐标值之差称为坐标增量。纵坐标增量用 Δx_{ij} 表示,横坐标增量用 Δy_{ij} 表示。坐标增量具有方向性和正负之分,角码表示坐标增量的方向。例如:A、B 两点的坐标为(x_A,y_A)、(x_B,y_B),则 A 到 B 的坐标增量为

$$\begin{cases} \Delta x_{AB} = x_B - x_A \\ \Delta y_{AB} = y_B - y_A \end{cases} \tag{6-8}$$

而 B 至 A 点的坐标增量为

$$\begin{cases} \Delta x_{BA} = x_A - x_B \\ \Delta y_{BA} = y_A - y_B \end{cases} \tag{6-9}$$

【小贴士】

坐标增量具有方向性,不但要注意坐标增量的大小,还应注意坐标增量的正、负号。

(三)坐标正算和坐标反算

1. 坐标正算

已知一点的坐标、已知点到未知点的水平距离及坐标方位角,计算未知点在高斯平面直角坐标系中坐标的方法称为坐标正算。如图 6-11 所示,已知 A 点的坐标(x_A,y_A),AB 的水平距离 S_{AB} 和 AB 边的坐标方位角 α_{AB},求未知点 B 的坐标。

如图 6-11 所示,可以得出

$$\begin{cases} \Delta x_{AB} = S_{AB}\cos\alpha_{AB} \\ \Delta y_{AB} = S_{AB}\sin\alpha_{AB} \end{cases} \tag{6-10}$$

则 B 点的坐标为

$$\begin{cases} x_B = x_A + \Delta x_{AB} \\ y_B = y_A + \Delta y_{AB} \end{cases} \tag{6-11}$$

【小贴士】

计算时,要注意三角函数的正负号。

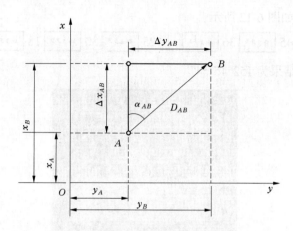

图 6-11　坐标正算

2. 坐标反算

已知两点坐标,解算两点间的水平距离和该边的坐标方位角的计算过程称为坐标反算。

如图 6-11 所示,已知 $A(x_A, y_A)$,$B(x_B, y_B)$,求直线 AB 的水平距离 S_{AB} 及直线 AB 的坐标方位角 α_{AB}。由 A 点的坐标 (x_A, y_A)、B 点坐标 (x_B, y_B),得:

$$\tan\alpha_{AB} = \frac{y_B - y_A}{x_B - x_A} = \frac{\Delta y_{AB}}{\Delta x_{AB}} \tag{6-12}$$

$$S_{AB} = \sqrt{(x_B - x_A)^2 + (y_B - y_A)^2} = \sqrt{\Delta x_{AB}^2 + \Delta y_{AB}^2} \tag{6-13}$$

由于坐标方位角的取值为 $0° \sim 360°$,而反正切函数取值为 $-90° \sim 90°$,由分析可知,当 $\Delta x_{AB} > 0$ 且 $\Delta y_{AB} > 0$ 时,α_{AB} 为第一象限角;当 $\Delta x_{AB} < 0$ 且 $\Delta y_{AB} > 0$ 时,α_{AB} 为第二象限角;当 $\Delta x_{AB} < 0$ 且 $\Delta y_{AB} < 0$ 时,α_{AB} 为第三象限角;当 $\Delta x_{AB} > 0$ 且 $\Delta y_{AB} < 0$ 时,α_{AB} 为第四象限角。

为了便于计算,我们定义直线与坐标纵轴之间的锐角为第一象限角,用 R_{AB} 表示,即

$$R_{AB} = \arctan\left|\frac{\Delta y_{AB}}{\Delta x_{AB}}\right| \tag{6-14}$$

坐标方位角 α_{AB}、象限角 R 和坐标增量之间的关系如表 6-2 所示。

表 6-2　坐标增量与坐标方位角、象限角之间的关系

Δx_{AB}	Δy_{AB}	R_{AB} 所在象限	α_{AB} 计算公式
+	+	I	$\alpha_{AB} = R_{AB}$
-	+	II	$\alpha_{AB} = 180° - R_{AB}$
-	-	III	$\alpha_{AB} = 180° + R_{AB}$
+	-	IV	$\alpha_{AB} = 360° - R_{AB}$

二、用计算器进行坐标正、反算的案例

(一)用计算器进行角度加减计算

例如:求 $26°45'36'' + 125°30'18''$

具体步骤(按键如图 6-12 所示)：

输入：26 〔D〕 45 〔D〕 36 〔D〕 + 125 〔D〕 30 〔D〕 18 〔D〕

得结果：按 〔=〕 结果为 152°15′54″

图 6-12　计算器界面

(二)用计算器进行坐标正算计算

1. 用计算器进行坐标正算的一般方法

例如：已知 $\alpha_{AB} = 60°36′48″$，$D_{AB} = 152.36$ m，求 Δx_{AB}、Δy_{AB}。

具体步骤(如图 6-12 所示)：

输入：152.36(边长 D_{AB})后按 〔×〕；接着输入：〔cos〕；

再输入：60 〔D〕 36 〔D〕 48 〔D〕(坐标方位角 α_{AB})；

再按 〔=〕 结果为：〔74.76〕(约数，Δx_{AB})

输入：152.36(边长 D_{AB})后按 〔×〕；接着输入：〔sin〕；

再输入：60 〔D〕 36 〔D〕 48 〔D〕(坐标方位角 α_{AB})；

再按 〔=〕 结果为：〔132.76〕(约数，Δy_{AB})。

2. 用计算器对数据存储与调用进行坐标正算计算

具体步骤：(如图 6-12 所示)：

按:SHIFT + Pol(;屏幕显示 REC（ ;

输入:边长 D_{AB},坐标方位角 α_{AB};

按: = 结果为:ΔX_{AB};

按:"ALPHA + tan";屏幕显示 "F";

按: = 结果为:ΔY_{AB};

再按:"ALPHA + COS";屏幕显示 "E";

按: = 结果又得到:ΔX_{AB}。

(三)用计算器进行坐标反算计算

1.用计算器进行坐标反算的一般方法

例如:已知 Δx_{AB} = 45.68 m,Δy_{AB} = 69.35 m ,求 D_{AB}、α_{AB}。

具体步骤:(如图 6-12 所示):

输入: $\sqrt{}$ (45.68 x^2 + 69.35 x^2);

再按 = 结果为:83.04(约数,D_{AB});

输入: shifttan（69.35÷45.68）

按 = 结果为:56.6275906(10 进制为度,应转换为 60 进制)

按 ◦,,, 结果为:56°37′39.33″

因为: Δx_{AB} > 0,Δy_{AB} > 0;

所以, α_{AB} = 56°37′39 ″。

2.用计算器对数据存储与调用进行坐标反算计算

具体步骤:(如图 6-12 所示):

按: Pol(;输入:X_B - X_A, Y_B - Y_A ;

按: = 结果为:D_{AB};

按:"ALPHA+ tan";屏幕显示 "F";

按: = 和 ◦,,, 结果为: α_{AB} ;若 α_{AB} 为负值,则先加 360,再按 ◦,,, 。

再按:"ALPHA+ COS";屏幕显示"E";

按: = 结果又得到:D_{AB}。

(四)使用计算器进行坐标正反算的流程图

使用计算器进行坐标正反算的流程图如图 6-13 所示。

【小贴士】

用计算器动手练一练表 6-3 中坐标正算和坐标反算。

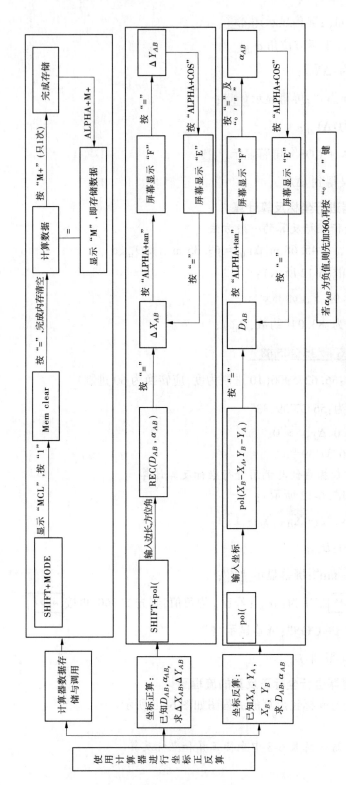

图6-13　计算器进行坐标正反算的流程图

表 6-3

			坐标正算		
	边长 D_{AB}	坐标方位角 α_{AB}		ΔX_{AB}	ΔY_{AB}
已知	100	30°00′00″	求	+86.603	+50.000
	236.451	158°19′22″		−219.729	+87.340
	865.298	255°48′37″		−212.114	−838.897
	1 255.433	301°20′08″		+652.887	−1 072.311

			坐标反算		
	$A(X_A,Y_A)$	$B(X_B,Y_B)$		D_{AB}	α_{AB}
已知	100,100	200,200	求	141.421	45°00′00″
	120,150	95,198		54.120	117°30′43″
	288,362	185,253		149.967	226°37′16″
	53 214.457, 47 220.875	53 551.246, 47 103.811		356.554	340°49′59″

■ 任务三 全站仪坐标测量

全站仪坐标数据采集根据极坐标测量的方法,通过测定出已知点与地面上任意一待定点之间相对关系(角度、距离、高差),利用全站仪内部自带的计算程序计算出待定点的三维坐标(X,Y,H);也可以通过对已知点的观测用交会的方法求测站点的坐标。

如图 6-14 所示,在已知点和后视点分别架设全站仪和棱镜,量取仪器高,量取或读取棱镜高,输入已知点坐标或起始方位角(测站点到后视点的方位角),通过设置棱镜常数、大气改正值或气温、气压值等改正参数,精确照准后视点,建站合格后,进行坐标测量。

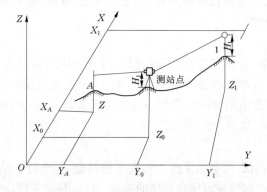

图 6-14　全站仪坐标测量原理图

$$\begin{cases} X_1 = X_0 + D\cos\alpha \\ Y_1 = Y_0 + D\sin\alpha \\ Z_1 = Z_0 + D\tan\alpha + H_i - H_t \end{cases} \tag{6-15}$$

式中：X_0、Y_0、Z_0 为测站点坐标；D、α 分别为测站点到棱镜中心的平距和竖直角；H_i、H_t 分别为仪器高及棱镜高；X_1、Y_1、Z_1 为未知点（棱镜点）坐标。

【小贴士】

仪器高量取至竖直度盘十字中心；棱镜高量至棱镜后座中心或者直接由棱镜杆读取，此时，棱镜一定要竖直（棱镜杆上的圆气泡居中）。

一、全站仪坐标测量方法

（一）全站仪坐标测量操作

全站仪的种类繁多，对于坐标测量的操作步骤也大同小异，主要操作步骤如下。

1. 全站仪初始设置

对测量时测站周围环境的温度、气压，测量模式选择（免棱镜、放射片、棱镜，当使用棱镜时，所用棱镜的棱镜常数），量取的仪器高、目标高等参数输入全站仪。

2. 建立项目

目前全站仪存储时，对测量的数据一般存储在自己的项目（文件夹）中，以便后续数据处理，有时还可以对自己的项目进行个性化设置。

3. 建站

建站又称设站，就是让所采集的碎部点坐标归于所采用的坐标系中，即告诉全站仪所测点是在以测站点为依据的相对关系所得。在进行坐标测量时，必须建站。

4. 坐标测量

在建站基础上，开始对待测点坐标进行测量。

5. 存储

对采集的碎部点信息（点号、坐标、代码、原始数据）存储在全站仪内存中，也可以存储在掌上（PDA）中，包括点的点位、属性和连接信息。

（二）尼康 DTM-352C 全站仪坐标测量

利用尼康 DTM-352C 全站仪坐标测量，主要有新建项目、输入测站信息、后视点信息、坐标测量、数据传输等操作。

1. 基本流程

对于尼康 DTM-352C 全站仪坐标测量的操作流程可以大致分为 4 个模块：建立并设置好项目，建站完成以后，直接按测量键 MSR1 或 MSR2 或者按其他快捷建（1 秒键设置）即开始坐标测量。基本流程为全站仪初始设置→建立并设置好项目→建站→测量。

2. 具体步骤

1）建立项目

在已知点上架设全站仪，待全站仪进入初始测量状态后，进行全站仪初始设置，建立自己的项目（包括项目名称，当时测站点所在环境的温度、气压，棱镜常数，测量和存储模式等）。

2）建站

在项目设置结束以后，进行建站设置（按［建站］键），如图 6-15 所示。其含义如下：

"已知":全站仪所在点的坐标和后视点的坐标已知(或起始方位角已知)情况下进行建站。

"后交":全站仪架设在未知点上,通过对两个以上的已知点进行距离或角度测量,得到该未知点上的坐标数据,同时建站完成。

"快速":将全站仪架设在未知点上,默认$X=0$、$Y=0$、$Z=0$;也可将全站仪架设在已知点上进行建站。对于后视可有可无,方位角也可假定,是一种独立坐标系的建站方法。

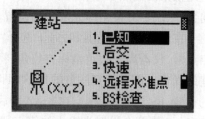

图 6-15　建站界面图

"远程水准点":是在完成建站之后,用一个已知水准点对测站高程进行检验,用检验结果对测站高程更新。

"BS 检查":即后视检查,是在完成建站之后,经过一段时间的测量,对测站后视方向进行检验,如发现问题,则用检查结果对测站后视方向进行重置。

在实际工作中,利用已知信息建站最为常见,这里只对利用已知信息建站和快速建站及后视检查的具体操作过程进行介绍。

已知建站:选择第一项"已知",即全站仪所在点的坐标和后视点的坐标已知(或起始方位角已知)情况下进行建站。在"已知"项选择后,要求输入测站信息(如图 6-16、图 6-17 所示),从列表中调取(提前输入已知点的情况下)或直接输入当前测站点信息(测站点点号、仪器高,站点的坐标、代码)。

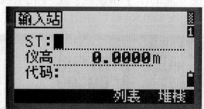

图 6-16　测站点点号仪高输入图

图 6-17　测站点坐标代码输入

以上信息输入完成后按[回车]键屏幕显示选择建站方法:一是通过输入后视点的坐标建站,二是通过已知起始坐标方位角进行建站,如图 6-18 所示。根据选择的建站方法把已知后视信息(后视点点号、标高、后视坐标或起始坐标方位角)输入即可。

输入完成后屏幕显示如图 6-19 所示,此时要求必须精确照准后视按[测量]键或按[回车]键。当后视点上架设有棱镜时,显示实际测量值与理论计算值的差值,要求检验测站,若误差不超限记录按[回车]键,建站完成,操作进入基本测量状态。

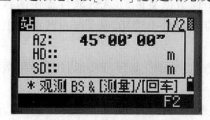

图 6-18　已知建站方法选择图

图 6-19　建站信息输入完成图

快速建站:在无已知坐标的情况下,调用快速建站功能,进行独立坐标系建站。此时将全站仪架设在点位上,默认 $X=0$、$Y=0$、$Z=0$,后视可省缺,只需将望远镜照准确认的后视方向,输入假定方位角即完成建站设置。具体操作如下:

在建站界面(见图 6-15)下选择"快速",进入快速建站界面(见图 6-20),要求输入建站点点号、仪器高及假定坐标方位角,将望远镜照准确认的后视方向,按[回车]键即完成快速建站操作。需要特别注意的是,ST 即站点缺省为上次记录的 PT+1 或 ST+1,取决于 Split ST 的设置,BS 即后视点(空白),AZ 即后视方位角(缺省为 0),在"AZ"栏按[回车]键以后,HA 值和 AZ 值都会设置为输入的值。即使测站点和后视点都是已知点,此功能也不会自动计算方位角。

3. 坐标测量

在建站工作完成后,直接按【测量】键即可开始坐标数据采集,先做测站点、已知点、同名点检查,之后全站仪转向待测碎部点,对测量的碎部点坐标数据进行存储,存储时可以同时输入该点的属性信息(外业操作码),以供成图需要。

4. 归零检查

在进行一段测量之后,为了确认测站是否有误,在建站界面下选择 BS 检查项对后视方向进行检验,必要时用检验结果对测站后视方向更新。

具体操作:照准后视点,在建站界面下选择 BS 检查,调用 BS 检查功能,如图 6-21 所示。按[重置]键对后视方向归零。按[ESC]键或[放弃]键不重新进行后视方向归零,其中,HA 表示当前水平角读数,BS 表示在上一次建站中对后视方向的水平角读数。进行此项检查时必须完成建站操作。

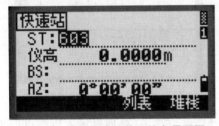

图 6-20　快速法建站输入信息界面图

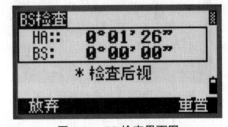

图 6-21　BS 检查界面图

二、全站仪坐标数据传输

数据采集完成后,必须将存储在外业采集器中的数据,通过数据通信、数据转换,转变成符合基于 AutoCAD 平台的 CASS 软件成图格式的坐标数据文件。CASS 软件提供的数据采集器除全站仪、GPS 接收机外,还包括其他数据终端,如 PC-E500D、基于 winCE 的掌上电脑等电子手簿。

(1)将全站仪或其他采集器通过适当的通信方式(电缆、蓝牙、PC 卡、U 盘)与微机连接好。

(2)移动鼠标至"数据通信"项的"读取全站仪数据"项,该处以高亮度(深蓝)显示,按左键,出现如图 6-22 所示的数据通信转换对话框。

(3)根据不同采集器或仪器的型号设置好通信参数,让计算机和采集器"签订合同",使

图 6-22　数据通信转换对话框

（注：图中通讯应为通信，软件自带未做修改，下同）

得双方的通信参数一致，即波特率、数据位、停止位、校验位相同。

（4）在对话框最下面的"CASS 坐标文件："下的空栏里输入想要保存的文件名，要留意文件的路径，为了避免找不到文件，可以输入完整的路径。最简单的方法是点击"选择文件"出现如图 6-23 的对话框，在"文件名（N）："后输入想要保存的文件名，点击保存按钮。这时，系统已经自动将文件名填在了"CASS 坐标文件："下的空白处。这样就省去了手工输入路径的步骤。

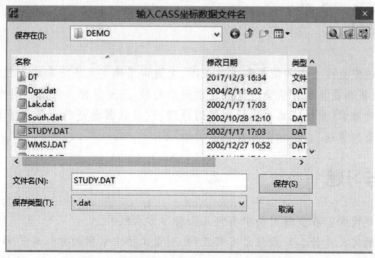

图 6-23　执行"选择文件"操作的对话框

文件命名要反映工程名称、日期信息，最好包含测站信息，因此外业数据采集时，一个测站一个文件，这样可以对错误测站进行改正。

（5）输完文件名后移动鼠标至"转换"处，按左键（或者直接敲回车键）便出现"先在计算机上回车"的提示，表示"先开门后迎客"，这样外业获取的所有信息都会毫无丢失地保存

到计算机,命令区便逐行显示点位坐标信息,直至通信结束。

如果输入的文件名已经存在,则屏幕会弹出警告信息。当不想覆盖原文件时,移动鼠标至"否(N)"处,按左键即返回"数据格式错误"的对话框,重新输入文件名。当想覆盖原文件时,移动鼠标至"是(Y)"处,按左键即可。

仪器选择错误也会导致传到计算机中的数据文件格式不正确,这时会出现"数据格式错误"的对话框。

若出现"数据文件格式不对"提示时,有可能是以下的情形:①数据通信的通路问题,电缆型号不对或计算机通信端口不通;②全站仪和软件两边通信参数设置不一致;③全站仪中传输的数据文件中没有包含坐标数据,这种情况可以通过查看 tongxun. $ $ $ 来判断。

(6)创建坐标数据文件。通信结束后,通过记事簿或写字板及其他编辑器可以打开扩展名为". dat"格式的坐标文件。坐标数据文件是 CASS 最基础的数据文件,无论是从电子手簿传输到计算机还是用电子平板在野外直接记录数据,都生成这个坐标数据文件,其格式为:

1 点点名,1 点编码,1 点 Y(东)坐标,1 点 X(北)坐标,1 点高程

…

N 点点名,N 点编码,N 点 Y(东)坐标,N 点 X(北)坐标,N 点高程

【小贴士】

(1)文件内每一行代表一个点;

(2)每个点 Y(东)坐标、X(北)坐标、高程的单位均是"米";

(3)编码内不能含有逗号,即使编码为空,其后的逗号也不能省略;

(4)所有的逗号不能在全角方式下输入。

项目小结

本项目从确定直线方向的依据和方法入手,主要讲了确定直线方向的三北方向、对应的三种方位角、象限角及坐标方位角与象限角之间的关系、正反坐标方位角之间的关系及相邻边坐标方位角的推算;坐标正算和坐标反算的原理,利用计算器进行坐标正算和坐标反算;全站仪坐标测量的原理、方法和坐标数据的传输。

思考与习题

1. 何谓直线定向?在直线定向中有哪几条标准方向线?

2. 方位角的定义是什么?方位角有哪几种,测量工作中常用的方位角是哪一种,该方位角的特点是什么?

3. 正、反方位角之间存在什么关系?

4. 如图 6-24 所示,$\alpha_{AB} = 332°18'36''$,求 α_{AC},α_{AD}。

5. 什么是坐标正算?什么是坐标反算?分别写出它们的计算公式。

6. 已知各边的水平距离和坐标方位角如表 6-4 所示,计算各边的坐标增量 ΔX、ΔY。

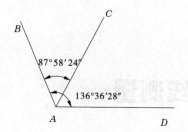

图 6-24

表 6-4

边号	坐标方位角 (° ′ ″)	边长(m)	ΔX(m)	ΔY(m)	D(m)
1	42 36 18	346.236			
2					
	135 27 36	227.898			
3					
	237 22 42	250.323			
4					
5	336 48 54	156.432			

7. 已知各点的坐标如表 6-5 所示,求它们相互之间的水平距离和坐标方位角。

表 6-5

点号	X(m)	Y(m)	水平距离 D(m)	坐标方位角
1	9 821.071	4 293.387		
2	9 590.933	4 043.074		
3	9 187.419	2 642.792		
4	9 310.541	2 931.040		

8. 全站仪坐标测量时的基本操作包括哪些内容?

项目七 导线测量

项目概述

　　导线测量是建立平面控制网的主要方法之一,在《城市测量规范》(CJJ/T 8—2011)里把导线分成三、四等和一、二、三级导线,测图时采用图根导线。本项目主要由导线测量概述、导线测量外业实施、导线测量内业计算、导线测量错误检查等学习任务组成。导线测量的任务就是在国家平面控制测量基础上建立必要精度的测图平面控制网,以满足地形图测绘的需要。

学习目标

　　通过本项目的学习,同学们能依据《工程测量标准》(GB 50026—2020)、《城市测量规范》(CJJ/T 8—2011)及其他行业测量技术规范,进行一级导线及一级以下导线测量技术设计,能使用全站仪完成一级导线及一级以下测量生产性实训教学任务,初步具备检查导线测量成果的能力,具有正确应用导线测量作业方法,完成测区一二三级导线测量、图根导线测量工作。

【导入】

　　某农村因建设美丽乡村需要进行村庄整体规划,为获得村庄的现状地形图,按照先控制后碎部的测量工作流程,需要在测区内先布设一定密度和精度要求的平面控制点和高程控制点,以此作为碎部测量的依据,而导线测量是在小区域范围内进行平面控制的主要方法。

【正文】

任务一 导线测量概述

一、平面控制测量的方法

　　平面控制网采用分级布设、逐级控制的原则,分为国家基本平面控制网、城市平面控制网、工程平面控制网和图根控制网。建立平面控制网的方法主要有:三角网、三边网、边角网、GNSS 网、导线网。在一般的工程中,平面控制测量采用的主要测量手段是 GNSS 定位测量和导线测量,通过布设一定图形的 GNSS 控制网和导线网,其中在小区域内主要采用导线网。

(一)三角网

　　在地面上,按一定的要求选定一系列点(三角点)1,2,3,…,以最基本的三角形的形式将各点连接起来,即构成了三角网。如图 7-1 所示,在三角网中,精确观测所有三角形的内角(方向值),并至少测定三角网中一条边的长度和方位角,并将边长和角度(方向值)化算至某一投影面,利用三角网的起算数据,计算出其他选定点位(三角点)的坐标,这种测量方法称为三角测量。采用三角形作为三角网的基本图形,是因为三角形结构简单、图形强度高;有足够的几何检核条件;计算方便。

在电磁波测距仪、全站仪和 GNSS 卫星定位系统出现以前,三角测量是建立平面控制网的主要方法。在 20 世纪中叶以前,世界上主要国家的天文大地网基本上都采用三角测量的方法施测,我国在 1984 年完成平差的国家天文大地网主要的测量方法也是三角测量,主要由三角测量法布设,在西部困难地区采用导线测量法。但三角网由于需多方向通视,并常常需要建造觇标,且耗时、费力、成本较高,现在已基本不采用。

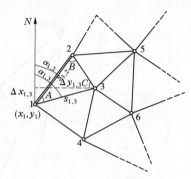

图 7-1　三角网解算原理

(二)三边网和边角网

三边测量法的结构与三角测量法一样,但只用电磁波测距仪测量各个三角形的三条边长,根据平面三角学原理计算出各个三角形的三个顶角,进而推算各边的方位角和各点的坐标,称为三边测量。

在测量三角网的全部角度基础上,加测三角网的部分边长或全部边长,用以计算各点的坐标,这种方法称为边角网测量。

三边网和边角网见图 7-2。

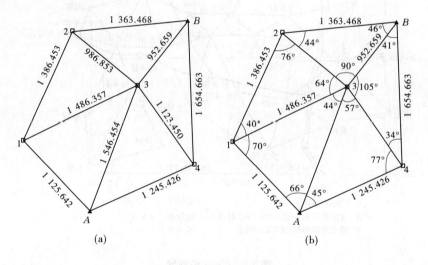

(a)　　　　　　　　　　　(b)

图 7-2　三边网和边角网

(三)GNSS 网

20 世纪 80 年代末,全球卫星定位系统(GPS)开始在我国用于建立平面控制网,目前已成为建立平面控制网的主要方法。现在使用的卫星定位系统有美国的 GPS、俄罗斯的 Glonass、欧洲的 Galileo、中国的北斗卫星导航系统,这些全球的、区域的和增强的卫星定位系统统称全球导航卫星系统(Global Navigation Satellite System,GNSS),泛指所有的卫星导航定位系统。

应用 GNSS 卫星定位技术建立的控制网称为 GNSS 控制网,GNSS 控制网被分为 AA、A、B、C、D、E 六个级别。AA 级主要用于全球性地球动力学研究、地壳形变测量和精密定轨;A 级主要用于区域性地球动力学研究、地壳形变测量;B 级主要用于局部形变监测和各种精密工程测量;C 级主要用于国家大、中城市及工程测量的基本控制网;D、E 级多用于中、小城市、城镇及测图、地籍、土地信息、房产、物探、勘测、建筑施工等控制网测量。GNSS 控制网如图 7-3 所示。

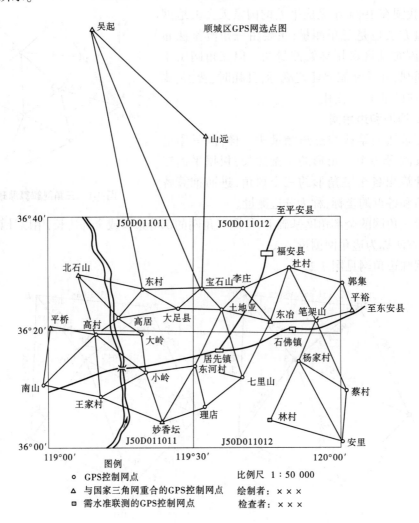

图 7-3　GNSS 控制网

(四)导线网

选定一系列相互通视的点,将相邻点连接成折线形式,如图 7-4 所示,依次测定各折线边的长度和相邻折线边之间的夹角,若已知起点的坐标和起算边的坐标方位角,就能利用所观测的水平距离、水平角,推算待求点的坐标,这个过程称为导线测量。

按照不同的情况和要求,导线可以布置成单一导线和导线网。单一导线又分为附合导线、闭合导线和支导线等形式,几条单一导线通过一个或几个结点连接成网状就称为导线网,如图 7-5 所示。导线测量与其他控制测量方式相比主要具有选点灵活的优点。导线网

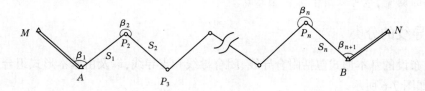

图 7-4 导线

中的各点,除结点外只有两个观测方向,方向数较少,易于解决控制点之间的通视问题;相对三角网而言,导线网的网形条件要求较低,便于跨越地形、地物障碍,特别适合平坦而隐蔽的地区以及城市和建筑区。但导线测量也存在一些缺点,单一导线呈单线布设,控制面积较小;边长测定工作较为繁重;多余观测较少,可靠性较低。

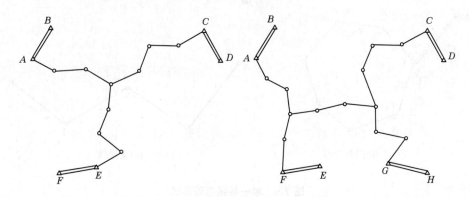

图 7-5 导线网

【阅读与应用】

　　国家基本平面控制网、城市平面控制网、工程平面控制网和图根平面控制网的关系是什么?

　　平面控制测量是控制测量中用于确定控制点平面坐标的一项重要工作,按照控制网等级和不同用途可以分为国家基本平面控制网、城市平面控制网、工程平面控制网和图根平面控制网。

　　国家基本平面控制网是在全国范围内布设的高精度大地平面控制网,用于国防、科研和国民经济建设,分为一等、二等、三等和四等,其中一等平面控制网用于统一全国坐标系,二等平面控制网用于满足测图控制的需要,三、四等平面控制网主要为地区测图提供首级控制。

　　城市平面控制网是根据城市的大小在国家基本平面控制网基础上分级建立的,中小城市一般以国家三、四等平面控制网作为首级平面控制网,小区域可以将四等、一级导线作为首级平面控制网。

　　工程平面控制网用以满足工程建设需要而建立的平面控制网,如工程测图平面控制网、施工平面控制网、变形监测平面控制网,技术上可以参考《工程测量标准》(GB 50026—2020)。

　　图根平面控制网是当国家等级平面控制点和测区首级控制点密度不能完全满足测图要求时,在测区内建立的直接为测图服务的平面控制网。图根平面控制点可以作为测站点,用

于碎部点的测量,也可以用于加密测站点。

二、导线的分类

导线布设的基本形式包括附合导线、闭合导线和支导线,以及由基本形式组合成的导线网形式,如图7-6所示。

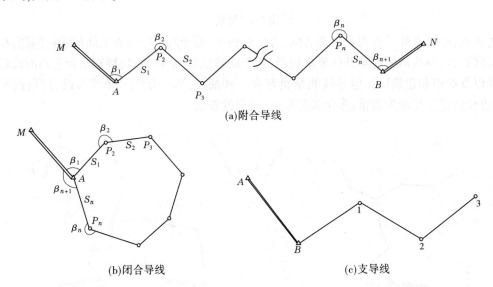

(a)附合导线

(b)闭合导线　　　　　　(c)支导线

图 7-6　单一导线布设形式

(一) 附合导线

导线起始于一个已知控制点,经过若干个待定导线点后终止于另一个已知控制点。如果导线两边均有已知方向则称为双定向附合导线,是最常用的一种附合导线。此外,还有单定向附合导线和无定向附合导线,实际使用较少。

(二) 闭合导线

由一个已知控制点出发,最后仍旧回到这一点,形成一个闭合多边形。在闭合导线的已知控制点上必须有一条边的坐标方位角是已知的。

(三) 支导线

从一个已知控制点出发,既不附合到另一个控制点,也不回到原来的始点。由于支导线没有检核条件,不易发现错误,一般要求支导线点个数不超过 3 个,也可通过往返测增加检核条件,通常在地形测量的图根导线和隧洞施工测量中的洞内导线中采用。

三、导线的布设

导线的布设包括测区踏勘、方案设计、实地选点、埋设标志等内容。

(一) 测区踏勘

首先要收集与测区有关的测量资料,包括国家控制点、城市控制点等各类已知点的成果资料、已有地形图等。其次是利用已有资料研究测区情况,确定踏勘测区的重点。测区踏勘的重要任务之一是实地查看已知点是否完好,因为已知点是决定导线方案设计的关键。有些已知点,虽然有成果资料,但标石已被破坏,因此要事先在已有地形图上展绘出各类已知点,在实地踏勘时才能有的放矢。除查看已知点外,测区踏勘还要了解有关测区的通视情况、交通情况以及地形等情况。

(二)方案设计

在测区踏勘之后,在现有的地形图上根据测区的已知点情况、通视情况等合理设计导线的技术实施方案。设计时先在图上标出测区范围符合起始点要求且现存完好的已知点,再根据测量任务、地形条件和导线测量的技术要求,计划导线的布设形式、路线走向和导线点的位置及需要埋石的点位等。

为了使导线的计算不过于复杂,导线的路线应尽可能布设成单一附合路线或闭合路线,当路线长度超限时再考虑具有结点的导线网,导线与导线网的布设应符合相应的技术要求。导线的边长应尽可能大致相等,相邻边之比一般应不超过 1:3。

(三)实地选点

在测区现场依据室内设计和地形条件,经过比较与选择确定图根点的具体位置,这一工作叫选点。

点位选择应满足以下条件:

(1)土质坚硬、易于保存、容易安置仪器和方便寻找的地方。

(2)相邻导线点间必须通视良好,便于测角量距。

(3)等级导线点应便于加密图根点,导线点应选在地势高、视野开阔便于碎部测量的地方。

(4)导线边长大致相同。

(5)密度适宜、点位均匀、便于控制整个测区。

(四)埋设标志

导线点位选定之后,要在地面上确定测量标志,地形控制测量中一般是打入木桩并在桩面钉上一个小铁钉作为中心标志,必要时在木桩周围灌上混凝土[见图 7-7(a)]。对于那些需要长期保存的导线点,应埋设标石(石桩或水泥桩),标石面中央应有明确的标志(桩面刻凿十字或嵌入一个锯有十字的钢筋),标志中心代表点位[见图 7-7(b)]。

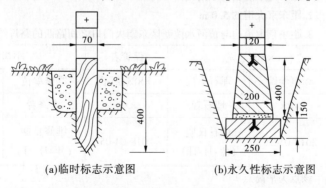

(a)临时标志示意图   (b)永久性标志示意图

图 7-7 导线点标志 (单位:mm)

埋桩后应统一进行编号。为了便于今后查找和使用导线点,应绘制导线点点之记,反映导线点详细位置、与附近明显地物的距离、与相邻导线点之间的关系等信息,具体见表 7-1。

表 7-1 导线点点之记

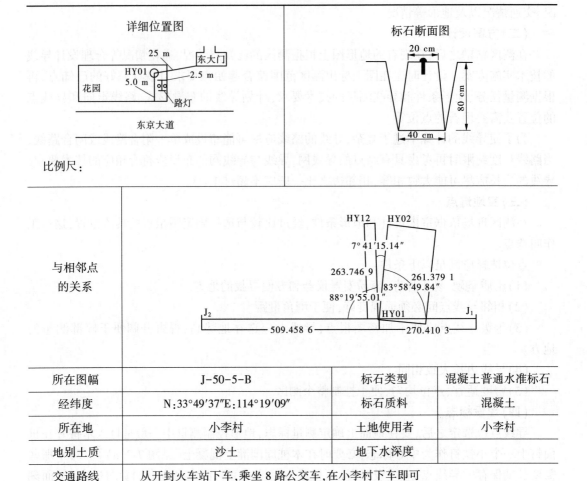

所在图幅	J-50-5-B		标石类型	混凝土普通水准标石
经纬度	N:33°49′37″E:114°19′09″		标石质料	混凝土
所在地	小李村		土地使用者	小李村
地别土质	沙土		地下水深度	
交通路线	从开封火车站下车,乘坐 8 路公交车,在小李村下车即可			
点位详细说明	1. 距黄河水院新区东南大门口约 25 m 2. 距东京大道约 5.0 m 3. 距东京大道边与黄河水院新区东南大门口之间路西的路灯约 2.5 m			
接管单位	××测绘院		保管者	小李村村委会
选点单位	××测绘院	埋石单位	××测绘院	维修单位	××测绘院
选点者	×××	埋石者	×××	维修者	××测绘院
选点日期 (年-月-日)	2018-03-21	埋石日期 (年-月-日)	2018-04-05	维修日期 (年-月-日)	2019-02-21
备注	该点为平高点			

【阅读与应用】

在进行导线技术设计和实际测量时主要依据《城市测量规范》(CJJ/T 8—2011),下面介绍《城市测量规范》(CJJ/T 8—2011)中对导线测量的技术要求,具体见表 7-2、表 7-3。

表 7-2　采用电磁波测距导线测量方法布设平面控制网的主要技术指标

等级	导线长度（m）	平均边长（km）	测角中误差（″）	测距中误差（mm）	测回数			方位角闭合差（″）	导线全长相对闭合差
					DJ₁	DJ₂	DJ₆		
三等	15	3	±1.5	±18	8	12	—	±3$\sqrt{n}$	1/60 000
四等	10	1.6	±2.5	±18	4	6	—	±5$\sqrt{n}$	1/40 000
一级	3.6	0.3	±5	±15	—	2	4	±10$\sqrt{n}$	1/14 000
二级	2.4	0.2	±8	±15	—	1	3	±16$\sqrt{n}$	1/10 000
三级	1.5	0.12	±12	±158	—	1	2	±24$\sqrt{n}$	1/6 000

注：1. n 为测站数，M 为测图比例尺分母。

　　2. 图根测角中误差为 ±30″，首级控制为 ±30″，方位角闭合差一般为 ±60″$\sqrt{n}$，首级控制为 ±40″$\sqrt{n}$。

表 7-3　图根电磁波测距导线主要技术指标

比例尺	附合导线长度（m）	平均边长（m）	导线全长相对闭合差	测回数 DJ₆	方位角闭合差（″）	仪器类别	方法与测回数
1∶500	900	80					
1∶1 000	1 800	150	1/4 000	1	±40$\sqrt{n}$	Ⅱ	单程观测 1
1∶2 000	3 000	250					

注：n 为测站数。

任务二　导线测量外业实施

一、角度测量

三、四等导线进行角度测量时使用精度不低于 DJ₂ 级的经纬仪或全站仪，图根控制进行角度测量通常采用 DJ₆ 级经纬仪或 5″级全站仪进行。水平角观测应在通视良好、成像清晰的条件下进行，观测过程中要避免太阳光直射仪器，气泡中心偏离管水准器不超过一格，否则应在测回间重新安置仪器后重测。水平角一般用测回法，当导线点上方向数超过 2 个时，应采用方向观测法进行观测。角度观测的手簿记录及各项观测限差见表 7-4、表 7-5。

表 7-4　导线测量水平角观测技术指标[《城市测量规范》(CJJ/T 8—2011)]

等级	测回数			方位角闭合差
	DJ₁	DJ₂	DJ₆	
三等	8	12	—	±3″$\sqrt{n}$
四等	4	6	—	±5″$\sqrt{n}$
一级	—	2	4	±10″$\sqrt{n}$
二级	—	1	3	±16″$\sqrt{n}$
三级	—	1	2	±24″$\sqrt{n}$
图根级	—	—	1	±40″$\sqrt{n}$

注：n 为测站数。

表 7-5   方向观测法各项限差[《城市测量规范》(CJJ/T 8—2011)]

经纬仪型号	光学测微器两次重合读数差(″)	半测回归零差(″)	一测回内2C较差(″)	同一方向值各测回较差(″)
DJ$_1$	1	6	9	6
DJ$_2$	3	8	13	9
DJ$_6$	—	18	—	24

在角度观测中,如果导线观测方向数较多,最好事先绘制观测略图,标明各点上应观测的方向,用以防止重复观测或漏测方向。

单一导线的水平角观测,除起、终点外,都只观测一个导线折角(两个方向)。以导线前进方向为准,左侧的折角叫左角,右侧的叫右角。附合导线测量观测左角,闭合导线观测内角,支导线观测左、右角。除了观测导线边间的夹角,导线观测时还要观测连接角,这种连接角起到定向作用。

如图 7-8 所示,闭合导线中,在 B 点处测量角度时,需要按方向观测法测量 BA 方向、B3 方向和 B1 方向,计算出 BA 方向与 B3 方向夹角 β、B3 与 B1 方向夹角 β_B,其中 β 称为连接角,β_B 为闭合导线内角,同理依次按测回法测量出闭合导线其他内角 β_1、β_2 和 β_3。附合导线中测量时,前进方向由左到右,依次按测回法测量出 β_B、β_1、β_2 和 β_C,由于这些观测角在前进方向左侧,故称为左角,反之称为右角。

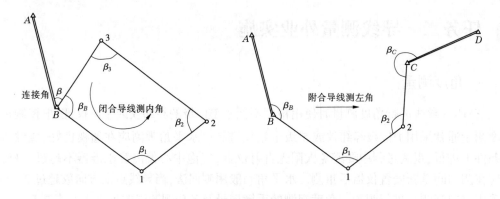

图 7-8   导线测量水平角观测示意图

【阅读与应用】

图根导线的水平角观测,由于边长一般较短,仪器对中及目标偏心误差对测角精度影响较大,所以要特别注意对中与照准误差的影响。采用垂球对中,其偏差不应大于 3 mm,最好要用校正好的光学对点器进行对中。照准点上应采用细而直的观测标志(如测钎)。太短的边则可悬挂垂球线作为照准目标。测钎尖端或垂球尖端要精确对准点位。

在城市或工业区进行导线测量时,由于交通繁忙,车辆行人较多,从而造成观测的不利条件,同时也影响到人身和仪器的安全,所以在交通量大的繁忙马路上,安排在夜间进行作业较为有利。夜间作业时空气稳定、仪器振动小且免于日光曝晒,可提高成果的精度。夜间观测时无论测角仪器和照准目标都应有妥善的照明设备。某些光学经纬仪的读数设备已装置有供夜间观测用的照明设备。若经纬仪无照明设备,则需要手电等光具照明。

二、边长测量

图根控制中的边长测量,主要用于测定导线边长和在小区域需布设独立网时测定起始边长。边长测量方法除用钢尺直接丈量外,电磁波测距手段已较普遍应用。电磁波测距仪等级分为Ⅰ和Ⅱ,对应每千米测距中误差分别为 $m_D \leqslant 5$ mm、5 mm$< m_D \leqslant 10$ mm,测距仪测距中误差 m_D 可按公式 $m_D = a + b \times D$ 计算得到,a 为仪器标称精度中的固定误差(mm),b 为仪器标称精度中的比例误差系数(mm/km),D 为测距边长度(km)。

在距离测量时,根据导线等级的不同,采用的测距仪等级也不同,对应的往、返测观测次数,总测回数和限差也不同,主要技术要求可依据规范规定,如表 7-6 所示。

表 7-6　各等级平面控制网测距的技术指标[《城市测量规范》(CJJ/T 8—2011)]

等级	仪器等级	观测次数		总测回数
		往	返	
二等	Ⅰ	1	1	6
三等	Ⅰ	1	1	4
	Ⅱ			6
四等	Ⅰ	1	1	2
	Ⅱ			4
一级	Ⅱ	1	—	2
二、三级	Ⅱ			1

当用钢卷尺丈量独立图根网的起始边长时,应采用精密量边方法,距离丈量结果应加三项改正,即尺长改正、温度改正和倾斜改正。而若丈量图根导线边长,则用普通方法,往、返测量即可。图根导线边长的丈量精度要求一般为 1/3 000。

在每站观测结束后,应对本站观测记录进行认真检查,当确认各项记载、计算正确无误时方可迁站。

注:一测回是指照准目标 1 次,连续测距读数 4 次,往、返测时也可采用上午、下午或不同的白天进行观测。采用Ⅰ级测距仪时,一测回内读数较差为±5 mm、测回间较差为±7 mm;采用Ⅱ级测距仪时,一测回内读数较差为±10 mm、测回间较差为±15 mm;往返测或不同时段的较差应在 2($a + b \times D$) 以内。

【阅读与应用】

导线测角时,由于导线边短,仪器对中及目标偏心误差对测角精度影响较大,故应特别注意。采用垂球对中,其偏差不应大于 3 mm,最好要用校正好的光学对点器进行对中。为了减少对中误差对测角、量距的影响,各等级导线观测宜采用三联脚架法(见图 7-9)。三联脚架法能大大减少仪器对中误差和目标偏心误差对水平角的影响。

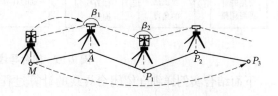

图 7-9　三联脚架法

　　角度测量时,首先在起始点 A 设站观测连接点 M 和导线点 P_1 之间的水平角,在 M 点和导线点 P_1 设置脚架和基座,基座上安放觇牌,在 A 点安置全站仪,在 A 点观测完成之后,M 点的脚架搬向 P_2 点,A 点的脚架和基座不动,仅将全站仪从基座上抽出,安上觇牌,经纬仪迁至 P_1 点,取下 P_1 点的觇牌,换上全站仪,观测点 P_2 与起始点 M 之间的水平角,依次操作,直到测完整条导线。

　　距离测量时,可以在一个点上观测两条边,因此距离测量可以隔站观测,每次移动两个脚架,例如,在导线点 P 观测 P_1A 与 P_1P_2 两条边,然后将 A 点和 P_1 点的脚架移动到 P_3 点和 P_4 点,P_2 点脚架保持不动,在 P_3 点观测 P_3P_2 和 P_3P_4 两条边,依次类推,测完导线的全部边长。

　　在实际作业中,通常距离与角度同时测量,即边、角同测。测量时,只需在要测距的觇点上安放棱镜即可,例如,在 A 点、P_2 点等点上安放棱镜,在导线的各个点上测角,在 P_1、P_3 等点上测距,脚架和仪器的移动与角度测量相同。

　　由于按三联脚架法观测减少了在每个点上的对中次数,因此能减少仪器对中误差的影响。另外,三联脚架法观测还能节约整置仪器的时间,如果同时有四套脚架和基座等,在 A 点观测的同时,M 点、P_1 点和 P_2 点都安置脚架和基座,当 A 点观测完成之后,经纬仪迁至 P_1 点,即可观测,而不必等候 M 点的脚架移动到 P_2 点,从而提高了观测效率。

任务三　导线测量内业计算

　　导线计算的目的是根据已知点坐标、外业观测的水平角度和水平距离推算各导线点的坐标。由于此项工作通常是在导线外业测量完成后进行的室内计算工作,俗称导线内业计算。单导线的计算有近似平差和严密平差两种,按照规范要求,对于低于国家四等的导线,可以采用近似平差方法。本节讲述近似平差方法。

一、闭合导线计算

　　闭合导线满足两个几何条件:一个是多边形内角和条件,在忽略测角误差的前提下,多边形内角观测值之和应等于其理论值之和;另一个是坐标条件,即从起算点开始,逐点推算待定导线点坐标,最后推回到起算点,在忽略测角、测距误差的前提下,起算点推算坐标应等于其已知坐标。

　　闭合导线计算流程如图 7-10 所示,在内业计算前,应按照技术要求对观测成果进行全面检查和核算,如观测数据有无遗漏、记录计算是否正确、成果是否符合限差要求等,确保原始观测数据和已知数据的正确性,避免不必要的计算返工。

1.角度闭合差的计算与调整 ⇒ 2.计算改正后的角度 ⇒ 3.各边坐标方位角推算 ⇒ 4.坐标增量的计算 ⇒ 5.坐标增量闭合差的计算和调整 ⇒ 6.各边改正后的坐标增量计算 ⇒ 7.导线点坐标计算

图 7-10　闭合导线计算流程

　　下面结合实例详细介绍闭合导线的计算过程,闭合导线已知数据和外业观测数据见闭合导线略图见图 7-11。

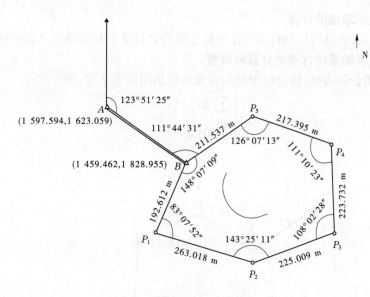

图 7-11　闭合导线略图

计算前先核查观测成果,无误后绘出导线略图,图上注明导线点号、水平角、水平距离、起算方位角、起算点坐标和大致北方向。根据推算顺序在导线计算表内填写点号,再将观测的内角、边长填入计算表内,起始边方位角和起点坐标值填写到表内对应位置,填写时要确保点号顺序正确,点号与观测角要一一对应,方位角和水平距离要一一对应,切勿填写错误。坐标取位时,四等以下导线角值取至秒,边长和坐标取至毫米,图根导线、边长和坐标取至厘米。

(一)角度闭合差的计算与调整

闭合导线中六边形 $BP_1P_2P_3P_4P_5$ 内角和的理论值 $\sum \beta_{理} = (n-2) \times 180°$。由于测角误差,使得实测内角和 $\sum \beta_{测}$ 与理论值不符,其差称为角度闭合差,以 f_β 表示,即

$$f_\beta = \sum \beta_{测} - (n-2) \times 180° \tag{7-1}$$

其容许值 $f_{\beta容}$ 参考不同等级导线方位角闭合差容许值。当 $f_\beta \leqslant f_{\beta容}$ 时,可进行闭合差调整,将 f_β 以相反的符号平均分配到各观测角去。其角度改正数为

$$v_\beta = -\frac{f_\beta}{n} \tag{7-2}$$

当 f_β 不能被 n 整除时,则将余数均匀分配到若干较短边所夹角度的改正数中。角度改正数应满足改正后的角值为 $\sum v_\beta = -f_\beta$,此条件用于计算检核。

(二)计算改正后的角度

改正后的角度为

$$\beta_i = \beta'_i + v_\beta \tag{7-3}$$

调整后的角值应进行检核,必须满足:$\sum \beta = (n-2) \times 180°$,否则表示计算有误。

(三)各边坐标方位角推算

根据导线点编号逆时针或顺时针由起算边方位角依次推算其他各边坐标方位角,闭合导线通常按照逆时针方向利用导线内角(即左角)进行推算,根据起算边 α_{AB} 方位角和各改正后观测角,按照式(6-2)或式(6-3)依次计算 α_{BP_1}、α_{P1P2}、α_{P2P3}、α_{P3P4}、α_{P4P5}、α_{P5B},直到回到起始边 α_{BA}。经校核无误,方可继续往下计算。

(四) 各边坐标增量的计算

根据各边长及其坐标方位角,即可按坐标正算公式计算出相邻导线点的坐标增量。

(五) 导线坐标增量闭合差的计算和调整

如图 7-12,闭合导线纵、横坐标增量的总和的理论值应等于零,即

$$\begin{cases} \sum \Delta x_{理} = 0 \\ \sum \Delta y_{理} = 0 \end{cases} \tag{7-4}$$

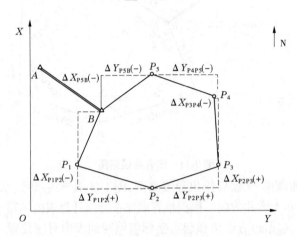

图 7-12　坐标增量闭合差

由于量边误差和改正角值的残余误差,其计算的观测值 $\sum \Delta x_{测}$、$\sum \Delta y_{测}$ 不等于零,与理论值之差,称为坐标增量闭合差,即

$$f_x = \sum \Delta x_{测} - \sum \Delta x_{理} = \sum \Delta x_{测}$$
$$f_y = \sum \Delta y_{测} - \sum \Delta y_{理} = \sum \Delta y_{测} \tag{7-5}$$

如图 7-13 所示,由于 f_x、f_y 的存在,使得导线不闭合而产生闭合差 f,称为导线全长闭合差,即

$$f = \sqrt{f_x^2 + f_y^2} \tag{7-6}$$

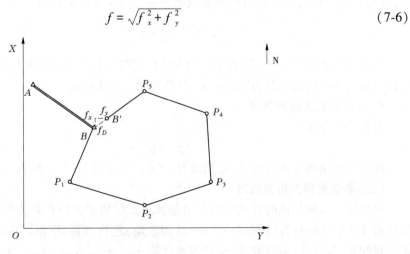

图 7-13　导线全长闭合差

f 值与导线长短有关,通常以全长相对闭合差 k 来衡量导线的精度。即

$$k = \frac{f}{\sum D} = \frac{1}{\dfrac{\sum D}{f}} \qquad (7\text{-}7)$$

式中:$\sum D$ 为导线全长。当 k 在容许值范围内,可将以 f_x、f_y 相反符号按边长成正比分配到各增量中去,其改正数为

$$\begin{cases} v_{xi} = \left(-\dfrac{f_x}{\sum D}\right) \times D_i \\[4mm] v_{yi} = \left(-\dfrac{f_y}{\sum D}\right) \times D_i \end{cases} \qquad (7\text{-}8)$$

（六）各边改正后的坐标增量计算

按增量的取位要求,改正数凑整至厘米或毫米,凑整后的改正数总和必须与反号的增量闭合差相等。然后将相应的坐标增量计算值加改正数计算改正后的坐标增量。

$$\begin{cases} \Delta \overline{x}_i = \Delta x_i + v_{xi} \\[2mm] \Delta \overline{y}_i = \Delta y_i + v_{yi} \end{cases} \qquad (7\text{-}9)$$

（七）导线点坐标计算

根据起点坐标和各条边改正后的坐标增量,依次计算导线点坐标,并回到起点进行坐标检查。

闭合导线坐标计算见表 7-7。

二、附合导线的计算

附合导线计算与闭合导线计算基本相同,只是角度闭合差 $\sum\beta_{理}$、坐标增量闭合差 $\sum\Delta x_{理}$、$\sum\Delta y_{理}$ 不同。

（1）角度闭合差 f_β 中 $\sum\beta_{理}$ 的计算。

$$f_\beta = \sum\beta_{测} - \sum\beta_{理} \qquad (7\text{-}10)$$

当以左角计算时,$\sum\beta_{理}=\alpha_{终}-\alpha_{始}+n\times180°$。当以右角计算时,$\sum\beta_{理}=\alpha_{始}-\alpha_{终}+n\times180°$。

$$f_\beta = \sum\beta_{右}^{左} \pm (\alpha_{始}-\alpha_{终}) - n\times180° \qquad (7\text{-}11)$$

（2）坐标增量 f_x、f_y 闭合差中 $\sum\Delta x_{理}$、$\sum\Delta y_{理}$ 的计算。

由附合导线图可知,导线各边在纵横坐标轴上投影的总和,其理论值应等于终、始点坐标之差:

$$\begin{cases} \sum\Delta x_{理} = x_{终} - x_{始} \\[2mm] \sum\Delta y_{理} = y_{终} - y_{始} \end{cases} \qquad (7\text{-}12)$$

则附合导线坐标增量闭合差为

$$\begin{cases} f_x = \sum\Delta x_{测} - \sum\Delta x_{理} = \sum\Delta x_{测} - (x_{终}-x_{始}) \\[2mm] f_y = \sum\Delta y_{测} - \sum\Delta y_{理} = \sum\Delta y_{测} - (y_{终}-y_{始}) \end{cases} \qquad (7\text{-}13)$$

下面结合附合导线算例介绍坐标计算过程。

附合导线略图见图 7-14,附合导线坐标计算见表 7-8。

表 7-7　闭合导线坐标计算

点号	观测角 (°′″)	改正角度 (°′″)	坐标方位角 (°′″)	距离 D(m)	纵坐标增量值 Δx(m)	v_x(mm)	横坐标增量值 Δy(m)	v_y(mm)	纵坐标值 x(m)	横坐标值 y(m)
1	2	3	4	5	6	7	8	9	10	11
A		连接角 (111 44 31)	123 51 25						1 597.594	1 623.059
B	−2″ 148 07 09	148 07 07	203 43 03	192.612	−176.344	−0.001	−77.474	+0.007	1 459.462	1 828.955
P_1	−2″ 83 07 52	83 07 50	106 50 53	263.018	−76.232	−0.002	+251.728	+0.010	1 283.117	1 751.488
P_2	−3″ 143 25 11	143 25 08	70 16 01	225.009	+75.972	−0.002	+211.796	+0.009	1 206.883	2 003.226
P_3	−3″ 108 02 28	108 02 25	358 18 26	223.732	+223.634	−0.002	−6.609	+0.009	1 282.853	2 215.031
P_4	−3″ 111 10 23	111 10 20	289 28 46	217.395	+72.494	−0.001	−204.952	+0.008	1 506.485	2 208.431
P_5	−3″ 126 07 13	126 07 10	235 35 56	211.537	−119.515	−0.001	−174.540	+0.008	1 578.978	2 003.487
B			303 51 25						1 459.462	1 828.955
A										
总和	720 00 16			1 333.303	+0.009	−0.009	−0.051	+0.051		

辅助计算

$f_\beta = \sum\beta - (6-2)\times180 = +16''$　　$f_{\beta限} = \pm10''\sqrt{n} = \pm24''$　　$f_x = \sum\Delta x_{测} = +0.009$ m

$f_y = \sum\Delta y_{测} = -0.051$ m　　$f_D = \sqrt{f_x^2+f_y^2} = 0.052$ m　　$K = \dfrac{f_D}{\sum D} = \dfrac{1}{25\,640}$　　$K_容 = \dfrac{1}{14\,000}$

表 7-8　附合导线坐标计算

点号	观测角 (° ' ")	改正角度 (° ' ")	坐标方位角 (° ' ")	距离 D(m)	纵坐标增量值 Δx(m)	v_x(mm)	横坐标增量值 Δy(m)	v_y(mm)	纵坐标值 x(m)	横坐标值 y(m)
1	2	3	4	5	6	7	8	9	10	11
A			158　33　18						1 401.184	2 301.868
B	-4"　83　40　04	83　40　00	62　13　18	245.426	+114.381	-0.001	+217.142	-0.001	1 222.134	2 372.199
P_1	-4"　250　29　27	250　29　23	132　42　41	225.411	-152.898	-0.001	+165.627	-0.001	1 336.514	2 589.340
P_2	-4"　102　16　05	102　16　01	54　58　42	238.294	+136.754	-0.001	+195.147	-0.001	1 183.615	2 754.966
P_3	-4"　261　09　18	261　09　14	136　07　56	215.235	-155.172	0.000	+149.157	-0.001	1 320.368	2 950.112
C	-3"　77　52　06	77　52　03	33　59　59						1 165.196	3 099.268
D									1 318.838	3 202.900
总和	775　27　00			924.366	-56.935	-0.003	+727.073	-0.004		

辅助计算

$f_\beta = \Sigma\beta - (\alpha_终 - \alpha_始) - 5\times180° = +19''$　　$f_{\beta限} = \pm10''\sqrt{n} = \pm22''$

$f_y = \Sigma\Delta y_测 - (y_终 - y_始) = +0.004\ \mathrm{m}$　　$f_x = \Sigma\Delta x_测 - (x_终 - x_始) = +0.003\ \mathrm{m}$

$f_D = (\sqrt{f_x^2 + f_y^2}) = 0.005\ \mathrm{m}$　　$K = \dfrac{f_D}{\Sigma D} = \dfrac{1}{184\,873}$　　$K_容 = \dfrac{1}{14\,000}$

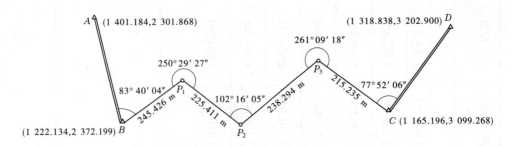

图 7-14　附合导线略图

三、无定向附合导线计算

无定向附合导线两端各仅有一个已知点(高级点),缺少起始和终了的坐标方位角。如图 7-15 所示为某无定向附合导线的略图(为前例的附合导线去掉两端的 A、D 两个已知点),在已知点 B、C 之间布设点号为 5、6、7、8 的 4 个待定点,观测 5 个边长和 4 个转折角(右角)。已知点的坐标及边长和角度注明于图上,计算在表 7-9 中进行,计算的方法与步骤如下。

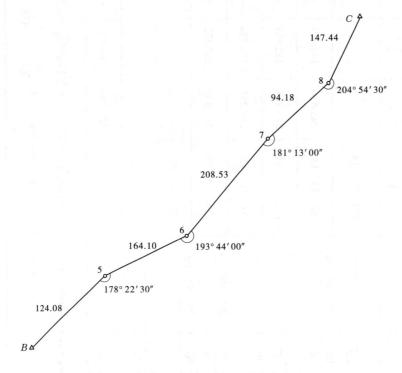

图 7-15　无定向附合导线略图

(一)假定坐标增量的计算及方位角和边长的改正

无定向附合导线由于缺少起始坐标方位角,不能直接推算导线各边的方位角。但是,导线受两端已知点的控制,可以间接求得起始方位角。其方法为先假定一边的方位角作为起始方位角,计算导线各边的假定坐标增量,再进行改正。

如图 7-16 所示,先假定 $B5$ 边的坐标方位角 $\alpha'_{B5} = 90°00'00''$(也可以假定为 $0°00'00''$ 或

者任意角度),在表 7-9 的第 1 栏填上导线各右角,在第 2 栏中推算各边假定方位角 α',在第 3 栏中填上各边边长 D,用式(6-10)计算各边的假定坐标增量 $\Delta x'$、$\Delta y'$,填于表中第 4、5 栏,并取其总和 $\sum\Delta x'$、$\sum\Delta y'$,作为 B、C 两点间的假定坐标增量:

$$\begin{cases} \Delta x'_{BC} = \sum \Delta x' \\ \Delta y'_{BC} = \sum \Delta y' \end{cases} \tag{7-14}$$

再按坐标反算公式(6-12)、式(6-13)计算 B、C 两点间的假定长度 L'_{BC}(B、C 两点间的长度称为闭合边)和假定坐标方位角 α'_{BC}。但是,根据 B、C 两点的已知坐标,按坐标反算公式可以算得闭合边的真长度 L_{BC} 和真坐标方位角 α_{BC},其几何意义如图 7-16 所示。

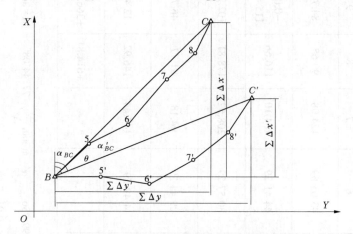

图 7-16　无定向导线计算的几何意义

假定坐标方位角和计算假定坐标增量,相当于围绕 B 点把导线旋转一个角度:

$$\theta = \alpha'_{BC} - \alpha_{BC} \tag{7-15}$$

θ 角称为真假方位角(本例中,$\theta=46°56'01''$)。根据 θ 角,可以将导线各边的假定坐标方位角改正为真坐标方位角:

$$\alpha_{ij} = \alpha'_{ij} - \theta \tag{7-16}$$

改正后的各边坐标方位角填写在表 7-9 中第 6 栏中。

由于导线测量中存在误差,所以假定坐标增量算得闭合边的假定长度 L'_{BC} 和 B、C 点坐标反算的真长度 L_{BC} 之比为闭合边的真假长度比

$$R = \frac{L_{BC}}{L'_{BC}} \tag{7-17}$$

在本例中,$R=0.999\ 986$,用此长度比去乘导线各边长观测值,得到改正后的边长,填写于表 7-9 中第 7 栏。闭合边长度比 R 是无定向附合导线计算中唯一可以检验测量误差的指标,R 越接近于 1,则观测值的误差愈小。

(二)坐标增量和坐标的计算

用改正后的边长和坐标方位角计算各边坐标增量 Δx、Δy,填写于表 7-9 中第 8、9 两栏。由于已经过上述两项改正,导线各边、角的数值已符合两端已知点坐标所控制的数值,其坐标增量总和应满足下式要求,以作为计算的检核

表 7-9　无定向导线算例

点号	转折角(右)(° ′ ″)	假定方位角 α′(° ′ ″)	边长 D(m)	假定坐标增量		改正后方位角 α(° ′ ″)	边长 D(m)	坐标增量		坐标值		点号
				Δx′	Δy′			Δx	Δy	x	y	
	1	2	3	4	5	6	7	8	9	10	11	
B		90 00 00	124.08	0	124.08	43 03 59	124.08	90.65	84.73	1 230.88	673.45	B
5	178 22 30	91 37 30	164.10	-4.65	164.03	44 41 29	164.10	116.66	-0.01 115.41	1 321.53	758.18	5
6	193 44 00	77 53 30	208.53	43.74	203.89	30 57 29	208.52	178.81	107.26	1 438.19	873.58	6
7	181 13 00	76 40 30	94.18	21.71	91.64	29 44 29	94.18	81.77	46.72	1 617.00	980.84	7
8	204 54 30	51 46 00	147.44	91.25	115.81	4 49 59	147.44	146.92	12.42	1 698.77	1 027.56	8
C		Σ		+152.05	+699.45			+614.81	+366.54	1 845.69 +614.81	1 039.98 366.53	C

$L' = (\sqrt{\Delta x'^2 + \Delta y'^2}) = 715.79$ m　　$L' = ((\sqrt{\Delta x^2 + \Delta y^2}) = 715.78$ m　　$R = \dfrac{L}{L'} = 0.999\,986$　　$\delta\Delta x = \sum\Delta x - (x_C - x_B) = 0$　　$\delta\Delta y = \sum\Delta y - (y_C - y_B) = +0.01$

$\theta = \alpha' - \alpha = 46°56'01''$　　　$\alpha' = \arctan\dfrac{\Delta y'}{\Delta x'} = 77°44'08''$　　$\alpha = \arctan\dfrac{\Delta y}{\Delta x} = 30°48'07''$

$$\begin{cases} \sum \Delta x = x_C - x_B \\ \sum \Delta y = y_C - y_B \end{cases} \qquad (7\text{-}18)$$

或

$$\begin{cases} \delta \Delta x = \sum \Delta x - (x_C - x_B) = 0 \\ \delta \Delta y = \sum \Delta y - (y_C - y_B) = 0 \end{cases} \qquad (7\text{-}19)$$

根据经过检核后的坐标增量,推算各待定导线点的坐标,填于表7-9中第10、11两栏。

【知识拓展】

导线计算时,除了利用近似平差方法手工计算外,测量工作中还经常利用测量软件进行导线严密平差计算。下面以南方平差易软件PA2005进行导线平差为例,介绍利用测量程序平差导线的过程。

南方平差易工作界面分为三部分,控制点区、观测数据区和控制网略图显示区,如图7-17所示。在控制网点区输入各控制点点号、属性及坐标,控制点属性代码含义见表7-10。

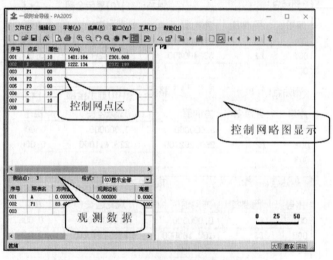

图7-17 南方平差易工作界面

表7-10 控制点属性代码

控制点属性代码	代码含义
11	坐标已知,高程已知
10	坐标已知,高程未知
01	坐标未知,高程已知
00	坐标未知,高程未知

下面结合前面介绍的附合导线介绍利用平差程序平差导线的过程。利用PA2005平差导线(网)处理导线主要包括数据输入、设置计算方案、计算闭合差、坐标推算、平差计算、成果输出。

(1)数据输入。

在控制点输入区输入各控制点号及其坐标。如图 7-18、图 7-19 所示。距离输入时,一般输入平距,若只有往测距离,则只输入一次,另一次输入 0 即可;若距离进行了往返测,则可以这样输入:①往测距离和返测距离取平均值,按往测距离输入。②往测和返测距离分别输入。输入方向值时,选择一个零方向,按顺时针(必须)顺序依次输入各方向的方向值;方向值按 dd. mmss 格式输入,例:15°28′42″,15.2842。

序号	点名	属性	X(m)	Y(m)	
001	A	10	1401.184	2301.868	
002	B	10	1222.134	2372.199	
003	P1	00			
004	P2	00			
005	P3	00			
006	C	10	1165.196	3099.268	
007	D	10	1318.838	3202.900	
008					

图 7-18　已知坐标输入

测站点: B　　　　　格式: (0)显示全部 ▼

序号	照准名	方向值	观测边长	高差
001	A	0.000000	0.000000	0.00
002	P1	83.400400	245.426000	0.00
003				

测站点: P1　　　　　格式: (0)显示全部 ▼

序号	照准名	方向值	观测边长	高差
001	B	0.000000	0.000000	0.00
002	P2	250.292700	225.411000	0.00
003				

测站点: P2　　　　　格式: (0)显示全部 ▼

序号	照准名	方向值	观测边长	高差
001	P1	0.000000	0.000000	0.00
002	P3	102.160500	238.294000	0.00
003				

测站点: P3　　　　　格式: (0)显示全部 ▼

序号	照准名	方向值	观测边长	高差
001	P2	0.000000	0.000000	0.00
002	C	261.091800	215.235000	0.00
003				

测站点: C　　　　　格式: (0)显示全部 ▼

序号	照准名	方向值	观测边长	高差
001	P3	0.000000	0.000000	0.00
002	D	77.520600	0.000000	0.00
003				

图 7-19　观测数据区数据输入

(2)设置计算方案(菜单:平差→计算方案,见图 7-20)。

(3)计算闭合差(菜单:平差→闭合差计算,见图 7-21)。

(4)坐标推算(菜单:平差→坐标推算,见图 7-22)。

(5)概算,获得资用坐标 (菜单:平差→概算)。

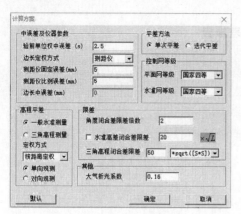

图 7-20　设置计算方案

图 7-21　闭合差计算

(6)平差计算(菜单:平差→平差计算,见图 7-23)。

图 7-22　坐标推算

图 7-23　平差计算

(7)成果输出,包括平差略图和平差报告(菜单:成果→输出到 word)

①输出平差略图(见图 7-24)。

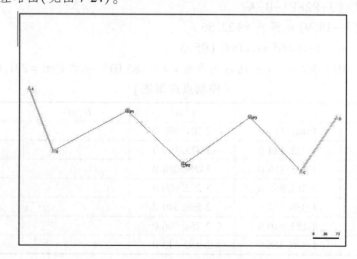

图 7-24　平差略图

②输出平差报告到 Word。

控制网平差报告

【控制网概况】

计算软件:南方平差易 2005

网名:一级附合导线

计算日期:2019-04-18

观测人:

记录人:

计算者:

检查者:

测量单位:

备注:

平面控制网等级:城市一级,验前单位权中误差:5.00 s

已知坐标点个数:4

未知坐标点个数:3

未知边数:4

最大点位误差[P2]=0.006 9 m

最小点位误差[P3]=0.005 9 m

平均点位误差=0.006 3 m

最大点间误差=0.008 5 m

最大边长比例误差=49 097

平面网验后单位权中误差=3.64 s

[边长统计]总边长:924.366 m,平均边长:231.092 m,最小边长:215.235 m,最大边长:245.426 m

闭合差统计报告

序号:<1>:附合导线

路径:[D-C-P3-P2-P1-B-A]

角度闭合差=−18.97 s,限差=±22.36 s

fx=−0.001 m,fy=−0.005 m,fd=0.005 m

总边长[s]=924.366 m,全长相对闭合差 k=1/185 013,平均边长=231.092 m

[控制点成果表]

点名	X(m)	Y(m)	H(m)	备注
A	1 401.184 0	2 301.868 0		已知点
B	1 222.134 0	2 372.199 0		已知点
C	1 165.196 0	3 099.268 0		已知点
D	1 318.838 0	3 202.900 0		已知点
$P1$	1 336.514 0	2 589.340 0		待求点
$P2$	1 183.616 0	2 754.966 0		待求点
$P3$	1 320.368 0	2 950.113 0		待求点

任务四　导线测量错误检查

在导线内业计算中,若发现角度闭合差或全长相对闭合差超限,则说明导线内业计算或外业观测成果存在粗差,此时,应先核对外业手簿中的起始数据和观测数据,再检查内业计算,如上述检查均无错误,则可以认为是外业测角和量边工作有误,要进行重测。重测前,若能分析判断可能存在错误的转折角或边长,就可有针对性地重测相应的转折角和边长,避免盲目地重复测量,可以迅速有效地解决问题,节省人力和时间。

一、导线测量角度检查方法

如果角度闭合差超限,则可能是测角错误,并很可能是一个折角测量错误。这时,可以使用对向计算法,图 7-25 是一条附合导线,正确的导线路线应是自 $A-1-2-3-4-B$,由于 2 号点测角有粗差,导线变成 $A-1-2-3'-4'-B'$,导致导线附合不到另一个已知点 B 上去,角度闭合差坐标闭合差均超限。为检查发生错误的测角,应分别从 A 向 B、从 B 向 A 根据未改正的观测角推算 1、2、3、4 各点的坐标,将这两组坐标进行比较,若发现有一点的坐标相等或非常相近,其余各点坐标相差较大,则说明该点最有可能就是角度观测有错误的点。图 7-25 中实线和虚线分别是自 A 向 B、自 B 向 A 按未改正的观测角推算出的 1、2、3、4 各点的两组坐标,导线点 2 号点的两组坐标相等,其余各点两组坐标相差较大,两组坐标在 2 点交叉,则可以判断:2 号点是最有可能发生测角粗差的导线点,应该首先重测 2 号点的转折角。

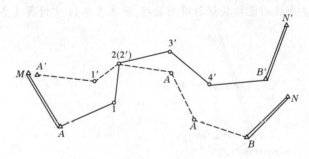

图 7-25　附合导线对向计算检查法

对于闭合导线,也可以用这种方法进行检查,即从一点开始分别以顺时针方向和逆时针方向按未改正的角度对向计算,若发现某一个点的两组坐标相等,其余点的两组坐标相差比较大,说明该点处的测角极有可能出现错误,重测该点转折角即可。

二、导线测量边长错误检查方法

当导线角度闭合差不超限,而导线全长相对闭合差超限时,说明边长测量有错误,并很有可能是其中一条边测量有错误。如图 7-26 所示,若导线 12 边丈量有错误,2、3、4 和 A 各点都平行移到 $2'$、$3'$、$4'$ 和 A' 点,引起导线不闭合。由图中几何关系容易看出:整体平移方向与 $22'$ 方向平行,全长闭合差(即图中 AA')方向平行于 $22'$,即全

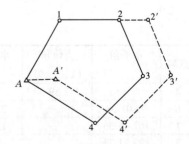

图 7-26　附合导线对向计算检查法

长闭合差方向平行于产生边长丈量错误的边的方向,两者坐标方位角大致相等,而边丈量错误的值约等于全长闭合差的大小。故查找时,可先计算导线全长闭合差的坐标方位角,将其与导线各边方位角进行比较,如有与之接近或相差近180°的导线边,即认为该边最有可能是测量有错的边。这样便可有针对性地到现场检查该边,最后将测错的长度和原超限的闭合差对比作为检核。

■ 项目小结

本项目从介绍平面控制测量的目的和作用展开,主要介绍了导线测量概述、导线测量外业实施、导线测量内业计算、导线测量精度分析与错误检查等知识点,重点介绍了导线的内业计算,包括闭合导线和附合导线计算,学习者初步学会利用一种测量软件计算导线。

■ 思考与习题

1. 建立平面控制网的方法有哪些? 各有何优缺点?

2. 导线布设的主要形式有哪些?

3. 选定导线点应注意哪些问题?

4. 如何衡量导线的测量精度? 导线计算有哪几项闭合差? 各是如何计算的?

5. 简述双定向附(闭)合导线近似平差的计算步骤。

6. 图 7-27 为某支导线的已知数据与观测数据,试在表 7-11 中计算 1、2、3 点的平面坐标。

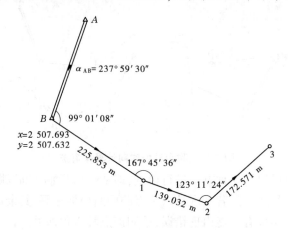

图 7-27 支导线计算图

表 7-11

点名	水平角 (° ′ ″)	方位角 (° ′ ″)	水平距离 (m)	Δx (m)	Δy (m)	x (m)	y (m)
A		237 59 30					
B	99 01 08		225.853			2 507.693	1 215.632
1	167 45 36		139.032				
2	123 11 24		172.571				
3							

7. 闭合导线的坐标计算,已知 N 为北方向,1 点坐标为 $x_1 = 500.00$ m, $y_1 = 500.00$ m,边 12 的方位角为 335°24′00″,各内角及边长见图 7-28。

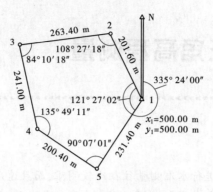

图 7-28　闭合导线计算

项目八　三角高程测量

项目概述

当地形起伏较大时,进行水准测量往往比较困难,而且速度慢、效率低,在小区域布设平面控制网,图根控制点的高程必须观测。采用三角高程测量方法测定两点的高差,推算控制点的高程较为方便,而且可以与平面控制测量同时进行。这种方法速度快、效率高,但精度较低,只能达到四等水准测量的精度要求。本项目主要由三角高程测量原理、独立交会高程测量、三角高程导线测量三个学习任务组成。

学习目标

通过本项目的学习,同学们能依据《工程测量标准》(GB 50026—2020)、《城市测量规范》(CJJ/T 8—2011)及其他行业测量技术规范,进行三角高程测量技术设计,能使用电磁波测距仪或全站仪,完成三角高程测量生产性实训任务。

【导入】

某工程标段位于陕西省汉中市境内,标段路线全长 12.15 km,加上联络线,总长近 15 km。公路沿山腰而建,该标段工程地形基本为横跨河谷、斜坡,无现有的便道可沿线贯通,沿线隔一段距离有一个进山便道,常规水准测量需绕行线路太长,工作量极大,此时,全站仪三角高程测量不失为最佳的选择。

【正文】

任务一　三角高程测量原理

通过观测两地面点的垂直角,量取仪器高和目标高,已知或通过测量得到两点间的平距,应用三角形公式计算两点间的高差,根据已知点的高程,推求未知点的高程,这种高程测量方法称为三角高程测量。

如图 8-1 所示,A 为已知高程点,其高程设为 H_A,B 为未知高程点,根据高差的概念可知,只要得到 A 点对 B 点的高差 h_{AB},就可以求出 H_B。为了求得高差 h_{AB},将仪器架设在 A 点,观测 B 点觇标的垂直角 α,并量取仪器高 i 和觇标高 v,A、B 两点之间的水平距离为 D,则

$$h_{AB} = D\tan\alpha + i - v \tag{8-1}$$

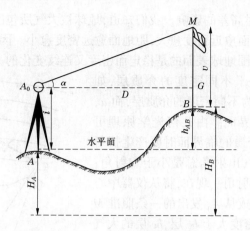

图 8-1 三角高程测量原理

B 点的高程 H_B 为

$$H_B = H_A + D\tan\alpha + i - v \tag{8-2}$$

这就是三角高程测量的基本原理,但它是以水平面代替水准面、照准光线是直线为前提的,当地面上两点间距离小于 300 m 时,可以近似认为以上条件是成立的,上述公式可以直接应用。但当距离较远时,必须考虑地球弯曲和大气折光的影响。

如图 8-2 所示,设过 A 点的水准面为 AF,它是一个曲面,过 A 点的水平面为 AE。由于过 A 点的水平面和水准面在 B 点的铅垂线上不严密重合,其二者的差距即为"地球弯曲差",简称"球差"。

设地球是一个半径为 R 的圆球,A、B 所对应的圆心角为 θ,则球差 EF 所对的弦切角为 $\theta/2$。由于 θ 角较小,故

$$\frac{\theta}{2} \approx \frac{EF}{D} \cdot \rho''$$

式中:$\rho'' = 206\ 265''$。

即

$$EF = \frac{\theta}{2} \cdot \frac{D}{\rho}$$

而

$$\theta \approx \frac{D}{R} \cdot \rho''$$

所以,球差 EF 为

$$EF = \frac{D^2}{2R} \tag{8-3}$$

由图 8-2 可知,球差的存在总是使所测高差减小。根据式(8-3),取地球半径 $R = 6\ 371$ km,当 $D = 300$ m 时,球差改正数为 0.01 m。如果高程计算要求 0.01 m 的精度,则相距 300 m 以上的两点间的观测高差中,就应当加入球差改正数。

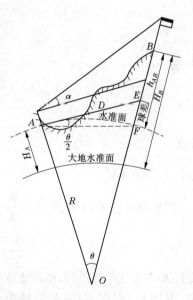

图 8-2 球差

【小贴士】

球差的大小仅与两点间水平距离的平方成正比,而与地面起伏无关。

下面讨论大气折光对高差的影响。我们知道,地球被大气所包围,大气密度又因距地面的高度不同而不同,距地面愈近密度愈大,距地面愈远密度愈小。因此,我们设想:地球表面是一个无起伏的球面,包围地球表面的是稳定而密度又连续变化的大气层,并把此密度连续变化的大气层划分为若干不同密度的介质层,如图 8-3 中的 $ab,bc,cd,\cdots$ 为不同密度的介质层,而 $a,b,c,\cdots$ 为两介质层的临界面。由几何光学原理可知,光线通过两个不同介质的临界面时要产生折射现象,从光疏进入光密时,出射角总是小于入射角;反之,出射角总是大于入射角。现在,将从仪器中心 A_0 照准旗顶 M 的视线看成从 A_0 发出的一条照准 M 的光线,因 ab 层的大气密度大于 bc 层,bc 层的大气密度又大于 cd 层,依次类推,故照准光线 A_0M 为一系列折线所组成;然而,大气密度又是逐渐均匀变化的,所以,光线 A_0M 实际为一凹向地面的圆弧,设其圆心角为 ε,半径为 R'。也就是说观测到的目标 M,实际上是照准了 M',这样 MM' 就是由于大气密度变化造成的误差,这一误差我们称为"大气折光差",简称为"气差"。

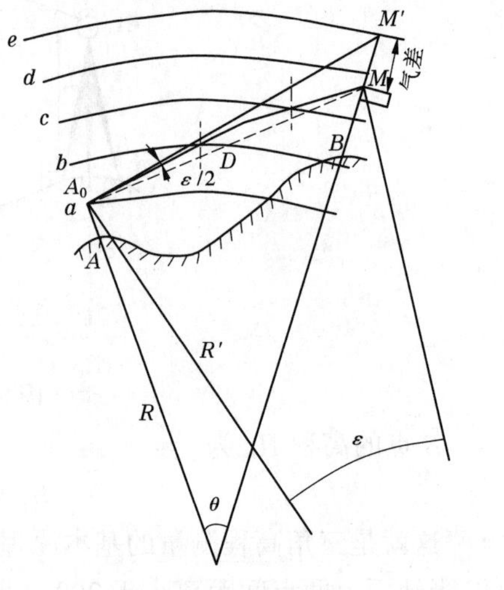

图 8-3　气差

大气折光差的大小如何? 又与什么因素有关呢?

设 $A_0M=D$,则由几何关系得:

$$\varepsilon = 2 \times \frac{MM'}{D}\rho''$$

即

$$MM' = \frac{\varepsilon}{2}\frac{D}{\rho''}$$

又因

$$\varepsilon = \frac{L_{A_0M}}{R'}\rho'' \approx \frac{D}{R'}\rho''$$

所以

$$MM' = \frac{D^2}{2R'} \tag{8-4}$$

式中:L_{A_0M} 为弧长。

设地球半径 $R=KR'$,则 $R'=\dfrac{R}{K}$,将其代入式(8-4),则有:

$$MM' = \frac{D^2}{2R}K \tag{8-5}$$

式中:K 为大气折光系数;R 为地球半径。

从图 8-3 可以看出,R 总是小于 R' 的,因此大气折光系数 K 小于 1。通常取 K 值在 $0.08 \sim 0.20$。气差使高差测大了,球差却使高差测小了。二者如何进行改正?

地球弯曲差和大气折光差的共同影响称为"球气差"。在所测量的高差中加入"球气差"的改正数,通常称为"两差改正",设其大小为 f,则有:

$$f = EF - MM' = \frac{D^2}{2R} - \frac{D^2}{2R}K = \frac{D^2}{2R}(1-K) \tag{8-6}$$

式中,R 为地球曲率半径(已知);D 为两点间的水平距离(可以测量出);K 为大气折光系数。

K 值的变化是非常复杂的,它不仅与气温、气压、湿度和空气密度有关,而且还随地区、季节、气候、地形、植被及高度的变化而变化。因此,实际工作中,通常选取全国性或地区性的平均 K 值来代替某一地区的 K 值,一般近似取为 $K = 0.14$,则两点间球气差改正数为

$$f = 0.43 \times \frac{D^2}{R} \tag{8-7}$$

当 K 值确定后,根据式(8-7),可以编制"两差改正表",如表 8-1 所示,列出了 100 ~ 2 000 m 的两差改正数的数值。

表 8-1　三角高程测量两差改正数

$D(m)$	$f(mm)$	$D(m)$	$f(mm)$	$D(m)$	$f(mm)$	备注
100	1	500	17	900	55	
200	3	600	24	1 000	67	
300	6	700	33	1 500	152	$K = 0.14$
400	11	800	43	2 000	270	

为提高三角高程测量的精度,消除或减弱球气差的影响,通常采用直觇和反觇进行测量。在已知点 A 架设仪器,观测待定点 B,从而求取 B 点高程的测量方法称为直觇;反之,在待定点 B 上架设仪器,观测已知点 A,从而求得 B 点高程的测量方法称为反觇。用直、反觇观测,计算待定点高程的计算公式如下

$$\begin{cases} H_B = H_A + h_{AB} = H_A + D\tan\alpha_{AB} + i_A - v_B + f_{直} \\ H_B = H_A - h_{BA} = H_A - (D\tan\alpha_{BA} + i_B - v_A + f_{反}) \end{cases} \tag{8-8}$$

在一条边上只进行直觇或反觇观测,称为单向观测(或称单觇);在同一条边上进行直反觇观测称为对向观测(或称复觇)。如前所述,球气差仅与水平距离的平方成正比,因此 $f_{直}$ 和 $f_{反}$ 是相等的,也就是说,当直、反觇高差取平均值时,球气差会被抵消。因此,实际工作中,为了检核和消除或减弱球气差的影响,一般均采用对向观测。当对向观测的不符值小于规定限差时,则取对向观测高差的平均值作为最后结果。

【小贴士】

由于大气折光系数 K 值不仅与气温、气压、湿度和空气密度有关,而且还随地区、季节、气候、地形、植被及高度的变化而变化,因此一般要求直觇观测结束后立即进行反觇观测。

采用光电测距三角高程测量时,测距仪直接测定 A、B 两点间斜距 S,高差的计算公式为

$$h_{AB} = S\sin\alpha_A + i_A - v_B + f$$

■ 任务二　独立交会高程测量

独立交会高程测量是根据已知点,用三角高程测量方法测定独立点高程的一种方法。为了提高精度,一个独立点的高程,通常采用三个单觇测定,交会图形如图 8-4 所示。图 8-4(a)为三个直觇,称为前方交会,图 8-4(b)为一个双向观测和一个反觇观测,又称为侧方交会。

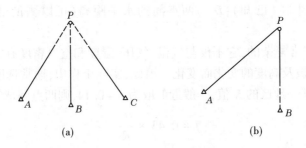

(a)   (b)

图 8-4　独立交会高程测量

无论是前方交会还是侧方交会,所计算的高差不得超过其规定限差,否则重新测量。当其差值符合限差要求时,则取平均值作为 P 点的最后高程。

需要注意的是,独立交会高程测量方法通常用于测定图根点的高程,但所求点不能作为起算点再发展。独立交会高程多在交会法测定图根点平面位置的同时测定,一般不单独进行。

独立交会点高程测量的技术要求见表 8-2。

表 8-2　三角高程测量的技术要求

高程测量方法	垂直角观测			对向观测高差不符值		线路闭合差或独立交会点的高差之差（m）	闭合差配赋方法
	仪器类型	测回数	各测回指标差之差（″）	小于 300 m 的边（cm）	大于 300 m 的边（cm）		
独立交会点高程	DJ_2	1	15	9	3	$\dfrac{1}{7}h$	取中数
	DJ_6	2	24				

【例 8-1】　独立高程点计算见表 8-3。

表 8-3　独立交会高程测量计算表

所求点	P_6		
起算点	N_3	N_5	N_5
观测方法	反觇	直觇	反觇
α	−2°23′15″	+3°04′23″	−3°00′46″
$D(\mathrm{m})$	624.42	748.35	748.35
$D\tan\alpha$	−26.03	+40.18	−39.39
$i(\mathrm{m})$	+1.51	+1.60	+1.48
$v(\mathrm{m})$	−2.26	−2.20	−1.73
$f(\mathrm{m})$	+0.03	+0.04	+0.04
高差 $h(\mathrm{m})$	−26.75	+39.62	−39.60
起算点高程（m）	258.26	245.42	245.42
所求点高程（m）	285.01	285.04	285.02

续表 8-3

高程中数(m)	285.02
观测略图	

任务三　三角高程导线测量

三角高程导线是在平面控制测量的基础上,将待求高程点构成导线的形式,附合或闭合于已知点上,并对向观测相邻两点间的垂直角,以测定平面控制点高程的一种高程测量方法。

三角高程导线通常应用于地形平面控制中的小三角测量和导线测量的控制点,即用三角高程测量方法来确定三角点和导线点的高程。在实际工作中,根据需要也可以布设独立的电磁波测距三角高程导线。

根据不同需要,三角高程导线可以布设成不同的等级,各等级的具体技术要求见表 8-4。

表 8-4　光电测距三角高程测量主要技术要求

等级	仪器	垂直角测回数(中丝法)	指标差较差(")	垂直角较差(")	对向观测高差较差(mm)	附合路线或环线闭合差(mm)
四等	DJ_2	3	≤7	≤7	$40\sqrt{D}$	$20\sqrt{\sum D}$
五等	DJ_2	2	≤10	≤10	$60\sqrt{D}$	$30\sqrt{\sum D}$
图根	DJ_6	2	≤25	≤25	$40\sqrt{D}$	$40\sqrt{\sum D}$

注:D 为光电测距边长度,km。

一、三角高程导线的布设与观测

三角高程导线类似于平面控制中的导线,其布设形式有附合高程导线和闭合高程导线两种形式,如图 8-5(a)、(b)所示。

起闭于两个高程点间的高程导线称为附合高程导线;起闭于同一个高程点间的高程导线称为闭合高程导线。这两种布设形式可应用于导线测量及三角锁三角测量。用于单一导线时,只要在观测水平角的同时观测垂直角,并量取仪器高和觇标高即可。若用于线形三角锁,如图 8-6 所示,可选择 $A-N_3-N_5-B$ 和 $A-N_4-N_6-N_7-B$ 为两条三角高程导线。用于其他锁形的平面控制,应在测量前设计、规划好传递高程的起讫路线。尽量选择垂直角小且边长短的各边组成,各边的边长由平面点的坐标解算可得。

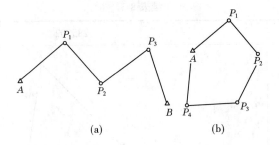

图 8-5　三角高程导线布设

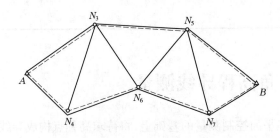

图 8-6　线形三角锁

三角高程控制网应在平面网的基础上,布设成三角高程网或高程导线。为保证三角高程网的精度,四等三角高程测量应起讫于不低于三等水准的高程点上,五等三角高程测量应起讫于不低于四等水准的高程点上;路线长度不应超过相应等级水准路线的长度限值;平均边长不得超过 1 km。

垂直角观测是三角高程测量的关键工作,对垂直角观测的要求见表 8-4。为减少垂直折光变化的影响,应避免在大风或雨后初晴时观测,也不宜在日出后和日落前 2 h 内观测,在每条边上均应做对向观测。觇标高和仪器高应在观测前后各量取一次并精确至毫米,当其较差符合限差规定(四等三角高程不应大于 2 mm,对于五等三角高程不大于 4 mm)时,取其平均值作为最终高度。

如前所述,为了消除或减弱大气折光和地球曲率的影响,三角高程导线通常采用直、反觇观测。当直、反觇高差符合精度要求时,取其中数作为两点间的高差,从而提高了测量精度。

大量实践证明,电磁波测距高程导线可以代替四等水准测量,并已被国家测绘局或工程单位认可,现已大量应用于工程建设。

二、三角高程导线的计算

(一)两点间的高差计算

计算前必须认真检查测量成果是否有误,记录是否齐全,确认无误后方可进行计算。首先将观测数据、点号、已知点点名等填写在相应的表格内,按高差公式计算各个高差。具体计算见表 8-5。

(二)高差闭合差计算、配赋及高程计算

三角高程导线的路线闭合差计算方法与水准路线计算完全相同,即

闭合路线　　　　　　　　　　　　$f_h = \sum h_{测}$

附合路线　　　　　　　　　　　　$f_h = \sum h_{测} - (H_{终} - H_{起})$

表 8-5　两点间的高差计算

起算点	A		B	
待求点	B		C	
觇法	直	反	直	反
α	+11°38′20″	−11°23′55″	6°51′45″	−6°34′30″
$D(\text{m})$	581.38	581.38	488.01	488.01
$i(\text{m})$	1.44	1.49	1.49	1.50
$v(\text{m})$	−2.50	−3.00	−3.00	−2.50
$r(\text{m})$	0.02	0.02	0.02	0.02
$h(\text{m})$	118.71	−118.70	57.24	−57.23
中数 $h(\text{m})$	118.70		57.24	
起算点	C		D	
待求点	D		A	
觇法	直	反	直	反
α	−10°04′45″	+10°20′30″	−7°23′00″	+7°37′08″
$D(\text{m})$	530.00	530.00	611.10	611.10
$i(\text{m})$	1.50	1.48	1.48	1.44
$r(\text{m})$	−2.50	−3.00	−3.00	−2.50
$v(\text{m})$	0.02	0.02	0.03	0.03
$h(\text{m})$	−95.19	95.22	−80.68	80.71
中数 $h(\text{m})$	−95.20		−80.70	

闭合差不超限时,其处理通常按与边长成正比、以相反的符号进行配赋,求得改正后的高差,就可逐点推算高程。具体计算见表 8-6。

表 8-6　高差闭合差计算、配赋及高程计算

点号	距离(m)	平均高差(m)	改正数(m)	改正后高差(m)	点之高程(m)	备注
A					<u>325.88</u>	已知
	581.38	118.70	−0.01	118.69		
B					444.57	
	488.01	57.24	−0.01	57.23		
C					501.80	
	530.00	−95.20	−0.01	−95.21		
D					406.59	
	611.10	−80.70	−0.01	−80.71		
A					325.88	
总和	2 210.49	0.04	−0.04	0		
辅助计算	$f_h = \sum h = +0.04$ m,$f_允 = \pm 40\sqrt{\sum D} = \pm 59$ mm,$f < f_允$					

三、三角高程导线测量的误差来源

三角高程测量的误差来源主要有以下几个方面。

(一)垂直角测量误差

对于光学经纬仪来说,观测误差主要有照准误差、读数误差及垂直度盘指标水准器气泡居中误差等。而对于电子经纬仪或全站仪来说,由于读数是自动显示的,而且垂直度盘具有自动补偿装置,因此,测角误差主要是照准误差。照准误差的大小与观测目标的形状、大小、颜色等都有关。垂直角测量误差对三角高程测量的影响与推算高差的边长有关,边长愈长、影响愈大。因此,通常要求三角高程测量推算高差要尽可能用短边。

(二)边长误差

现在使用的主要测边方法是电磁波测距,使用全站仪在测距的同时也测垂直角(天顶距)。衡量测距精度的方法是 $m_s = a + bD$,式中, m_s 为测距中误差,mm; a 为仪器标称精度的固定误差,mm; b 为仪器标称精度中比例误差系数,mm/km; D 为测距边长度,km。

为提高距离测量精度,主要采取如下措施:

(1)采用较高测距精度的测距仪;棱镜作为目标时,要正确确定棱镜常数。

(2)使用反射。

(3)测量环境气象条件,如温度、气压等,使用模型对所测距离直接加以改正。

(4)使用测回法测距,取多次测量平均值,从而提高测量精度。

(三)大气折光误差

大气折光的影响与观测条件密切相关,大气折光系数 f 值变化比较复杂,与地区、季节、气候、地面覆盖物以及视线高度等都有关。试验证明,大气折光系数 f 在中午时最小,且比较稳定,日出和日落时稍大一些,且变化较大。因此,三角高程测量要求垂直角观测应避免日落日出时测量,最好是在中午前后观测。

(四)仪器高、觇标高的量测误差

利用小钢卷尺量取仪器高和觇标高,采取测量两次取平均的方法,一般可以达到毫米级。但在测量实践中,由于脚架面的阻挡,不能直接测量点的标志中心到仪器横轴的垂直高度,如果直接量取,就可能存在较大的误差,但由于在高差计算公式中仪器高和觇标高的符号相反,因此如果量测误差大小相同,可以抵消其影响。由于涉及某条边的高差计算的仪器高和觇标高分别位于边的两端点,受地形等因素的影响,仪器高和觇标高的量测误差不会完全相同,计算中不能完全抵消。因此,应当采用适当的量取措施,例如,采用分段量测的方法,即先从地面量到脚架面,然后再从脚架面量到仪器横轴或者觇牌标志中心,最后相加的方法。最好采用专用的仪器高和觇标高的量测工具,才能有效地减小量测误差。

高精度测距仪器的广泛使用,不仅改进了测距的手段,提高了测距的精度,同时也提高了测距三角高程的精度,三角高程测量的应用范围不断扩大。三角高程测量已成为地形测量中高程控制测量的主要手段。利用三角高程测量代替低等级水准测量已成为现实,如果采用适当的措施,将更进一步提高三角高程测量的精度,例如,改进照准目标提高测角精度、缩短边长、采用专用的仪器高和觇标高的量测工具、限制垂直角观测时间等措施,三角高程测量代替高等级水准测量也一定能够实现。

【知识拓展】

用南方平差易进行三角高程测量计算

　　进行了三角高程测量外业施测后,即可借助平差软件进行概算和平差计算,求得待定点的高程平差值,并评定高程控制网的测定精度。国内能进行三角高程测量平差计算的软件有很多,其中功能比较完善、较成熟的平差软件有南方测绘公司的南方平差易 2005（PA2005）、清华山维新技术公司的 NASEW 工程控制网平差系统（NASEW2003）、北京威远图数据开发有限公司的 TOPADJ 测量控制网平差软件、武汉大学的科傻平差系统等。相比而言南方平差易 2005 功能完善、界面简洁、成果输出便捷完整,下面就以南方平差易 2005为例,进行三角高程测量的平差计算。

　　现在进行了三角高程附合导线的观测,这是三角高程的测量数据和简图,A 和 B 是已知高程点,2、3 和 4 是待测的高程点,见表 8-7 和图 8-7。

表 8-7　三角高程附合导线原始数据表

测站点	距离 （m）	垂直角 （° ′ ″）	仪器高 （m）	觇标高 （m）	高程 （m）
A	1 474.444	1 04 40	1.30		96.062
2	1 424.717	3 25 21	1.30	1.34	
3	1 749.322	-0 38 08	1.35	1.35	
4	1 950.412	-2 45 40	1.45	1.35	
B				1.52	95.972

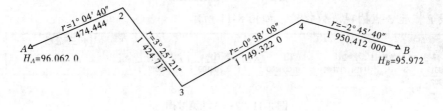

图 8-7　三角高程路线图（r 为垂直角）

一、数据输入

　　在平差易中输入以上数据,如图 8-8 所示为三角高程数据输入。

　　在测站信息区中输入 A、B、2、3 和 4 号测站点,其中 A、B 为已知高程点,其属性为 01,其高程如"三角高程原始数据表";2、3、4 点为待测高程点,其属性为 00,其他信息为空。由于没有平面坐标数据,故在平差易软件中也没有网图显示。

　　此控制网为三角高程,选择三角高程格式,如图 8-9 所示。

　　注意:在"计算方案"中要选择"三角高程",而不是"一般水准"。

　　在观测信息区中输入每一个测站的三角高程观测数据,需要注意的是"观测边长"一栏中必须输入实测的平距。

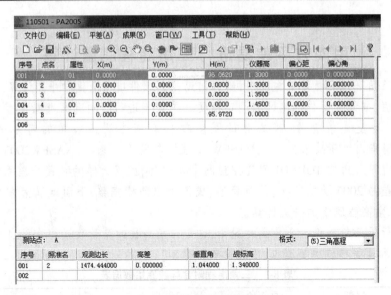

图 8-8　三角高程数据输入

图 8-9　选择三角高程格式

测段 A 点至 2 点的观测数据输入如图 8-10 所示。

测站点:	A			格式:	(5)三角高程	
序号	照准名	观测边长	高差	垂直角	觇标高	
001	2	1474.444000	0.000000	1.044000	1.340000	
002						

图 8-10　A->2 观测数据

测段 2 点至 3 点的观测数据输入如图 8-11 所示。

测站点:	2			格式:	(5)三角高程	
序号	照准名	观测边长	高差	垂直角	觇标高	
001	3	1424.717000	0.000000	3.252100	1.350000	
002						

图 8-11　2->3 观测数据

测段 3 点至 4 点的观测数据输入如图 8-12 所示。

测站点:	3			格式:	(5)三角高程	
序号	照准名	观测边长	高差	垂直角	觇标高	
001	4	1749.322000	0.000000	-0.380800	1.350000	
002						

图 8-12　3->4 观测数据

测段 4 点至 B 点的观测数据输入如图 8-13 所示。

测站点:	4			格式:	(5)三角高程	
序号	照准名	观测边长	高差	垂直角	觇标高	
001	B	1950.412000	0.000000	-2.454000	1.520000	
002						

图 8-13　4->B 观测数据

以上数据输入完后,点击"文件\另存为",将输入的数据保存为平差易格式文件为:

[STATION]

A,01,,,96.062000,1.30

B,01,,,95.97160

2,00,,,,1.30

3,00,,,,1.35

4,00,,,,1.45

[OBSER]

A,2,,1474.444000,27.842040,,1.044000,1.340

2,3,,1424.717000,85.289093,,3.252100,1.350

3,4,,1749.322000,-19.353448,,-0.380800,1.500

4,B,,1950.412000,-93.760085,,-2.452700,1.520

二、计算方案设置

单击"平差"菜单中"计算方案"选项,弹出图 8-14 所示对话框,进行三角高程测量计算方案设计。

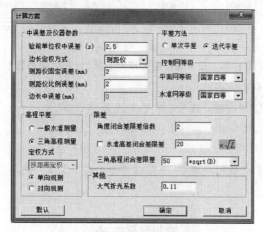

图 8-14 计算方案设置

如图 8-14 所示,若是电磁波测距,在"中误差及仪器常数"选项卡中正确填写测距仪固定误差和比例误差,在"高程平差"选项卡中选择"三角高程测量"选项,根据实际情况选择"单向观测"或"对向观测";在"限差"选项卡中不选"水准高差闭合差限差"项复选框,在"三角高程闭合差限差"中根据三角高程测量等级选择相应限差;最后在"其他"中根据测区实际情况填写大气垂直折光系数,这里取平均值,填写 0.11。

三、平差计算

由于三角高程测量计算中不涉及平面坐标的计算,因此按照如下步骤在"平差"菜单中执行计算:闭合差计算→坐标推算(计算待定点近似高程)→平差计算(严密平差)。

(一) 闭合差计算

执行"平差"菜单中"闭合差计算"选项,结果如图 8-15 所示。

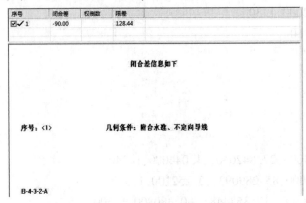

图 8-15　三角高程闭合差计算结果

(二) 坐标推算

执行"平差"菜单中的"坐标推算"选项,结果如图 8-16 所示。

序号	点名	属性	X(m)	Y(m)	H(m)	仪器高	偏心距	偏心角
001	A	01	0.0000	0.0000	96.0620	1.3000	0.0000	0.000000
002	2	00	0.0000	0.0000	123.9126	1.3000	0.0000	0.000000
003	3	00	0.0000	0.0000	209.2096	1.3500	0.0000	0.000000
004	4	00	0.0000	0.0000	190.0182	1.4500	0.0000	0.000000
005	B	01	0.0000	0.0000	95.9720	0.0000	0.0000	0.000000
006								

图 8-16　三角高程坐标推算结果(计算近似高程)

(三) 平差计算

执行"平差"菜单中的"平差"选项,即可完成最终计算。

四、成果输出

南方平差易 2005 能生成较完整的平差报告,点击"成果"菜单中的"输出到 Word",即可生成 Word 平差报告。

结果如下(摘选)。

控制网平差报告

【控制网概况】

计算软件:南方平差易 2005

网名:

计算日期:2011-05-01

观测人:

记录人:

计算者:

检查者:

测量单位:

备注:

高程控制网等级:国家四等

已知高程点个数:2

未知高程点个数:3

每公里高差中误差 = 69.22 mm

最大高程中误差[3] = 62.41 mm

最小高程中误差[2] = 52.38 mm

平均高程中误差 = 57.39 mm

规范允许每公里高差中误差 = 10 mm

[边长统计]总边长:6 598.895 m,平均边长:1 649.724 m,最小边长:1 424.717 m,最大边长:1 950.412 m

观测测段数:4

[闭合差统计报告]

序号:<1>:三角高程

路径:[B-4-3-2-A]

高差闭合差 = −90.00 mm,限差 = ±50 * SQRT(6.599) = ±128.44 mm

路线长度 = 6.599 km

【控制点成果表】

点名	$H(\mathrm{m})$	备注	点名	$H(\mathrm{m})$	备注
A	96.062 0	已知点	2	123.872 8	
3	209.131 5		4	189.892 9	
B	95.972 0	已知点			

项目小结

本项目主要讲了三角高程测量原理、球差和气差对三角高程测量的影响,独立交会高程导线的施测、一般三角高程导线的施测、高程导线的计算,然后从测量仪器、外界条件和观测者三个方面阐述了三角高程测量误差来源,最后以附合三角高程导线为例,讲述了如何用南方平差易 2005 进行高程平差计算。

思考与习题

1. 三角高程用平距和斜距计算高差的公式有何区别?

2. 三角高程对向观测取平均值可消除什么影响?试用公式证明。

3. 试分析测距高程导线与水准测量的区别及其优缺点。

4. 测距高程导线的平差计算与水准路线平差计算有什么不同?

5. 完成表 8-8 中独立交会高程点计算。

表 8-8　独立交会高程点计算

所求点	P		
起算点	A	A	B
观测方法	直觇	反觇	反觇
α	$-23°06'24''$	$23°27'24''$	$23°42'06''$
$D(\text{m})$	362.725	362.725	212.914
$D \cdot \tan\alpha$			
$i(\text{m})$	1.25	1.33	1.33
$v(\text{m})$	-2.60	-2.60	-2.60
$f(\text{m})$			
高差 $h(\text{m})$			
起算点高程(m)	459.47	459.47	395.59
所求点高程(m)			
高程中数(m)			
观测略图			

6. 如图 8-17 所示,已知庙沟和阳关的高程,计算测距高程导线中 N_1、N_2、N_3、N_4 点的高程。

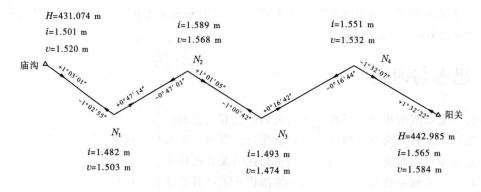

图 8-17　测距高程导线

项目九　交会测量

项目概述

在测量工作中,布设图根平面控制点时,当图根导线点的密度不够时,就必须对控制点进行加密,可采用交会测量的方法。本项目主要由交会测量概述、方向交会法、测边交会和测边角后方交会测量等学习任务组成。

学习目标

通过本项目的学习,能按照《城市测量规范》(CJJ/T 8—2011)及其他行业测量技术规范,了解前方交会、侧方交会、后方交会三种测角交会测量的定义,掌握前方交会、侧方交会、后方交会三种测角方法计算交会点坐标;能了解测边交会测量的定义,掌握测边交会法计算交会点坐标;能了解测边角后方交会测量的定义,掌握测边角交会法计算交会点坐标。

【导入】

在小区域控制测量工作中,当图根导线点的密度不够时,就必须对控制点进行加密,可以采取支导线测量的方法,也可采用交会测量的方法。交会测量分为角度交会测量、测边交会测量和边角后方交会测量,要根据现场已知数据的情况采取不同的交会测量方式。

【正文】

任务一　交会测量概述

一、交会测量的概念

布设图根平面控制点时,当图根导线点的密度不够时,就必须对控制点进行加密,可采用交会测量的方法。

所谓交会测量,就是用经纬仪测角或光电测距仪测距离,然后,利用角度或距离交会,经过计算而求得待定点的坐标的测量技术和方法。但与导线测量相比,交会法精度较低,因而只能在图根控制测量中使用。

二、交会测量的分类

交会测量分为方向交会测量、测边交会测量和测边角后方交会测量三类。在方向交会

中,以未知点为顶点的角度一般称为交会角,交会角的大小对未知点位的精度有一定影响,在布设交会图形时,应特别注意选点位置。

如图 9-1(a)所示,已知 A、B 两点的坐标,为了计算未知点 P 的坐标,只需观测水平角 α 和 β,这种测定未知点 P 的平面坐标的方法,称为前方交会。如图 9-1(b)所示,如果是通过观测水平角 α 和 γ,或者 β 和 γ 来测定未知点 P 的平面坐标的方法,称为侧方交会。如图 9-1(c)所示,如果为求得未知点 P 的坐标,在 P 点上瞄准 A、B、C 三个已知点测得水平角 α 和 β,这种方法称为后方交会。

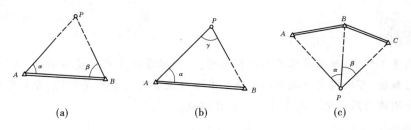

(a)　　　　　　　　　　(b)　　　　　　　　　　(c)

图 9-1　测角交会测量

前方交会、侧方交会和后方交会统称为方向交会法。这种方法图形结构简单,外业工作量少,是加密控制测量常用的方法。

目前,电磁波测距仪和全站仪已被广泛应用,如图 9-2 所示,在测定未知点坐标时,如果采用测量边长 D_a 和 D_b 的方法,称为测边交会法。

如图 9-3 所示,在未知点 P(加密点)安置仪器,测量未知点(加密点)至若干个(两个或两个以上)已知点间的距离 a 和 b 及加密点至各已知点方向的夹角 α、β 和 γ,然后根据已知点坐标和观测值计算加密点坐标,称为测边角后方交会测量。

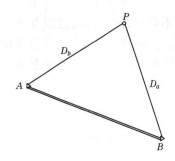

图 9-2　测边交会测量

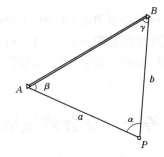

图 9-3　测边角后方交会测量

任务二　方向交会法

一、前方交会

(一)前方交会的原理

如图 9-4 所示,已知点 A、B 的坐标分别为 (x_A,y_A) 和 (x_B,y_B)。在 A、B 两点设站,测出水平角 α 和 β,计算待定点 P 的坐标。

具体计算过程如下。

1. 已知点坐标反算

根据两个已知点的坐标,计算 A、B 两点间的边长 S_{AB} 及坐标方位角 α_{AB},按坐标反算公式,即

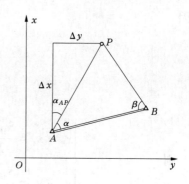

$$\begin{cases} S_{AB} = \sqrt{(x_B - x_A)^2 + (y_B - y_A)^2} \\ \alpha_{AB} = \arctan \dfrac{y_B - y_A}{x_B - x_A} \end{cases} \tag{9-1}$$

2. 待定边边长和坐标方位角计算

按正弦定律计算已知点至待定点的边长 S_{AP}、S_{BP}:

图 9-4 前方交会法

$$\begin{cases} S_{AP} = S_{AB} \dfrac{\sin\beta}{\sin\gamma} = S_{AB} \dfrac{\sin\beta}{\sin(\alpha + \beta)} \\ S_{BP} = S_{AB} \dfrac{\sin\alpha}{\sin\gamma} = S_{AB} \dfrac{\sin\alpha}{\sin(\alpha + \beta)} \end{cases} \tag{9-2}$$

如图 9-4 所示,待定边的坐标方位角计算如下:

$$\begin{cases} \alpha_{AP} = \alpha_{AB} - \alpha \\ \alpha_{BP} = \alpha_{BA} + \beta = \alpha_{AB} + \beta \pm 180° \end{cases} \tag{9-3}$$

3. 待定点坐标计算

根据已算得的待定点的边长和坐标方位角,按坐标正算法,分别从已知点 A、B 计算至待定点 P 的坐标增量:

$$\begin{cases} \Delta x_{AP} = S_{AP} \cos\alpha_{AP} \\ \Delta y_{AP} = S_{AP} \sin\alpha_{AP} \end{cases} \tag{9-4}$$

$$\begin{cases} \Delta x_{BP} = S_{BP} \cos\alpha_{BP} \\ \Delta y_{BP} = S_{BP} \sin\alpha_{BP} \end{cases} \tag{9-5}$$

然后分别从 A、B 点计算待定点 P 的坐标,两次算得的坐标可以作为检核:

$$\begin{cases} x_P = x_A + \Delta x_{AP} \\ y_P = y_A + \Delta y_{AP} \end{cases} \tag{9-6}$$

$$\begin{cases} x_P = x_B + \Delta x_{BP} \\ y_P = y_B + \Delta y_{BP} \end{cases} \tag{9-7}$$

(二)前方交会直接计算待定点坐标的公式

将式(9-4)和式(9-6)经过计算,可以得到直接计算待定点 P 的计算公式。推导如下:

$$\begin{cases} x_P = x_A + S_{AP} \cos\alpha_{AP} \\ y_P = y_A + S_{AP} \sin\alpha_{AP} \end{cases} \tag{9-8}$$

即

$$\begin{cases} x_P - x_A = S_{AP} \cos\alpha_{AP} \\ y_P - y_A = S_{AP} \sin\alpha_{AP} \end{cases} \tag{9-9}$$

将式(9-3)中 $\alpha_{AP} = \alpha_{AB} - \alpha$ 代入式(9-9),则得:

$$\begin{cases} x_P - x_A = S_{AP} \cos(\alpha_{AB} - \alpha) = S_{AP}(\cos\alpha_{AB} \cos\alpha + \sin\alpha_{AB} \sin\alpha) \\ y_P - y_A = S_{AP} \sin(\alpha_{AB} - \alpha) = S_{AP}(\sin\alpha_{AB} \cos\alpha - \cos\alpha_{AB} \sin\alpha) \end{cases} \tag{9-10}$$

又因

$$
\begin{cases}
\cos\alpha_{AB} = \dfrac{x_B - x_A}{S_{AB}} \\[3mm]
\sin\alpha_{AB} = \dfrac{y_B - y_A}{S_{AB}}
\end{cases}
\tag{9-11}
$$

则

$$
\begin{cases}
x_P - x_A = \dfrac{S_{AP}\sin\alpha}{S_{AB}}\left[(x_B - x_A)\cot\alpha + (y_B - y_A)\right] \\[3mm]
y_P - y_A = \dfrac{S_{AP}\sin\alpha}{S_{AB}}\left[(y_B - y_A)\cot\alpha - (x_B - x_A)\right]
\end{cases}
\tag{9-12}
$$

根据正弦定理,得

$$
\frac{S_{AP}}{S_{AB}} = \frac{\sin\beta}{\sin\gamma} = \frac{\sin\beta}{\sin(\alpha + \beta)}
\tag{9-13}
$$

则

$$
\frac{S_{AP}\cdot\sin\alpha}{S_{AB}} = \frac{\sin\alpha\cdot\sin\beta}{\sin(\alpha + \beta)} = \frac{1}{\cot\alpha + \cot\beta}
\tag{9-14}
$$

故

$$
\begin{cases}
x_P - x_A = \dfrac{(x_B - x_A)\cot\alpha + (y_B - y_A)}{\cot\alpha + \cot\beta} \\[3mm]
y_P - y_A = \dfrac{(y_B - y_A)\cot\alpha - (x_B - x_A)}{\cot\alpha + \cot\beta}
\end{cases}
\tag{9-15}
$$

整理简化得前方交会直接计算待定点坐标的公式(余切公式)。

$$
\begin{cases}
x_P = \dfrac{x_A\cot\beta + x_B\cot\alpha - y_A + y_B}{\cot\alpha + \cot\beta} \\[3mm]
y_P = \dfrac{y_A\cot\beta + y_A\cot\alpha + x_A - x_B}{\cot\alpha + \cot\beta}
\end{cases}
\tag{9-16}
$$

如果将 P 点的坐标代替 A 点坐标, A 点坐标代替 B 点坐标,同样可以得出 B 点的坐标

$$
\begin{cases}
x_B = \dfrac{x_P\cot\alpha + x_A\cot\gamma - y_P + y_A}{\cot\gamma + \cot\alpha} \\[3mm]
y_B = \dfrac{y_P\cot\alpha + y_A\cot\gamma + x_P - x_A}{\cot\gamma + \cot\alpha}
\end{cases}
\tag{9-17}
$$

【小贴士】

(1)前方交会已知点、待定点及观测角的编号问题,在推导式(9-16)时, $\triangle ABP$ 的点号是依 A 、 B 、 P 按递时针方向编号的, A 、 B 两点是已知点, P 点是待定点。 A 点和 B 点所测的水平角是 α 和 β 。

(2)计算检核,求未知点坐标时,用式(9-16)。为了检查计算过程中有无错误,可以根据 A 、 P 点计算 B 点坐标,并与 B 点坐标比较,计算时用式(9-17)。这样可以检查计算过程中有无错误。

(3)增加多余观测,计算检核只能检查计算过程是否有误,当外业观测数据有误时,则无法检查。为了检核外业观测数据有无错误,可通过增加多余观测的方法进行,这样不但能检核观测数据有无错误,还可以提高 P 点的精度。

(三) 双点前方交会

在实际工作中,为了保证定点的精度,避免测角误差的发生,测量规范要求一般从三个已知点 A、B、C 分别向 P 点观测水平角 α_1、β_1、α_2、β_2,作为两组观测数据,如图 9-5 所示。

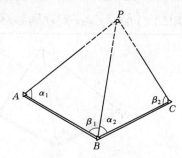

图 9-5 双点前方交会

在 $\triangle ABP$ 中,可以求得 P 点的坐标 (x'_P, y'_P);在 $\triangle BCP$ 中,同样可以求出 P 点的坐标 (x''_P, y''_P)。当这两组坐标的较差在允许限差内时,可取它们的平均值作为最后结果。

限差为:
$$\Delta s = \sqrt{\delta x^2 + \delta y^2} \leqslant 2 \times 0.1 M(\text{mm}) \tag{9-18}$$

式中:$\delta x = x'_P - x''_P$;$\delta y = y'_P - y''_P$;M 为测图比例尺分母。

另外,前方交会可根据测区实际情况,也有其他布设形式,如图 9-6 所示。

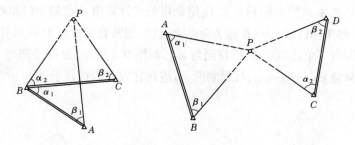

图 9-6 前方交会的其他形式

(四) 前方交会算例

前方交会算例如表 9-1 所示。

表 9-1 前方交会算例

点号		x(m)	y(m)	角度(° ′ ″)			
A	野狼坡	1 523.29	1 523.29	α_1	59	20	59
B	凤岭	1 116.90	1 116.90	β_1	54	09	52
P	尖岗	1 595.34	1 595.34				
B	凤岭	1 116.90	1 116.90	α_2	61	54	29
C	刘寺	1 236.06	1 236.06	β_2	55	44	54
P	尖岗	1 595.35	1 595.35				
	中数 x	1 595.34	1 595.34	中数 y			

续表 9-1

点号	$x(\mathrm{m})$	$y(\mathrm{m})$	角度(° ′ ″)
计算与检核	$f_容 = \pm 0.3 \times 1\,000 = \pm 300(\mathrm{mm})$ 测图比例尺 $1 : 1\,000$　$f_s = \pm\sqrt{f_x^2 + f_y^2} = \pm\sqrt{50^2 + 10^2} = \pm 51(\mathrm{mm})$		
示意图	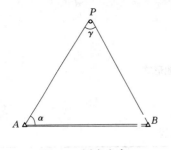		

二、侧方交会

(一)侧方交会原理

侧方交会就是在一个已知点 A(或 B)上和待定点 P 上设站,分别观测 α(或 β)和 γ 角,如图 9-7 所示,根据三角形 3 个内角和等于 180°的性质,计算出另一个已知点上的内角 β(或 α),再由已知点 A、B 的坐标和 α、β,应用余切公式计算出 P 点的坐标即可。

为了检查观测角和已知点 A、B 的坐标是否有误,通常在待定点 P 测角时除观测已知点 A、B 外,还应观测另一个已知点 C,得观测角 $\varepsilon_测$,如图 9-8 所示,根据已知点 A、B 求得 P 点坐标后,即可计算角 $\varepsilon_算 = \alpha_{PB} - \alpha_{PC}$,与观测值 $\varepsilon_测$ 进行比较作为检核条件。

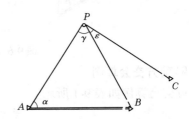

图 9-7　侧方交会　　　　　　　　图 9-8　侧方交会的检核

$$\alpha_{PB} = \arctan \frac{\Delta y_{PB}}{\Delta x_{PB}} \tag{9-19}$$

$$\alpha_{PC} = \arctan \frac{\Delta y_{PC}}{\Delta x_{PC}} \tag{9-20}$$

则
$$\varepsilon_算 = \alpha_{PB} - \alpha_{PC} \tag{9-21}$$

检查角 $\varepsilon_测$ 与 $\varepsilon_算$ 较差为:
$$\Delta\varepsilon'' = \varepsilon_算 - \varepsilon_测 \tag{9-22}$$

误差允许值为:
$$\Delta\varepsilon''_允 = \frac{M}{5\,000 \times S_{PC}}\rho'' \tag{9-23}$$

当 $\Delta\varepsilon'' \leqslant \Delta\varepsilon''_允$ 时,计算成果认为是合格的,否则重测。

(二)侧方交会算例

侧方交会算例如表9-2所示。

表9-2　侧方交会算例

示意图		起算数据		
		点号	$x(\mathrm{m})$	$y(\mathrm{m})$
		A	3 435 189.35	20 441 116.90
		B	3 434 671.79	20 441 236.06
		C	3 435 522.01	20 441 527.29
观测角值		未知点 P 的坐标	$\varepsilon_{算}=231°09'48''$	
α	61°54′29″	$x=3\ 435\ 060.02$	$\varepsilon_{测}=231°10'14''$	
β	55°44′54″	$y=20\ 441\ 595.35$	$\Delta\varepsilon''=-26''$，$\Delta\varepsilon_{容}=\pm1'28''$	
γ	62°20′37″		$S_{PC}=466.98\ \mathrm{m}$	
			测图比例尺分母 $M=2\ 000$	

三、后方交会

(一)后方交会的原理

在某一个待定点 P 上设站,观测三个已知点 A、B、C,得观测角 α、β 和 γ,然后根据三个已知点 A、B、C 的坐标和观测角 α、β 和 γ,计算待定点 P 的坐标方法,如图9-9所示。已知点 A、B、C 按顺时针排列,待定点 P 可以在已知点所组成的△ABC 之内,也可以在其外。但是,当 A、B、C、P 处于四点共圆的位置时,用后方交会方法就无法确定 P 的位置,因此四点共圆称为危险圆。

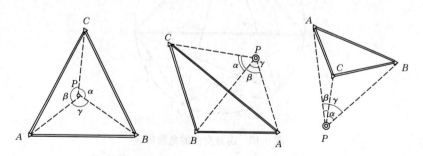

图9-9　后方交会

用后方交会法计算待定点 P 的坐标的公式很多,现主要介绍适合计算器计算的重心公式(也称仿权公式)。未知点 P 的坐标计算公式如下。

$$\begin{cases} x_P = \dfrac{P_A x_A + P_B x_B + P_C x_C}{P_A + P_B + P_C} \\[4mm] y_P = \dfrac{P_A y_A + P_B y_B + P_C y_C}{P_A + P_B + P_C} \end{cases}$$

(9-24)

式中：$P_A = \dfrac{1}{\cot\angle A - \cot\alpha}; P_B = \dfrac{1}{\cot\angle B - \cot\beta}; P_c = \dfrac{1}{\cot\angle C - \cot\gamma}$。

$\angle A$、$\angle B$、$\angle C$ 为三个已知点 A、B、C 构成的三角形的内角。α、β 和 γ 为未知点 P 上的三个角，不论 P 点在什么位置，它们均满足下列等式：

$$\alpha = \alpha_{PB} - \alpha_{PC}; \beta = \alpha_{PC} - \alpha_{PA}; \gamma = \alpha_{PA} - \alpha_{PB}$$

重心公式计算过程中的重复运算公式较多，如由已知点坐标反算坐标方位角来求得 $\angle A$、$\angle B$、$\angle C$ 和仿权 P_A、P_B、P_C 的计算，它们都只需换一换变量就能完成几个计算步骤，因而使用计算机和编程计算器特别方便。

使用重心公式时，应注意以下几点：

（1）α、β 和 γ 必须分别与 A、B、C 按图中所示关系对应，这三个角可按方向观测法获得，其总和应等于 360°。

（2）$\angle A$、$\angle B$、$\angle C$ 为三个已知点构成的三角形内角，其值根据三条已知边的方位角计算。

（3）P 点不能位于或接近三个已知点的外接圆（危险圆）上，否则 P 点的坐标不定或计算精度低。如图 9-10 所示，P 点若选在已知 $\triangle ABC$ 的外接圆上时，观测角 α 和 β 在圆周上任何一个位置，其角值不变。在这种情况下，无论运用后方交会的哪一种公式，都解算不出 P 点的坐标 (x_P, y_P)。现以仿权公式为例说明危险圆的问题。

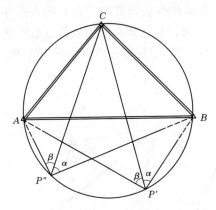

图 9-10　后方交会的危险圆

若 P 点位于 $\triangle ABC$ 的外接圆上，观测角与已知角必有如下关系：

$$A = \alpha \qquad B = \beta \qquad C = 360° - \gamma$$

(9-25)

故

$$P_A = \frac{1}{\cot A - \cot\alpha} = \infty$$

(9-26)

测量上把已知 $\triangle ABC$ 的外接圆称为后方交会的危险圆。后方交会点不能布设在危险圆上或危险圆附近，一般规定 P 点离开危险圆的距离不得小于该圆半径的 1/5。

（二）后方交会算例

用后方交会重心公式算例见表 9-3。

表 9-3　后方交会算例

x_A	2 858.06	y_A	6 860.08	α	118°58′18″
x_B	4 374.87	y_B	6 564.14	β	204°37′22″
x_C	5 144.96	y_C	6 083.07	γ	36°24′20″
x_A-x_B	−1 516.81	y_A-y_B	295.94	α_{BA}	168°57′35.7″
x_B-x_C	−770.09	y_B-y_C	481.07	α_{CB}	148°00′27.0″
x_A-x_C	−2 286.90	y_A-y_C	777.01	α_{CA}	161°14′03.0″
A	7°43′32.7″	P_A	0.126 185		
B	159°02′51.3″	P_B	−0.208 617	x_P	4 657.78
C	13°13′36.0″	P_C	0.345 003	y_P	6 074.26
Σ	180°00′00.0″	Σ	0.262 571		

野外图	示意图
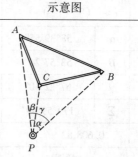	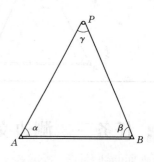

四、单三角形

（一）单三角形原理

在前方交会中，为了检核观测角度，观测三角形三个角度 α、β、γ，使之构成闭合三角形，如图 9-11 所示，在已知点 A、B 和待定点 P 上设站，分别测出 α、β、γ，计算出 P 点坐标，这种方法称为单三角形法。

由于观测了三角形的三个内角，就增加了一个图形条件，即三个内角和等于 180°，但是由于测量过程中存在误差，致使三个内角和不等于 180°。产生一个三角形闭合差 f_β。

$$f_\beta = \alpha' + \beta' + \gamma' - 180° \qquad (9\text{-}27)$$

式中：α'、β'、γ' 分别为 α、β、γ 角的观测值。

图 9-11　单三角形法

为了使三角形三个内角之和等于 180°，就必须对三个观测值进行平差，求其改正数。改正数的计算如下：

$$v_\alpha = v_\beta = v_\gamma = -\frac{f_\beta}{3} \tag{9-28}$$

当不能平均分配时,一般将改正数的余数分配给相对较大的观测角值。改正后的角值为

$$\begin{cases} \alpha = \alpha' + V_\alpha \\ \beta = \beta' + V_\beta \\ \gamma = \gamma' + V_\gamma \end{cases} \tag{9-29}$$

最后由已知点 A、B 的坐标 (x_A, y_A),(x_B, y_B) 和 α、β 按前方交会公式(9-16)计算 P 点的坐标 (x_P, y_P)。

【小贴士】

单三角形定点时,如果已知点坐标抄错了,或 α 和 β 的位置弄反了,这些错误不能在计算时发现,所以单三角形计算时,一定要严格检查。

(二)单三角形算例

单三角形的计算算例如表9-4所示。

表9-4　单三角形的计算

点名		观测角 (° ′ ″)	改正数 (″)	平差角 (° ′ ″)	X(m)	Y(m)
(A)青山	α	58°39′55″	+3″	58°39′58″	3 124 532.34	445 016.43
(B)N₀₄	β	53°57′24″	+4″	53°57′28″	3 124 701.47	445 193.50
(P)N₁₇	γ	67°22′30″	+4″	67°22′34″	3 124 741.87	444 970.54
	Σ	179°59′49″	+11″	180°00′00″		
cotα		0.608 82	cotβ	0.727 669	cotα+cotβ	1.336 49
示意图				观测略图		

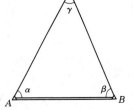

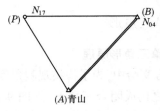

任务三　测边交会

为了测定待定点 P 的坐标,除测角交会测量外,目前随着测距仪器的飞速发展,测边交会在工程建设和大比例尺地形测量中已广泛应用。所谓测边交会就是在已知点上设站,测定已知点到未知点之间的距离,来确定待定点坐标的方法。

一、测边交会化为前方交会

如图9-12所示,该图是测边交会的原理图。图中 A、B 两点为已知点,P 为待定点,a、b

为观测边，c 为已知边，可由 A、B 两已知点的坐标反算求得，则 AB 边长 c 为

$$c = \sqrt{(x_B - x_A)^2 + (y_B - y_A)^2} \tag{9-30}$$

在 $\triangle ABP$ 中由于三条边的边长已知，可由余弦定理计算出 α 和 β，则有：

$$\begin{cases} \alpha = \arccos\left(\dfrac{c^2 + b^2 - a^2}{2bc}\right) \\[2mm] \beta = \arccos\left(\dfrac{c^2 + a^2 - b^2}{2ac}\right) \end{cases} \tag{9-31}$$

当求出 α 和 β 后，就可使用公式(9-16)前方交会计算 P 点坐标。

二、直接计算待定点坐标的公式

如图 9-13 所示，从 P 点向已知边 AB 作垂线，垂足为 O，设 $PO = h$，$AO = b_1$，$BO = a_1$。在 $\triangle APO$ 中，则有：

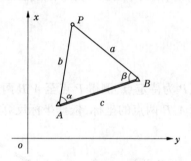

图 9-12　测边交会

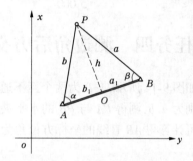

图 9-13　测边交会计算

$$\cot\alpha = \frac{b_1}{h} \tag{9-32}$$

在 $\triangle BPO$ 中，则有：

$$\cot\beta = \frac{a_1}{h} \tag{9-33}$$

在 $\triangle ABP$ 中，根据余弦定理则有：

$$\cos\alpha = \frac{c^2 + b^2 - a^2}{2bc} \tag{9-34}$$

在 $\triangle AOP$ 中，则有：

$$\cos\alpha = \frac{b_1}{b} \tag{9-35}$$

由式(9-34)和式(9-35)可得：

$$\begin{cases} b_1 = \dfrac{c^2 + b^2 - a^2}{2c} \\[2mm] a_1 = \dfrac{c^2 + a^2 - b^2}{2c} \end{cases} \tag{9-36}$$

则

$$h = \sqrt{a^2 - a_1^2} = \sqrt{b^2 - b_1^2} \tag{9-37}$$

将 $\cot\alpha = \dfrac{b_1}{h}$, $\cot\beta = \dfrac{a_1}{h}$ 代入公式(9-16)前方交会余切公式,得:

$$\begin{cases} x_P = \dfrac{a_1 x_A + b_1 x_B - h(y_A - y_B)}{a_1 + b_1} \\[2mm] y_P = \dfrac{a_1 y_A + b_1 y_B + h(x_A - x_B)}{a_1 + b_1} \end{cases} \tag{9-38}$$

使用式(9-38)时,必须注意 A、B、P 的编号问题,A、B、P 是按逆时针方向编排,并使 $\angle A$、$\angle B$、$\angle P$ 所对的边分别记为 a、b、c。

在实际作业中,为了检核和提高交会精度,一般采用三个已知点向未知点测量三条边,然后每两条边组成一计算图形,可组成三组图形,选取两组较好的交会图形计算 P 点坐标。当两组算得的点位较差值 $e \leqslant \dfrac{M}{5\,000}$($M$ 为测图比例尺分母)时,取其平均值作为 P 点的坐标。

任务四　测边角后方交会测量

如图 9-14 所示,A、B 为两个互不通视的已知点,P 为待定点,测得 P 点至 A、B 两点的距离分别为 a、b,测得 PA 与 PB 的水平夹角为 α,则用 A、B 两点的坐标,依据坐标反算的计算公式可计算得 AB 直线的坐标方位角为

$$\alpha_{AB} = \arctan \frac{y_B - y_A}{x_B - x_A} \tag{9-39}$$

而 AB 的反坐标方位角为

$$\alpha_{BA} = \alpha_{AB} \pm 180° \tag{9-40}$$

式(9-39)中,当 $\alpha_{AB} \leqslant 180°$ 时,取 "+" 号;当 $\alpha_{AB} > 180°$ 时,取 "−" 号。

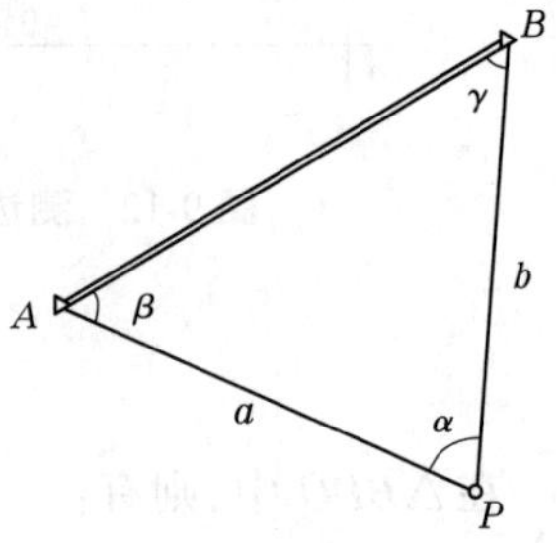

在 $\triangle ABP$ 中,应用正弦定理可求得:

$$\beta = \arcsin \frac{b\sin\alpha}{\sqrt{(x_B - x_A)^2 + (y_B - y_A)^2}} \tag{9-41}$$

$$\gamma = \arcsin \frac{a\sin\alpha}{\sqrt{(x_B - x_A)^2 + (y_B - y_A)^2}} \tag{9-42}$$

图 9-14　边角后方交会测量

则 AP 的坐标方位角 α_{AP} 为

$$\alpha_{AP} = \alpha_{AB} \pm \beta \tag{9-43}$$

当 P 点在 AB 直线的右侧,取 "+";当 P 点在 AB 直线的左侧,取 "−"。

则 BP 的坐标方位角 α_{BP}

$$\alpha_{BP} = \alpha_{BA} \pm \gamma \tag{9-44}$$

当 P 点在 BA 直线的右侧,取 "+";当 P 点在 BA 直线的左侧,取 "−"。

根据求得的坐标方位角和测量的边长分别计算未知点 P 的两组坐标为

$$\begin{cases} x_{P1} = x_A + a\cos\alpha_{AP} \\ y_{P1} = y_A + a\sin\alpha_{AP} \end{cases}$$

$$\begin{cases} x_{P2} = x_B + b\cos\alpha_{BP} \\ y_{P2} = y_B + b\cos\alpha_{BP} \end{cases} \tag{9-45}$$

根据式(9-45)计算的两组坐标,如果点位较差在限差之内,则取其平均值作为最后的结果。

项目小结

本项目从在小区域控制测量工作中,当图根导线点的密度不够时,就必须对控制点进行加密,可以采取交会测量的方法入手,主要讲了前方交会、侧方交会、后方交会和单三角形等测角交会的原理与方法、测边交会和测边角后方交会测量原理与方法及注意事项。

思考与习题

1. 何谓前方交会和侧方交会? 试写出前方交会的计算公式。

2. 何谓后方交会? 何谓后方交会的危险圆?

3. 何谓测边交会? 写出用全站仪直接进行测边交会时的计算公式。

4. 计算图 9-15 中利用前方交会法测定 P 点的坐标,已知数据及观测数据见表 9-5。

表 9-5

点名	已知数据		观测数据	
	X(m)	Y(m)	转折角	(°′″)
屏风山	3 646.352	1 054.545	α_1	64°03′33″
猫儿山	3 873.960	1 772.683	β_1	59°46′40″
羊角山	4 538.452	1 862.571	α_2	64°03′28″
			β_2	59°46′38″

5. 计算图 9-16 中利用侧方交会方法测定 P 点的坐标,已知数据及观测数据见表 9-6。

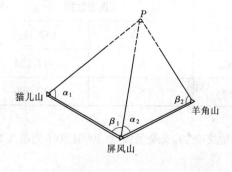

图 9-15 前方交会

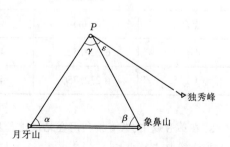

图 9-16 侧方交会

表 9-6

已知数据			观测数据	
点名	$X(m)$	$Y(m)$	转折角	(° ′ ″)
月牙山	6 634.789	4 868.326	β	57°51′28″
象鼻山	6 572.422	5 760.311	γ	80°12′22″
独秀峰	7 011.665	6 126.761	ε	53° 31′54″

6. 计算图 9-17 中利用后方交会方法测定 P 点的坐标,已知数据及观测数据见表 9-7。

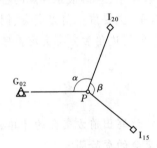

图 9-17　后方交会

表 9-7

已知数据			观测数据	
点名	$X(m)$	$Y(m)$	转折角	(° ′ ″)
G_{02}	6 494.488	4 652.953	α	111°20′49″
I_{15}	6 850.021	5 249.804	β	111° 20′49″
I_{20}	6 229.213	5 374.981		

7. 计算图 9-18 中利用测边交会方法测定 P 点的坐标,已知数据及观测数据见表 9-8。

表 9-8

已知数据			观测数据	
点名	$X(m)$	$Y(m)$	名称	距离(m)
G_{15}	6 223.522	4 232.742	S_1	417.224
G_{20}	6 232.750	4 759.698	S_2	410.590

8. 在第 8 题中,若直接利用全站仪进行后方测边交会,其交会角 γ 为 79°04′50″(见图 9-18),试重新计算 P 点的坐标。

9. 如图 9-19 所示,已知数据及观测数据见表 9-9,试计算 P 点的坐标。

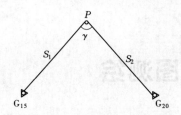

图 9-18　测边交会法

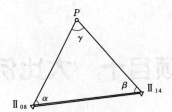

图 9-19　单三角形

表 9-9

已知数据			观测数据	
点名	$X(\text{m})$	$Y(\text{m})$	转折角	(° ′ ″)
Ⅱ$_{08}$	276 013.963	464 822.890	α	50 19 11
Ⅱ$_{14}$	276 085.784	465 643.811	β	45 59 23
			γ	83 41 26

项目十　大比例尺地形图测绘

项目概述

　　地形图要记载山水林田湖草、矿房路管部件等自然资源和社会经济发展成果。如何将这些自然资源、社会经济发展成果等地表万象用抽象概括的点线面符号、丰富多样的色彩和文字注记用图的形式加以表达,呈现出其分布的位置、特征属性和样貌形象是学习的核心。

　　本项目从什么是地形图、地形图表示什么内容、怎么准确测定表达这些内容、地形图应用与成果转换等方面逐步展开论述。

学习目标

　　掌握地形图的概念、地形图表示的内容、地形图测绘的方法和程序、地形图应用的基本知识,具备地形图测绘和应用的初步能力。

【导入】

　　从识读观察中国地形图开始,让同学们切身体会地形图"集千里于丝毫,呈万象于几案"的绝妙,从认识国土空间规划蓝图,激发大家在地形图的基础上规划美好蓝图和建设美好家园的愿望,认识到地形图是"领导决策的参谋""指挥员的眼睛""科学研究的工具",通过学习地形图内容及表达,经地形图测绘,到应用地形图解决实际问题,形成地形图测绘和应用的基本能力。

【正文】

任务一　地形图基础知识

一、地形图的概念

(一)地图

地图是依据一定的数学法则,利用制图语言,通过制图综合,将地球上自然资源、社会经济发展成果等各种事物的空间分布、联系及随时间变化的状态,用图式符号表达成的图。

1. 地图的特性

(1) 地图必须遵循一定的数学法则,才能将它与客观实体在位置、属性等要素之间的关系准确地反映在平面上,才能量算长度、角度、面积和坐标等。

（2）地图必须经过科学概括，才能将地面所有的现象缩小容纳在平面上。地表的地物多种多样，不可能也不必要毫无选择地全部表示，必须依据不同的用途，对地物按照一定的要求有选择地综合或取舍。地图使用的对象不同，表示的内容应当有所侧重，需要的地物地貌着重精确表示；意义不大的地物地貌综合概括表示；没有意义的地物地貌舍去。

（3）地图必须具有完整的符号系统，才能将种类繁多，形状、大小不一的自然与社会经济现象用专门的地图符号、文字注记和颜色等制图语言形象直观、准确地表达，供人使用。

（4）地图是地理信息的载体，将人类社会80%以上的与位置有关的信息纳入多媒体介质当中，如可视化的屏幕影像、声像地图、触觉地图、混合现实地图。随着科技的进步，地图的概念、内容、表现形式将不断出现新的变化，以反映科学技术发展的最新成果。

2.地图的分类

地图种类繁多，通常按照某些特征进行归类。

（1）按其区域范围不同分为：世界图、半球图、大洲图、大洋图、海图、国家（地区）图、省区图、市县图等。

（2）按其专题学科不同分为：自然地图、人口地图、经济地图、政治地图、文化地图、历史地图。

（3）按其具体应用不同分为：参考图、教学图、地形图、航空图、海图、海岸图、天文图、交通图、旅游图等。

（4）按其使用形式不同分为：挂图、桌面图、地图集（册）等。

（5）按其表现形式不同分为：缩微地图、数字地图、电子地图、三维地图、影像地图等。

（6）按其印刷开本不同分为：16开、8开、4开、对开、全张、两全张、三全张、四全张、九全张。

（7）按照内容不同，地图可分为普通地图、专题地图和地形图三种。

①普通地图是综合反映地表自然和社会现象一般特征的地图。它以相对均衡的详细程度表示自然要素和社会经济要素，广泛地用于经济建设、国防建设和人们的日常生活。

②专题地图是着重表示某一专题内容的地图，如地貌图、交通图、地籍图、土地利用现状图、规划图等。

③地形图是普通地图中最重要的一种，它将地物、地貌等地形信息细分为居民地、工矿企业、道路、水系、垣栅、土质、植被、地貌等内容详细加以表示。

（8）地图按比例尺可分为：大比例尺地图、中比例尺地图和小比例尺地图。

测量学把比例尺大于1∶1万的地图称为大比例尺地图，比例尺小于1∶10万的地图称为小比例尺地图。其他则称为中比例尺地图。而制图学则把大于等于1∶10万的地图称为大比例尺地图，比例尺小于1∶50万的地图称为小比例尺地图。其他则称为中比例尺地图。

（二）地形图

1.地形图的定义

地形图是地表起伏形态和地物位置、形状在水平面上的投影图。具体来讲，是将地面上的地物和地貌沿铅垂线方向投影到水平面上，并按一定的比例尺缩绘，用规定的符号和颜色表达到平面上的地图。

将地球表面高低起伏的形态和地表物体测绘表达在图纸上，不可能也不必要按其真实大小来描绘，通常要按一定的比例尺缩小绘制。这种缩小的比率就是比例尺，即图上距离与

实地相应水平距离的比值。

规定的符号和颜色指的是地形图图式。地形图图式是在地形图上表示各种地物和地貌要素的符号、注记和颜色的规则和标准，是测绘和出版地形图必须遵守的基本依据之一，是由国家统一颁布执行的标准。统一标准的图式能够科学地反应实际场地的形态和特征，是人们识别和使用地形图的重要工具，是测图者、用图者与地形图沟通交流的语言。

在地形图上，地物按图式符号加注记表示，地貌一般用等高线和地貌符号表示。等高线能反映地面的实际高度、起伏特征，并有一定的立体感，因此地形图多采用等高线表示地貌。

2. 数字地形图与纸质地形图

大比例尺地形图按分类特征不同分为数字地形图和纸质地形图，其特征见表 10-1。

表 10-1 大比例尺地形图的分类特征

特征	分类	
	数字地形图	纸质地形图
信息载体	适合计算机存取的磁盘、光盘等	纸质
表达方法	计算机可识别的代码系统和属性特征	线画、颜色、符号、注记等
数学精度	解析精度	图解精度
测绘产品	各类文件，如原始文件、成果文件、图形信息数据文件等	纸图、细部点成果表
工程应用	借助计算机及其外部设备	几何作图

3. 地形图要素

地形图上将地物、地貌的定位信息、属性信息可量测、可识读地表达在图纸上，其内容通常归结为数学要素、地理要素和整饰要素三类，它们构成地图的基本内容，叫作地图要素，又通称地图"三要素"。

1）数学要素

数学要素是构成地图的数学基础。地图投影、比例尺、控制点、坐标网、高程系、地图分幅等。这些内容是决定地图图幅的范围、位置，控制其他内容的基础，它保证地图的精确性，是地形图上量取点位、高程、长度、面积的可靠依据，在大范围内保证多幅图的拼接使用。数学要素，对军事和经济建设都是不可缺少的内容。

2）地理要素

地理要素是指地图上表示的具有地理位置、分布特点的自然现象和社会现象。因此，又可分为自然要素（如水文、地貌、土质、植被）和社会经济要素（如居民地、交通线、行政境界等）。

3）整饰要素

整饰要素主要指便于读图和用图的某些内容。例如，图名、图号、图例和地图资料说明，以及图内各种文字、数字注记等。

【小贴士】

地图和地形图的区别主要表现在:地图在投影、分幅、比例尺和表示方法上比地形图灵活,表示的内容比同比例尺地形图概括,精度较地形图低,地图的编制都以地形图为基础,地形图是编制地图的底图,地形图是国家经济建设、国防建设和军队作战的基本用图,是进行规划设计、调查和填图的工作底图。地形图只是地图"大家族"中的一员。

二、比例尺

(一)比例尺的定义

图上任一线段的长度 d 与地面上对应线段的实际水平距离 D 之比,称为地图比例尺。计算方法见式(10-1),M 称为比例尺分母。

$$比例尺 = \frac{图上距离(d)}{实地相应水平距离(D)} = \frac{1}{D/d} = \frac{1}{M} \tag{10-1}$$

(二)比例尺系列

我国地形图比例尺系列包括 1:100 万、1:50 万、1:25 万、1:10 万、1:5万、1:2.5 万、1:1万、1:5 000、1:2 000、1:1 000、1:500 等,随着科学技术的发展,基于空天地海平台立体化、实时化、自动化、网络化、智能化测绘的精度越来越高、呈现地图的媒介越来越丰富、多分辨率无级"缩放"地图的能力越来越强,比例尺在数字地图表达上的作用将不明显,但在印刷地形图上仍将长期发挥作用。

城市规划建设、自然资源管理常用的比例尺包括 1:500、1:1 000、1:2 000、1:5 000。通常把 1:500、1:1 000、1:2 000、1:5 000 的比例尺称为大比例尺,1:1万、1:2.5 万、1:5万、1:10万的比例尺称为中比例尺,1:25 万、1:50 万、1:100 万的比例尺称为小比例尺。不同比例尺的地形图有不同的用途。大比例尺地形图多用于工程建设的规划和设计,中、小比例尺地图多为国防、国民经济建设管理服务。

比例尺为 1:500、1:1 000、1:2 000 的地形图,主要是使用平板仪、经纬仪或全站仪、GNSS-RTK、无人机等仪器设备进行测量,采用人工、计算机制图的方法绘制的;比例尺为 1:5 000 的地形图一般用由 1:500、1:1 000 的地形图缩编而成;大面积 1:500~1:5 000 的地形图优先选用航空摄影测量方法成图。中比例尺地形图为国家的基本地图,1:1万的地形图由省级基础测绘部门负责测绘,其他中比例尺地形图由国家基础测绘部门和军队测绘部门负责测绘,成图方法多为航空摄影测量。小比例尺地图由中比例尺地图缩编而成。

【小贴士】

地图比例尺的大小是以比例尺的比值来衡量的,它的大小与分母值成反比,分母值大,则比值小,比例尺就小,地面缩小倍率大,地图内容就概略;分母值小,则比值大,比例尺就大,地面缩小倍率小,则地图内容就越详细。

若已知地形图的比例尺,则可根据图上两点之间的距离求得相应的实地水平距离;反之,也可根据实地水平距离求得相应的图上距离。

【例 10-1】　已知实地直线水平距离为 100 m,则 1:1 000 地形图上相应长度为:$d = D/M = 100 \text{ m}/1\ 000 = 0.1 \text{ m} = 10 \text{ cm}$。

【例 10-2】　已知 1:500 地形图上一直线长度为 8 cm,则其实地长度为:$D = d \cdot M = 8 \text{ cm} \times 500 = 4\ 000 \text{ m} = 40 \text{ m}$。

【例 10-3】 若已知图上 12 cm 相当于实地长 240 m,则其地图比例尺为:

$$\frac{1}{M} = \frac{12\ cm}{240 \times 100\ cm} = \frac{1}{2\ 000}$$

【例 10-4】 若 1:2 000 比例尺地形图上面积为 2.5 cm^2 的方形地块,开挖 5 m 深的基坑,可计算出开挖土方量为 2.5×20 m×20 m×5 m=5 000 m^3。

(三)比例尺精度

一般来说,正常人的眼睛只能清楚地分辨出图上大于 0.1 mm 的两点间的距离,这种相当于图上 0.1 mm 的实地水平距离称为比例尺的最大精度。比例尺最大精度可用式(10-2)表示:

$$\delta = 0.1mm \cdot M \tag{10-2}$$

式中:M 为地图比例尺分母。

比例尺的精度决定了与比例尺相应的测图精度,例如,1:10 000 比例尺的最大精度为 1 m,测绘 1:10 000 地形图时,只需准确到整米即可,更高的精度是没有意义的;其次,我们也可以按照用户要求的精度确定测图比例尺。例如,某工程设计要求在图上要能显示出 0.1 m 的精度,则测图比例尺不应小于 1:1 000。

比例尺最大精度可用式 $\delta=0.1\ mm \cdot M$ 表示,式中,M 为地图比例尺分母。利用公式求得几种常见比例尺地形图的精度,见表 10-2。

表 10-2　常见比例尺地形图的精度

比例尺	1:1 000	1:2 000	1:5 000	1:10 000	1:25 000
比例尺精度(m)	0.1	0.2	0.5	1.0	2.5

比例尺精度有以下意义:

(1)可以根据比例尺精度确定测图比例尺的大小。如某工程设计要求在图上要能显示出 0.1 m 的精度,则测图比例尺不应小于 1:1 000。

(2)可根据比例尺,确定测绘地形图时准确、详细程度。如要求测绘 1:10 000 比例尺的地形图,其比例尺的精度为 1 m,测绘 1:10 000 地形图时,只需准确到整米即可,更高的精度没有意义。再如要求图上显示不小于 4 mm^2 的区域,实地 1 km^2 的区域,在 1:5 万地图上为 400 mm^2,在 1:10 万地图上为 100 mm^2,在 1:25 万地图上为 16 mm^2,在 1:50 万地图上为 4 mm^2,在 1:100 万地图上为 1 mm^2。可见,上述地形图中除 1:100 万不能表示需要舍去外,其他地形图都能详尽表示。

【小贴士】

由比例尺精度可知,地图比例尺愈大,表示地物和地貌的情况愈详细,误差愈小,图上量测精度愈高;反之,表示地面情况就愈简略,误差愈大,图上量测精度愈低。应当以精度"必需够用"为原则来选取比例尺,不能片面追求地图精度而增大测图比例尺,来追加投资、增加工作量,也不能因经费不足牺牲地形图精度而缩小测图比例尺。

【例 10-5】 如果规定在地形图上应表示出的最短距离为 0.2 m,则测图比例尺最小为多大?

解:$\delta=0.1\ mm \times M$

$$\frac{1}{M}=\frac{0.1\ mm}{\delta}=\frac{0.1\ mm}{200\ mm}=\frac{1}{2\ 000}$$

【例10-6】 某工程用图,要求图上能显示出大于7 cm的水平长度,试确定最小测图比例尺。

解:由于: $M=\delta/0.1\ mm=7\ cm/0.1\ mm=700$

故测图比例尺应大于1:700,实际采用1:500。

(四)比例尺的分类

比例尺分为数字比例尺、文字比例尺、图示比例尺三种形式。

1.数字比例尺

数字比例尺是用分子为1的分数表示的比例尺。数字比例尺可写成比的形式,例如1:1 000,也可以写成1/1 000。在地形图上以数字比例尺的形式注记在地形图南图廓下方正中处,如图10-1所示。

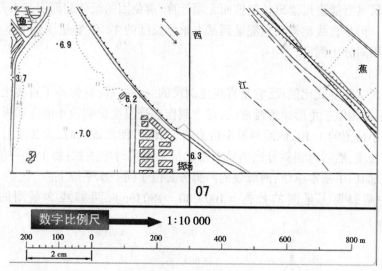

图10-1 数字比例尺

2.文字比例尺

文字比例尺是在地图上用文字直接写出地图上1 cm代表实地距离多少千米,如图上1 cm相当于地面距离10 km,用文字比例尺表示为一比一百万,或简称百万分之一,也可用"图上1 cm相当于实地10 km"等。

表达比例尺的长度单位在地图上通常以厘米计,在实地上以米或千米计。例如,常常用"图上1 cm相当于实地××米(或千米)"来表示比例尺,涉及海图时,实地距离则常以海里(mile)计。

3.图示比例尺

图示比例尺又称图解比例尺,由线段组合成的图解形式比例尺,或者说是用图形加注记的形式表示的比例尺。地形图上常用的图示比例尺有直线比例尺、斜分比例尺、地图投影比例尺等,通常在图上数字比例尺下方绘制图示比例尺。

1)直线比例尺

直线比例尺以直线线段形式标明图上线段长度所对应的地面距离,其作用是用图方便,

以及避免由于图纸伸缩而引起的误差,如图 10-2 所示。

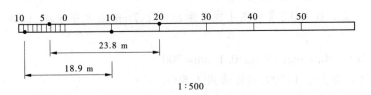

1:500

图 10-2　直线比例尺

直线比例尺的制作方法:首先绘一条直线,以 2 cm(或 1 cm)为基本单位将其等分后,再把左端一个基本单位 10 等分。然后,以左端基本单位的右端分划为 0,在每一分划线的上面,根据比例尺分别注出它们所代表的地面水平距离即成。使用时,用两脚规在图上卡出欲量线段的长度,然后在直线比例尺上进行比量,即得该线段所表示的实际水平距离。

直线比例尺具有能直接读出长度值而无须计算、避免因图纸伸缩而引起误差等优点,因而被普遍采用。但是直线比例尺只能量到基本单位长度的 1/10,要量测到基本单位长度的 1/100,需要采用斜分比例尺。

2)斜分比例尺

斜分比例尺又称复式比例尺,它是直线比例尺的一种扩展,它弥补了直线比例尺精度不高的缺点,是根据相似三角形原理制成的,通常制作在受温度影响较小的金属板上。复比例尺的精度为最小格值的 1/10,估读到最小格值的 1/100。使用该尺时,先在图上用两脚规卡出欲量线段的长度,然后再到斜分比例尺上去比量。比量时应注意:每上升一条水平线,斜线的偏值将增加 0.01 基本单位;两脚规的两脚务必位于同一水平线上。

图 10-3 中两脚规①量测的数据 = 100 + 80 = 180(m),两脚规②量测的数据 = 100 + 60 + 3 = 163(m)。

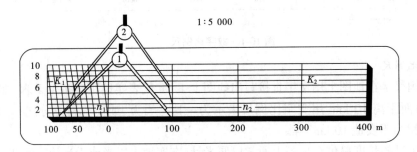

图 10-3　斜分比例尺

【小贴士】

图解比例尺的优点在于:

(1)从图上直接量算地面长度,或将地面上长度转绘到图上只需要在图上直接量测,不需要计算;

(2)受纸张变形及复印变形的影响相对较小;

(3)地图上通常采用几种形式配合来表示比例尺,最常见的是数字比例尺和直线比例尺配合使用;1:500、1:1 000 和 1:2 000 大比例尺地形图,只注明数字比例尺,不注明直线比例尺。

(五)比例尺的选择

地形图的比例尺根据工程的设计阶段、规模大小和运营管理需要,可按表 10-3 选择。

表 10-3 测图比例尺的选用

比例尺	用途
1:5 000	可行性研究、总体规划、厂址选择、初步设计等
1:2 000	可行性研究、初步设计、矿山总图管理、城镇详细规划等
1:1 000	初步设计、施工图设计;城镇、工矿总图管理;竣工验收等
1:500	

注:对于精度要求较低的专用地形图,可按小一级比例尺地形图的规定进行测绘或利用小一级比例尺地形图放大成图。

三、图幅元素

(一)图幅元素

地形图的图幅元素是决定地形图位置、大小和范围的一组数据,是地形图的基本数据。

1. 按经差、纬差划分的地形图的图幅元素

如图 10-4 所示,地形图图幅元素包括以下内容:

图廓点的经度、纬度:L_1、B_1,L_2、B_2,L_3、B_3,L_4、B_4。

图廓点高斯平面坐标:X_1、Y_1,X_2、Y_2,X_3、Y_3,X_4、Y_4。

图廓线长:a_1、a_2、c_1、c_2;图廓对角线长:d。

图幅四个图廓点的平均子午线收敛角:γ。

图幅的实地面积:P。

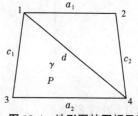

图 10-4 地形图的图幅元素

图幅的实地面积取决于地形图的位置。凡纬度相同的同比例尺图幅,其实地面积相等。图幅元素利用计算机程序自动计算,过去用"高斯-克吕格坐标表"查图幅元素。

2. 矩形分幅的图幅元素

图廓点的高斯平面坐标:X_1、Y_1,X_2、Y_2,X_3、Y_3,X_4、Y_4;

图廓线长:a、b;

(1)正方形分幅:$a=b$,如 1:5 000 地形图按 40 cm×40 cm 分幅,$a=b=40$ cm,1:2 000、1:1 000、1:500 地形图若按 50 cm×50 cm,$a=b=50$ cm。

(2)矩形分幅:矩形分幅时,分幅标准有 40 cm×50 cm、50 cm×40 cm。

图廓对角线长:d。

图幅的实地面积:P。

矩形分幅的同比例尺、同分幅标准的图幅实地面积相等。

(二)坡度尺

如图 10-5(a)所示,为了便于在地形图上量测相邻两条等高线(首曲线或计曲线)间两点直线的坡度,通常在中、小比例尺地形图的南图廓外绘有坡度尺。坡度尺是按等高距与平距的关系 $d=h\tan\alpha$ 制成的。图中,在底线上以适当比例定出 0°、1°、2°、…等各点,并在点上绘垂线。将相邻等高线平距 d 与各点角值 α_i 按关系式求出相应平距 d_i。然后,在相应点垂

线上按地形图比例尺截取 d_i 值定出垂线顶点,再用光滑曲线连接各顶点而成。应用时,用卡规在地形图上量取等高线 a、b 点平距 ab,在坡度尺上比较,即可查得 ab 的角值约为 $1°45'$。

(三) 三北方向线

用真北、磁北和坐标北之间的子午线收敛角、磁偏角绘制而成的图是三北方向图。地形图上绘制的三北方向图指地形图中央一点的三北方向图。中、小比例尺地形图通常绘在南图廓线外,一般绘在坡度尺的右方,当坡度尺绘在东图廓线右下方时,三北方向线一般绘在坡度尺的上方。如图 10-5 所示,利用三北方向图,可对图上任一方向的真方位角、磁方位角和坐标方位角进行相互换算。

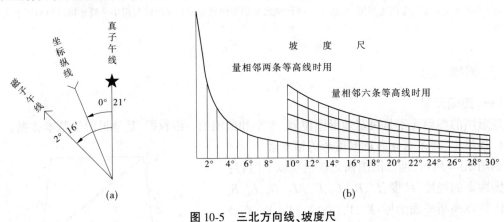

图 10-5　三北方向线、坡度尺

四、图式符号

(一) 地形图符号及其分类

大比例尺地形图图式中有 10 大类共 400 多个符号(注记除外),表示着地面上千姿百态、千差万别的物体,如房屋、道路、河流、森林、湖泊等,其类别、形状和大小及其在地图上的位置,都是用规定的符号来表示的。

如图 10-6 所示,按照符号的形状不同,地形图符号分为点状符号、线状符号、面状符号。按照符号与实地物体的比例关系可将地形图符号分成依比例符号、不依比例符号、半比例符号。

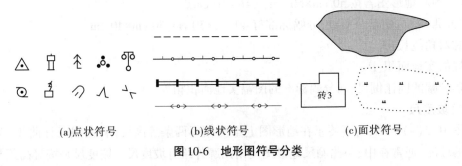

(a)点状符号　　　　(b)线状符号　　　　(c)面状符号

图 10-6　地形图符号分类

1. 依比例符号

依比例符号又叫真形符号或轮廓符号,主要是面状符号,以保持物体平面轮廓形状的相似性为特征,轮廓位置准确,如房屋、运动场、田地、森林、海洋、湖泊、草地、沼泽地,以及某些较大的建筑设施等。这些轮廓较大的地物,能按比例尺把它们的形状、大小和位置缩绘在图上,称为比例符号。这类符号表示出地物的轮廓特征。

依比例符号由轮廓和填充符号组成,轮廓表示面状物体的真实位置与形状,其线画有实线、虚线和点线之分,分别表示位置明显的、准确而无实物的和不明显的界线,如岸线、境界线和地类界即是。填充符号只起说明物体性质的作用,不表示物体的具体位置,是一种配置性的符号,有时还要加注文字或数字以说明其质量或数量特征,如森林符号即是。水域在出版图上涂以蓝色,不再填充符号,但在地形单色原图上不作填充。

2. 不依比例符号

不依比例符号又叫点状符号或独立符号,以不保持物体的平面轮廓形状为特征,只表示该地物在图上的点位和性质。这些独立地物实在太小,无法将其形状和大小按比例画到图上,按比例缩绘在图上只能是一个点,所以采用一种统一规格、概括形象特征的象征性符号表示,如三角点、控制点、独立树、纪念碑、水井等,这种符号称为非比例符号,只表示地物的中心位置,不表示地物的形状和大小。当然,在大比例尺测图时,有些独立地物仍然可以按比例描绘其轮廓,则必须如实测绘,再在其中适当位置绘一独立符号。由此可见,独立符号有时可作填充符号。

3. 半比例符号

半依比例符号是指物体的长度按比例描绘而宽度不按比例描绘的符号,在实地上大都是一些狭长的线状物体,所以又称为线状符号。如河流、道路、通信线、管道、垣栅等,其长度可按测图比例尺缩绘,而宽度无法按比例表示,这种符号一般表示地物的中心位置,但是城墙和垣栅等,其准确位置在其符号的底线上。但在某些较大比例尺的测图中,有时铁路、公路的宽度也可以依比例尺表示,则成为依比例表示的符号。

4. 注记符号

对地物加以说明的文字、数字或特定符号,称为地物注记。如地区、城镇、河流、道路名称;江河的流向、道路去向以及林木、田地类别等说明。

【小贴士】

依比例、半依比例或不依比例符号没有绝对的概念,同一地物可能同时用两类符号表示,例如,河流的发源端绘成半依比例的单线,到中游和下游则逐渐变成依比例的双线河;同一地物在不同比例尺的图上可能用不同类的符号表示,如独立房屋有时是不依比例的独立符号,而在更大比例尺的测图中却可依比例描绘。

（二）地形图符号的定位和定向

各种图式符号中的哪一点代表实际地物的真实位置,符号按什么方向描绘,这就是地形图符号的定位和定向问题,图式中均有明确的规定。

1. 不依比例符号的定位

不依比例符号是以符号的"主点"和与之相对应地物垂直投影后"中心点位"相重合为特征的,而独立符号由几何图形组成,既有单个的几何图形,也有复合而成的几何图形。因此,图形的"主点"就是定位点(见图10-7),其基本法则是:

(1)带点的符号,如三角点、亭子、窑等的中心点就是主点。

(2)具有典型的几何形状的符号,如电杆、石油井、抽水机站、粮仓等其几何中心就是

定位点	中心点			
中心点	亭子	仐	窑	人
图形中心	矿井	⚒	水库	⚡
底部中心	水塔	🏠	散坟	⊥
直角顶点	路标	⌐	针叶树	♠
下方中心	果树	♀	泉	●

图 10-7　不依比例尺符号的定位点

"主点"。

(3)具有宽底的符号,如水塔、环保检测站、散坟等,其底线中心即为"主点"。

(4)底部成直角状的符号,如独立树、汽车站、路标等,其直角顶点即为"主点"。

(5)底端为缺口的符号,如亭、城门、山洞等,其缺口底端中心即为"主点"。

2. 半依比例符号的定位

半依比例符号大多为线状符号,是以符号的"主线"与相应地物投影后的中心线位置相重合为特征的(见图10-8),确定符号主线的法则是:

类别	定位线	符号及名称	类别	定位线	符号及名称
对称符号	在中心线上	公路 铁路	不对称符号	在底线上或缘线上	城墙 陡坎

图 10-8　半依比例尺符号的定位线

(1)单线符号,如人行小路、单线河、栏杆、地类界、岸线等,线画本身就是"主线"。

(2)对称性的双线符号,如公路、铁路、土堤和岸垄等,其中心线就是"主线"。

(3)非对称性的双线符号,如城墙、陡岸等,其底线或缘线就是"主线"。主线就是野外采样时必须确定的位置,直线由两点连接而成,曲线由多点逼近光滑而得到。

3. 符号的定向

不依比例符号在描绘时必须遵守定向法则。通常分为按标定方位定向和按地物的真方位定向两种情况,前者称为定向符号,后者称为变向符号(见图10-9)。

1)定向符号

不管实际地物的真实方向如何,其符号始终按垂直于南图廓线描绘,独立地物符号多数为定向符号,且多为突出地面的地物。

定向符号			
变向符号			

图 10-9　符号的方向

2）变向符号

符号方向必须按地物的实际方向描绘,例如窑洞、独立房、山洞、城门、城楼、地下建筑物的地表出入口、斜井井口、平硐洞口,以及与风向有关的沙丘地貌等。

3）土质和植被符号的配置

（1）整列式:按一定行列配置,如苗圃、草地、稻田等。

（2）散列式:不按一定行列配置,如有林地、灌木林、石块地等。

（3）相应式:按实地疏密或位置配置,如疏林、散树、独立树等。

土质或植被面积较大时,其符号间隔可放大 1~3 倍描绘;在能表示清楚的原则下,也可采用注记的方法表示;还可将图中最多的一种省绘符号,图外加附注说明,但一幅图或一批图应统一。

4）道路符号

如图 10-10 所示,以虚实线表示的符号（大车路、乡村路等）,按光线法则描绘,其虚线绘在光辉部。实线绘在暗影部,一般在居民地、桥梁、渡口、徒涉场、山洞、涵洞、隧道或道路相交处变换虚实线方向。

野外数据采集时,定向符号只要测定定位参数即可,而变向符号还必须增加一个定向参数。

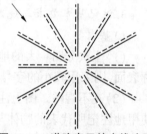

图 10-10　道路表示的光线法则

（三）地形图注记

地形图上用的文字、数字或特定的符号是对地物、地貌性质,名称,高程等的补充和说明,称为地形图注记。如图上注明的地名、控制点编号,河流的名称等。注记是地形图的主要内容之一,注记的恰当与否,与地形图的易读性和使用价值有着密切关系。

1. 地形图注记的种类

地形图上各种要素除用符号、线画、颜色表示外,还须用文字和数字来注记,既能对图上物体作补充说明,成为判读地形图的依据,又弥补了地形符号的不足,使图面均衡、美观,并能说明各要素的名称、种类、性质和数量,它直接影响着地形图的质量和用图的效果。

注记种类可分为专有名称注记、说明注记和数字注记。

专有名称注记是表示地面物体的名称,如居民地、河流及森林等名称;说明注记是对地物符号的补充说明,如车站名、码头名、公路路面所用的材料等;数字注记是说明符号的数量特征,如地面点的高程、河流的水位、建筑物的层高等。

地形图上的注记除具有上述意义外,在某种情况下还起到符号的作用,例如,可根据居民地的注记字体不同,来表示隶属于城市的镇或村庄。根据字体的大小,了解居民地的大小和行政划分;根据变形字,可领会河流、湖泊的通航情况和山地中的山名,如山顶、山岭或山

脉的名称等,这些注记弥补了地形符号表达不全面的不足,丰富了地形图的内涵。

2. 注记字体

地形图上注记所用的字有数字、汉语拼音字母和外文字母以及汉字等。字体有宋体、等线体、仿宋体、隶体等。字形有正体,扁体,长体,左、右斜体和耸肩体等,地形图中采用什么字体,在图式中有明确的规定。

1) 汉字的书写

基本要求:重心稳定、左右对称、长短适度、布白均匀、分割恰当、充满字格。

2) 数字

数字有等线体和楷体两种,这两种又各有正体和斜体的区别。等线体数字的笔画粗细相同,楷体则粗细分明。

数字笔画的结构是由直线或曲线组成的。一般分三种:

(1) 笔画由直线和近似直线组成的数字,如 1,4,7。

(2) 笔画由曲线和直线组成的数字,如 2,5。

(3) 笔画由曲线所组成的数字,如 0,8,3,6,9。

3) 汉语拼音字母

汉语拼音字母分大写和小写两种,字体有等线体与楷体。每种字体又分为正体和斜体两种。

3. 注记基本要求与规则

1) 基本要求

(1) 主次分明。大的地物或宽阔的轮廓表面,应采用较大的字号;小的地物或狭小的轮廓表面,则采用较小的字号,以分清等级主次,使注记发挥其表现力。

(2) 互不混淆。图上注记要能正确地起说明作用。注记稠密时,位置应安排恰当,不能使甲地注记所代表的物体与乙地注记所代表的物体混淆,导致图的表示内容发生错误。

(3) 不能遮盖重要地物。图上注记要想完全不遮盖一点地物是不容易做到的,但应尽量避免,不得已时可遮盖次要地物的局部,以免影响地形图的清晰度。

(4) 整齐美观。文字、数字的书写要笔画清楚、字形端正、排列整齐,使图面清晰易读,整洁美观。

2) 注记规则

地形图上所有注记的字体、字号、字向、字间隔、字列和字位均有统一规定。

字体,在大比例尺地形图上是以不同字体来区分不同地物、地貌的要素和类别的。例如,在 1:500～1:2 000 比例尺地形图上,镇以上居民地的名称均用粗等线体;镇以下居民地的名称及各种说明注记用细等线体;河流、湖泊等名称用左斜宋体;山名注记用长中等线体;各种数字注记用等线体。注记字体应严格执行《国家基本比例尺地图图式 第 1 部分: 1:500 1:1 000 1:2 000 地形图图式》(GB/T 20757.1—2017)的规定。

字的大小,在一定程度上反映被注记物体的重要性和数量等级。选择字号时应以字迹清晰和彼此易于区分为原则,尽量不遮盖地物。字的大小是以容纳字的字格大小为标准的,以毫米为单位。正体字格以高或宽计;长体字格以高计;扁体和斜体以宽计。同一物体上注记字体的字大小应相等;同一级别各物体注记字体的字大小也应相等,应按《国家基本比例尺地图图式 第 1 部分:1:500 1:1 000 1:2 000 地形图图式》(GB/T 20757.1—2017)的规定注记。

字向，字向是指注记文字立于图幅中的方向，或称字顶的朝向。图上注记的字向有直立和斜立两种形式。地形图上的公路说明注记，河宽、水深、流速注记，等高线高程注记是随被注记方向的变化而变化的，其他注记字的字向都是直立的。

4. 注记的布置

地形图上注记所采用的字体、字号，要按相应比例尺图式的规定注写；而字向、字隔、字列和字位的配置，应根据被注记符号的范围大小、分布形状及周围符号的情况来确定，基本配置原则是：注记应指示明确，与被注记物体的位置关系密切；避免遮盖重要地物。例如，铁路、公路、河流及有方位意义的物体轮廓，居民地的出入口、道路、河流的交叉或转弯点，以及独立符号和特殊地貌符号等。

1）专有名称注记

（1）居民地注记。镇以上居民地名称用粗等线体；镇以下居民地名称用细等线体（1:2 000 地形图中）或中等线体、宋形体（1:500 地形图中）。注记的大小，依居民地的等级、大小来确定。居民地注记的字列一般采用水平字列，注记在居民地的右方或上方；也可根据居民地的分布情况，选用垂直或雁行字列。注记的字隔，依居民地平面图形的形状和面积大小而定，要求注记能表示被注记的整个范围。多使用普通字隔，若使用隔离字隔时，应使各字间隔相等。

（2）道路注记。城镇居民地内的街道名称注记用细等线体，字的大小可根据路面宽度而定。字隔为隔离字隔，沿街道走向排列，注记在街道中心。铁路、公路的名称，一般在图内不注记。若用图单位有要求，可注出。公路符号在图上每隔 15~20 cm 注出路面材料和路面宽。比例尺大于 1:2 000 时，只注路面材料。

（3）水系注记。水系名称采用左斜宋体注记。河流与运河的名称，通常以隔离字隔和雁行字列注记在水系的内部；较窄的双线河，注记在水涯线的上方或右侧，但不能遮盖水涯线或沿岸的重要地物符号。字隔的大小可视河流长短而定。短的河流，应注记在河流的中段，长的河流，则每隔 15~20 cm 重复注记。

（4）山名注记。山顶的名称采用长中等线体注记，接近字隔，水平字列，注记在山头的上方，高程注记在右方。有时为避免遮盖山头等高线，也可注记在其右方或右下方，高程则注记在左方或下方。如果同一名称的各山顶不在同一图幅内，可分别注出。

山岭、山脉名称用耸肩等线体，隔离字隔和雁行字列，顺着山岭或山脉的延伸方向注记在中心线位置上。在小比例图上，较长的山脉与较长的河流一样也要重复注记。注记字向为直立字向。

2）说明注记

符号旁的说明注记，用细等线体接近字隔，以水平字列为主，注记在符号的轮廓内部或符号的适当位置。但必须紧靠符号，使所注的文字能说明其符号。

3）数字注记

高程注记用直立等线体的阿拉伯数字，接近字隔，水平字列，一般注记在测定点的右侧。有时为避免遮盖其他符号，也可注记在左边或左上方。

等高线注记是用来标注等高线高程的，一般注记在计曲线上。但在等高线稀疏处，也可注记在首曲线上。

等高线的高程注记应沿着等高线斜坡方向注出,字位应选在斜坡的凸棱上,数字的中心线应与等高线方向一致,字头朝向山顶,并中断等高线。应避免字头倒立、遮盖主要地貌形态或重要地物。

任务二　地形图分幅与编号

为了便于地形图的存储、检索和使用,通常需要将测区分成小块进行测绘拼接。这种在测区进行的分块称为地形图的分幅,对每幅地形图给一个代号,称为地形图的编号,相当于身份证号。

地形图的分幅可分为两种:一是按经纬度进行分幅,称为梯形分幅法,一般用于中小比例尺地形图分幅;二是按平面直角坐标进行分幅,称为矩形分幅法,一般用于大比例尺地形图分幅。

一、梯形分幅与编号

(一)分幅与编号的基本原则

(1)由于分带投影后,每带为一个坐标系,地形图的分幅必须以投影带为基础、按经纬度划分,且尽量用"整度、整分"的经差和纬差来划分。

(2)为便于测图和用图,地形图的幅面大小要适宜,不同比例尺的地形图幅面大小要基本一致。

(3)为便于地图编绘,小比例尺的地形图应包含整幅的较大比例尺图幅。

(4)图幅编号应能反映不同比例尺间的联系,以便进行图幅编号与地理坐标间的换算。

(二)分幅与编号的方法

我国基本比例尺地形图包括 1∶100 万、1∶50 万、1∶25 万、1∶10 万、1∶5万、1∶2.5 万、1∶1万、1∶5 000、1∶2 000、1∶1 000 和 1∶500 等。梯形分幅统一按经纬度划分,编号方法有两种,一是传统的编号方法,二是有利于计算机管理的新编号方法。

1. 传统的分幅与编号

基本比例尺地形图的分幅,都是以 1∶100 万分幅为基础来划分的。

1)1∶100 万地形图的分幅与编号

1∶100 万比例尺地形图的分幅与编号采用"国际分幅编号"。如图 10-11 所示,将整个地球从经度 180°起,自西向东按 6°经差分成 60 个纵列,自西向东依次用数字 1、2、…、60 编列数;从赤道起分别由南向北、由北向南,在纬度 0°~88°的范围内,按 4°纬差分成 22 个横行,依次用大写字母 A、B、C、…、V 表示。

1∶100 万比例尺地形图的编号以"横行 – 纵列"的形式来表示。例如郑州所在 1∶100 万地形图的编号 1-49。

纵列号与 6 度带带号之间有下列关系式:纵列号 = 带号±30。

当图幅在东半球时取"+'号,在西半球时取"–"号。由于我国位于东半球,故纵号与带号的关系式为:纵列 = 带号+30。

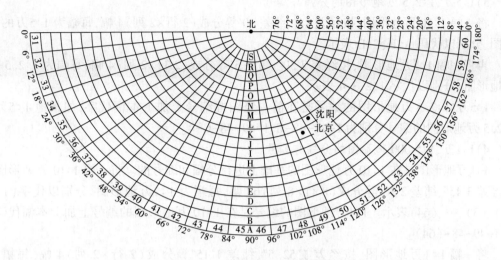

图 10-11　1:100 万的分幅与编号

2)1:50 万、1:25 万、1:10 万地形图的分幅与编号

如图 10-12 所示,1:50 万、1:25 万、1:10 万地形图的分幅和编号都是在 1:100 万地形图的分幅与编号基础上进行的。

图 10-12　1:50 万、1:25 万、1:10 万地形图的分幅与编号

将一幅 1:100 万地形图按经差 3°、纬差 2°等分成(2 行×2 列)4 幅,每幅为 1:50 万地形图,从左向右、从上向下分别以 A、B、C、D 表示。

将一幅 1:100 万地形图按经差 1.5°、纬差 1°等分为(4 行×4 列)16 幅,每幅为 1:25 万地形图,从左向右、从上向下分别依[1]、[2]、[3]、…、[16]表示。

将一幅 1:100 万地形图按经差 30′、纬差 20′等分为(12 行×12 列)144 幅,每幅为 1:10 万地形图,从左到右、从上向下分别以 1、2、3、…、144 表示。

1:50 万、1:25 万、1:10 万地形图的分幅编号是在 1:100 万地形图的编号上加上本幅代码构成。如某地所在的 1:50 万地形图、1:25 万地形图和 1:10 万地形图的编号分别为 I-49-B、I-49-[8]和 I-49-48。

3)1:5万、1:2.5万地形图的分幅与编号

将一幅1:10万地形图,按经差15′、纬差10′等分成(2行×2列)4幅,每幅为1:5万的地形图,分别以代码A、B、C、D表示。

再将一幅1:5万地形图,按经差7′30″、纬差5′等分成(2行×2列)4幅,每幅为1:2.5万的地形图,分别以代字1、2、3、4表示。

1:5万、1:2.5万地形图的编号是在前一级图幅编号上加上本幅代字,如某地1:5万、1:2.5万地形图的编号分别为I-49-48-C,I-49-48-C-4。

4)1:1万、1:5 000地形图的分幅与编号

1:1万地形图是在1:10万地形图的基础上进行分幅和编号的。将一幅1:10万地形图,按经差3′45″、纬差2′30″等分成(8行×8列)64幅,每幅为1:1万地形图,分别以代字(1)、(2)、(3)、…、(64)表示。1:1万地形图的编号是在1:10万地形图的编号上加上本幅代码,如I-49-48-(64)。

将一幅1:1万地形图,按经差1′52.5″、纬差1′15″等分成(2行×2列)4幅,每幅为1:5 000地形图,分别以代码a、b、c、d表示。1:5 000地形图的编号是在1:1万地形图的编号上加上本幅代码,如I-49-48-(64)-d。

表10-4是1:100万~1:5 000各种比例尺对应关系。

表10-4　国家基本比例尺分幅对应关系

比例尺		1:100万	1:50万	1:25万	1:10万	1:5万	1:2.5万	1:1万	1:5 000
图幅	经差	6°	3°	1°30′	30′	15′	7′30″	3′45″	1′52.5″
	纬差	4°	2°	1°	20′	10′	5′	2′30″	1′15″
行列数量关系	行数	1	2	4	12	24	48	96	192
	列数	1	2	4	12	24	48	96	192
图幅数量关系		1	4	16	144	576	2 304	9 216	36 864
			1	4	36	144	576	2 304	9 216
				1	9	36	144	576	2 304
					1	4	16	64	256
						1	4	16	64
							1	4	16
								1	4

2.新的梯形分幅与编号

新的地形图图幅分幅仍以1:100万图幅为基础划分,各种比例尺图幅的经差和纬差也不变,其编号是在1:100万图幅编号的基础上按该地形图比例尺代码和该图幅在1:100万地形图上的行、列编号的,比例尺代码如表10-5所示。

表10-5　地形图比例尺代码

比例尺	1:50万	1:25万	1:10万	1:5万	1:2.5万	1:1万	1:5 000
代码	B	C	D	E	F	G	H

1:100万比例尺地形图新的编号由"横行纵列"组成。如原图号 1-49 的图幅的新图号为 I49。

　　除1:100万外,其他比例尺地形图的图幅编号均由 10 位字母数字串组成的代码构成,如表 10-6 所示。其中第一位是该图幅所在的 1:100 万图幅的横行号,第二、三位是该图幅所在的 1:100 万图幅的纵列号,第三位是比例尺代码,新的图幅编号后 6 位是该图幅在 1:100 万图幅中的所处的行列位置,各用三位表示图幅在 1:100 万图幅中的行号和列号,不够三位时前面补 0。例如,如某地所在的 1:50 万地形图,其 1:100 万图幅的横行号为 Ⅰ、纵列号为 49,1:50 万地形图的比例尺代字为 B,该图幅在 1:100 万图幅中位于第 1 行、第 2 列,故该图幅的新编号为 I49B001002。

表 10-6　新的图幅编号写法

行号	列号	比例尺代码	横	行	号	纵	列	号

　　若要根据某点的经纬度来求取所在 1:100 万图幅中的行号和列号,可根据经差和纬差用公式计算求得。设图幅在 1:100 万图幅中的位置行为 C,列为 D,则计算公式为

$$\begin{cases} C = \dfrac{4°}{\Delta B} - \mathrm{int}\,\dfrac{\mathrm{mod}\,\dfrac{B}{4°}}{\Delta B} \\[4mm] D = \left(\mathrm{int}\,\dfrac{\mathrm{mod}\,\dfrac{L}{6°}}{\Delta L}\right) + 1 \end{cases} \qquad (10\text{-}3)$$

式中,L、B 为某点的经纬度;ΔL、ΔB 为相应图幅比例尺的经差、纬差;int 表示取整数运算;mod 表示取余数运算。很容易用计算机算出该比例尺地形图在 1:100 万比例尺地形图中和行列号 C、D;当然也很容易根据某地的经、纬度检索需要比例尺地形图的编号,供用图单位到测绘资料管理部门购买、调用地形图。

　　3. 各种比例尺地形图新旧图幅编号对照

　　各种比例尺地形图的经差、纬差,及原图幅编号、新图幅编号示例如表 10-7 所示。

表 10-7　各种比例尺地形图的图幅大小及编号

比例尺	经差	纬差	原图幅编号	新图幅编号
1:100 万	6°	4°	I-49	I49
1:50 万	3°	2°	I-49-B	I49B001002
1:25 万	1.5°	1°	I-49-[8]	I49C002004
1:10 万	30′	20′	I-49-48	I49D004012
1:5 万	15′	10′	I-49-48-C	I49E008023
1:2.5 万	7′30″	5′	I-49-48-C-4	I49F016046
1:1 万	3′45″	2′30″	I-49-48-(64)	I49G032096
1:5 000	1′52.5″	1′45″	I-49-48-(64)-d	I49H064192

4. 接图表

接图表俗称"九宫格",也叫图幅结合表,用于表示某图幅与其相邻图幅的邻接关系,如图幅 I-49-1-A 的相邻图幅见表 10-8。

表 10-8　接图表

J-48-144-D	J-49-133-C	I-49-133-D
I-48-1-B	I-49-1-A	I-49-1-B
I-48-1-D	I-49-1-C	I-49-1-D

二、矩形分幅与编号

大比例尺地形图,主要指比例尺为 1:500、1:1 000、1:2 000 三种比例尺地形图,通常采用矩形或正方形分幅,按平面直角坐标来划分,编号则用图幅的图廓西南角坐标以千米为单位表示。

矩形分幅按平面直角坐标划分,通常采用 40 cm×40 cm、40 cm×50 cm、50 cm×50 cm 成图规格,图幅编号的方法,通常采用图幅西南角坐标千米数为编号,x 坐标在前,y 坐标在后,中间用短横线连接,如 35.0—46.0。根据图幅的边长,1:500 比例尺图幅的坐标值取至 0.01 km,1:1 000 及 1:2 000 比例尺图幅的坐标值则取至 0.1 km。

地形图矩形分幅的图幅的边长面积及尺寸如表 10-9 所示。

表 10-9　地形图矩形分幅的图幅边长及面积

比例尺	1:500	1:1 000	1:2 000	1:5 000
图幅标准	50 cm×50 cm	50 cm×50 cm	50 cm×50 cm	40 cm×40 cm
图幅实地边长	250 m×250 m	500 m×500 m	1 000 m×1 000 m	2 000 m×2 000 m
实地面积	0.062 5 km^2	0.25 km^2	1.0 km^2	2.0 km^2
1:5 000 图幅内的分幅数	64	16	4	1
1:2 000 图幅内的分幅数	16	4	1	
1:1 000 图幅内的分幅数	4	1		

大比例尺地形图图幅编号比较灵活,在编号时考虑的因素主要是测区图幅多少,图幅多可以正规一点,图幅少可以简单一点,但也应照顾到用图单位使用方便。

【拓展阅读】

地形图的识读

一、地形图外信息

根据地形图比例尺,图外信息的内容也不同,主要内容包括图名、图号、领属注记、邻接图幅接合表、保密等级、图例、测绘单位、测图方式和时间、比例尺、坡度尺、等高距、三北方向图等。

(1)图名、图号、接图表。如图 10-13 所示,图名一般取图幅中较著名的地理名称,注记在地形图的上方中央。图号即图幅编号,注记在图名下边。

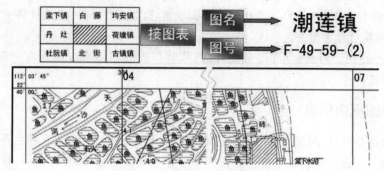

图 10-13 图名、图号、接图表

邻接图幅结合表又称接图表(俗称"九宫格"),以表格形式注记该图幅的相邻 8 幅图的图名,便于查找到相邻图幅。

(2)坡度尺、三北方向图。

(3)图廓与坐标格网。图廓线是地形图的范围线,图廓线的四个角点称为图廓点。地形图的图廓线分内图廓、分度线和外图廓。内图廓是图幅的实际范围线,分度带是图廓经纬线的加密分划,绘在内图廓上,形式不一,外图廓仅起装饰作用,如图 10-14 所示。

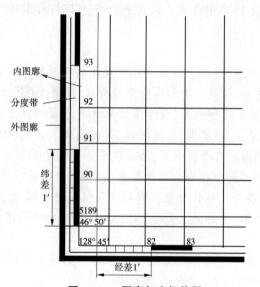

图 10-14 图廓与坐标格网

矩形图廓只有内、外图廓之分。内图廓为直角坐标格网线,外图廓用较粗的实线描绘。外图廓与内图廓之间的短线用来标记坐标值。如图幅编号为 10.0-20.0 的地形图,内图廓左下角的纵坐标为 10.0 km,横坐标为 20.0 km。

(4)比例尺。南图框外中央均注有数字比例尺,数字比例尺下方绘出图示比例尺。1:500、1:1 000 和 1:2 000 大比例尺地形图,只注明数字比例尺,不注直线比例尺。

(5)图外文字说明。文字说明是了解图件来源和成图方法的重要资料。通常在图的下方或左、右两侧注有文字说明,内容包括测图日期、坐标系、高程基准、测量员、绘图员和检查员等。

在图的右上角标注图纸的密级。1 幅 1∶1 万地形图为秘密成果,1 幅 1∶5 万地形图属于机密成果。1 幅 1∶500、1∶1 000、1∶2 000 地形图也标注"秘密"字样,连续提供一定数量的该类地形图,必须履行涉密程序。

(6)图例。为便于阅读地形图,中、小比例尺地形图的东图廓右线外右上区域,绘制常用的地形图图式符号。

二、地形图图内信息

图内要素是指地物、地貌符号及相关注记等。在判读地物时,首先了解主要地物的分布情况,如居民点、交通线路及水系等。要注意地物符号的主次让位问题,例如,铁路和公路并行,图上是以铁路中心位置绘制铁路符号,而公路符号让位,地物符号不准重叠。在地貌判读时,先看计曲线再看首曲线的分布情况,了解等高线所表示出的地性线及典型地貌,进而了解该图幅范围总体地貌及某地区的特殊地貌。同时,通过对居民地、交通网、电力线、输油管线等重要地物的判读,可以了解该地区的社会经济发展情况。

识读地形图内各种信息,应当了解地形图图式符号,使用的数字地形图测绘软件需要建立一个符合国家或行业标准的、完整的地形图图式符号库。

地形图符号由点、线、几何图形及有关注记组成,它是测图者、用图者与地图沟通交流的语言,是地面信息在图纸上的集中表现。任何一个符号都具有形状、大小和颜色 3 个基本特征。

(一)符号的形状

地形图符号的形状(图形)是用于区别物体或现象的主要标志,其形状应力求与被表现的物体有神似或形似的关系,即具有会形或会意的特点,既便于区分又便于识别。由于地形图是平面图,与实地有一定的比例关系,而地面信息既有平面的或立体的实物,如水井和宝塔等;也有纯意象性的非实体,如境界、水流方向、等高线等。因此,地形图符号绝大部分是按照正射投影的原理构成缩小的平面图形,然后在平面图形内绘以补充标志(说明符号、说明注记和颜色等),以区别不同物体的性质或数量,按其形状特征可分为以下几种。

(1)正形符号。正形符号以物体垂直投影后的几何形状表示,如图 10-15 中的居民地边界、湖泊边界等;单个的物体(简称独立地物)则以其投影后的象形图案表示,如粮仓、水井、独立房等。

(2)侧视符号。侧视符号从物体一侧按正射投影后的抽象几何形状表示,一般都是独立物体,如图 10-15 所示中的水塔、突出树、烟囱等。

(3)象征性符号。有些地物无论从垂直投影还是从侧面正射投影看,其形状均易雷同。例如,矿井的垂直投影有圆形的、方形的或线状的;就其作业方式来分也有竖井、斜井、平硐和小矿井等;就其作用而言有正在开采的和废弃的。但"矿井"却是它们的共性。用一个象征性的符号,即用两把交叉的采矿工具(铁镐)表示之。其他如学校用"文"、卫生所用"+"等象征其作用。

(4)会意符号。有些地物在地面上虽有位置,但无论用何种比例尺缩绘,它只能是一个点,如三角点、控制点等;有些地面信息只有概念而无实物,如境界只有境界标志而无境界线,诸如此类信息只能用会意符号表示。如用"△"表示三角点,名、实相符,而控制点和图根点符号则纯属会意的;国界线、省界线等只是按其重要程度用不同形式的线段加以区分。

图形特点	符 号 及 名 称		
正形符号	居民地	湖泊	花坛
侧形符号	阔叶树	烟囱	水塔
象形符号	变电所	矿井	气象站

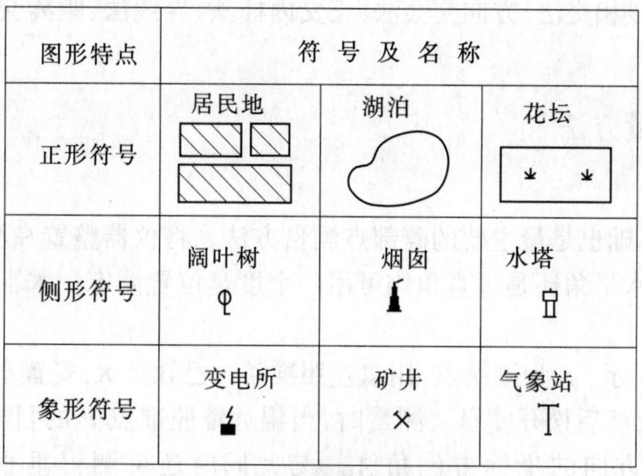

图 10-15　符号的图形分类

(5)注记符号。有些地物只从形状上还难以区分其性质,因此必须附加某些说明注记以示区别。例如,同是一个矿井符号,但要区分其为铜、铁、磷或煤,就必须在其旁加注相应的属性字。因此,不论是数字注记还是汉字注记,都可看成是地形图的符号之一。

(二)符号的大小

符号的大小特征也就是符号的尺寸特征,它与实地物体的大小和重要程度有关。重要的物体一般以大的符号和较粗的线画来描绘,例如,国界的线宽为 0.8 mm,界碑点为直径 1.0 mm 的黑点;省界线宽为 0.6 mm,界碑点直径为 0.8 mm;又如公路用 0.3 mm 的粗线表示铺面宽,用两条 0.15 mm 的细线表示路基宽,如此等等。

(三)符号的颜色

符号的颜色主要用以区别地物大类的基本性质,增强地形图的表现力,提高艺术效果,使之美观逼真,清晰易读。屏幕地形图用 RGB 颜色系统、印刷地图用 CMYK 颜色。由于目前我国的地形图一般只采用 CMYK4 色印刷,所以不能完全按物体的自然色表示出来,而只能按 4 大类分别表示,即:

黑色——表示人工物体,如居民地、道路、管线与垣栅、境界等。

蓝色——表示水系要素,如河流、湖泊、沟渠、泉、井等。

棕色——表示地貌与土质,如等高线、特殊地貌符号等。

绿色——表示植被要素,如森林、果园等。

需要指出的是,符号的颜色针对出版图而言,有的只用 3 色出版(用绿色表示水系而无蓝色)。但对于外业原图来说,一般都是用黑色描绘,特别是工程用的大比例尺地形图,通常并不公开出版,只是晒印蓝图,以供应用,当然,在自动绘图机上也可以绘出多色图。

任务三　碎部点测量方法

地物、地貌的平面轮廓由一些特征点所决定,这些特征点统称碎部点。传统的碎部测图方法主要有平板仪测图、经纬仪配合小平板测图等形式,其实质是图解法测图。数字测图是直接测定或解算出碎部点的空间位置(X,Y,H),然后用规定的符号表示出来。在数字测图中,可以利用控制点根据实际情况选用不同的方法进行碎部测量,常用的碎部点测量方法有

极坐标法、方向与直线相交法、方向交会法、正交内插法、导线法、距离交会法、直线内插法、对称点法等。

一、碎部点测量方法

(一) 极坐标法

极坐标法是最基础也是最主要的碎部点测量方法。将仪器整置在测站点,目标棱镜竖在地形点上,无论是水平角还是垂直角均可用一个度盘位置测定。水平角观测实际上就是坐标方位角观测。

如图 10-16(a) 所示, S 为测站点,用盘左照准某一已知点 K,安置水平度盘读数为该方向的坐标方位角 A_{SK},然后松开度盘。测量时,当望远镜照准点 P 的目标棱镜时,则水平度盘上的读数即为该方向的坐标方位角 A_{SP};与此同时还可测得垂直角 α_P 和斜距 D',如图 10-16(b) 所示。

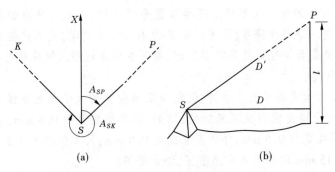

图 10-16　极坐标法

只要在数据终端中预先输入仪器高 i 和觇标高 v,当输入观测数据后,数据终端可按下式计算 P 点的有关信息:

$$\begin{cases} X_P = X_S + D\cos A_{SP} \\ Y_P = Y_S + D\sin A_{SP} \\ H_P = H_S + D\tan\alpha_P + i - v \end{cases} \quad (10\text{-}4)$$

用全站仪测量碎部点时,需事先将仪器高和觇标高输入到仪器中,其显示的碎部点坐标就是根据上式计算得到的。

(二) 方向与直线相交法

这种方法是不依赖测距而确定已知线上一点的方法,也就是通过照准方向线与已知直线相交来确定采样点的方

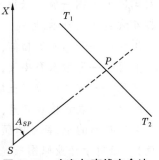

图 10-17　方向与直线交会法

法。如图 10-17 所示, $T_1(X_1, Y_1)$ 和 $T_2(X_2, Y_2)$ 是已测点,设采样点 P 位于已知直线 T_1T_2 上,现在只要在测站点 $S(X_S, Y_S)$ 上照准 P 点而测得方位角 A_{SP},则不难由下式求得 P 点坐标:

$$\begin{cases} X_P = X_S + x \\ Y_P = Y_S + y \end{cases} \quad (10\text{-}5)$$

式中: $x = (M - NK_2) / (1 - K_1 K_2)$; $y = K_1 x$ 。

其中,

$$M=X_1-X_S ; N=Y_1-Y_S ; K_1=\tan A_{SP} ; K_2=(X_2-X_1)\ /\ (Y_2-Y_1)$$

用这种方法测点,一般无须测定高程,而且多用于一些较远而难以到达或不便竖立棱镜的点。

(三) 方向交会法

某些距测站较远而且无法到达的地物点如塔尖、避雷针、旗杆等,采用单交会法来确定其点位既方便又可靠。如图 10-18 所示,若在当前测站点 $S(X_S,Y_S)$ 上测得采样点 P 的方位角为 A_1,在以前的测站点 K 上测得采样点 P 的方位角为 A_2,则 P 点坐标可由下式确定:

$$\begin{cases} X_P = X_S + x \\ Y_P = Y_S + y \end{cases} \tag{10-6}$$

式中: $x=(x_0 K_2-y_0)\ /\ (K_2-K_1) ; y=K_1\,x ; K_1=\tan A_1 ; K_2=\tan A_2 ; x_0=X_K-X_S ; y_0=Y_K-Y_S$

(四) 正交内插法

某些地物(如大型建筑物)具有直角多边形形状,其外轮廓具有迂回曲折的特点。在一个测站上有时能测定其绝大多数轮廓点,但难以测定其个别隐蔽点,但根据已测轮廓点可以内插出这些隐蔽点,使问题获得解决。

如图 10-19 中,在测站点 S 上可以测定房角点 1、2、3、5,但 4 点却无法测定,而 34 和 45 的长度也无法直接量取,此时利用已知的 2、3、5 点和直线 45//23、34⊥23 的特点,可以求得第 4 点的坐标,作为一般表达式,由已知的 A、B、D 点求 C 点,且 $CD//AB,BC⊥AB$,则

$$\begin{cases} X_C = \dfrac{K^2 X_B + K(Y_B - Y_D) + X_D}{1 + K^2} \\ Y_C = \dfrac{K^2 Y_D + K(X_B - X_D) + Y_B}{1 + K^2} \end{cases} \tag{10-7}$$

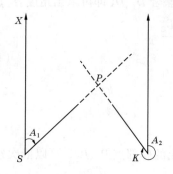

图 10-18 方向交会法

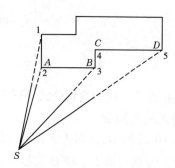

图 10-19 正交内插法

式中: $K=(X_B-X_A)\ /\ (Y_B-Y_A)$。

这类点没有输入任何新的观测值,完全是一种由采样点扩展采样点的方法,可以用它补充个别隐蔽点,实际测量时能直接测定的点仍以直接测定为宜。

(五) 导线法

基于野外直接测量的方法具有解析的特点,某些外轮廓具有规律性(如直角)的地物(如大楼房),可只测定少量的定向、定位点,大量的中间点可以通过计算方法求得,即量取

各边长度且各转折角均为直角,则相当于一条闭合导线。只不过由于各边互相平行或正交,可用较简便的方法进行计算。

在图 10-20 中,设该建筑物共有 18 个轮廓点,在测站点 S 上只能直接测定其中的少数几点。

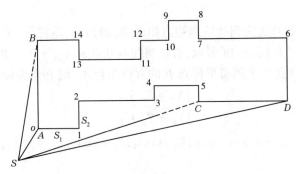

图 10-20　导线法

若有选择地测定其两端较长边上的转折点,如 A、B、C、D 四个点,用钢卷尺量取各边长度后,且各转折角又都是直角,则不难用两条导线来分别算得中间各点。

有起、闭边的图形可看成是标准导线图形;当无闭合边但有闭合点 C 时,则无直线间平行或正交的检核条件,但有坐标闭合条件;当既无闭合边又无闭合点时,则无任何检核条件,实际上就是支导线,一般可以测定 1~2 个支点。

(六)距离交会法

如图 10-21 所示,已知碎部点 A、B,欲测碎部点 P。可以分别量取 P 至 A、B 点的距离 D_1、D_2,即可求得 P 点坐标。

由于 A、B 点坐标已知,可以计算该两点间距离 D_{AB},联合 D_1、D_2 即可求出角度 α、β:

$$\begin{cases} \alpha = \arccos \dfrac{D_{AB}^2 + D_1^2 - D_2^2}{2D_{AB} \cdot D_1} \\ \beta = \arccos \dfrac{D_{AB}^2 + D_2^2 - D_1^2}{2D_{AB} \cdot D_2} \end{cases} \qquad (10\text{-}8)$$

然后根据交会法的余切公式即可求得 P 点坐标。

(七)直线内插法

如图 10-22 所示,已知 A、B 两点,欲测位于直线 AB 上的碎部点 P_1、P_2。可以依次量取 A 至 P_1、A 至 P_2 的距离 D_{A1} 和 D_{A2},然后按照下式进行计算:

$$\begin{cases} X_i = X_A + D_{Ai} \cdot \cos\alpha_{AB} \\ Y_i = Y_A + D_{Ai} \cdot \sin\alpha_{AB} \end{cases} \qquad (10\text{-}9)$$

式中:α_{AB} 是直线 AB 的坐标方位角。

(八)对称点法

具有对称形状的地物如规则楼房、操场跑道等,只要测定其中互相对称的一组点(两个或 4 个点),计算出对称参数,其余的两两互相对称的点,只要测定其中之一,另一个则可通过计算而得。

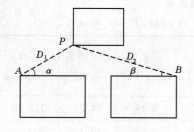

图 10-21　距离交会法

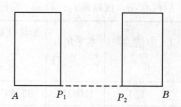

图 10-22　直线内插法

　　在图 10-23 中,若测了互相对称的两点 A 和 B,另一组对称点为 1 和 2,设 PQ 是对称轴,今若测定了 1 点,则 2 点不难算得,反之亦然。由图 10-23 可知:

$$\begin{cases} X_2 = L - MY_1 - NX_1 \\ Y_2 = Lk - MX_1 + NY_1 \end{cases} \qquad (10\text{-}10)$$

式中:$L = [X_A + X_B + k(Y_A + Y_B)]/(1+k^2)$;$M = 2k/(1+k^2)$;$N = (1-k^2)/(1+k^2)$。

图 10-23　对称法

二、经纬仪配合量角器测图法

(一)仪器安置

　　如图 10-24 所示,在测站 A 安置经纬仪,量取仪器高 i,填入手簿(见表 10-10),在视距尺上用红布条标出仪器高的位置 v,以便照准。将水平度盘读数配置为 $0°$,照准控制点 B,作为后视点的起始方向,并用视距法测定其距离和高差并记入手簿,以便进行检查。当测站周围碎部点测完后,再重新照准后视点检查水平度盘零方向,在确定变动不大于 $2'$ 后,方能迁站,测图板置于测站旁。

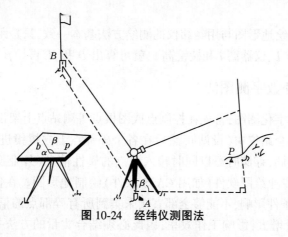

图 10-24　经纬仪测图法

(二)跑尺

　　在地形特征点上立尺的工作称为跑尺。立尺点的位置、密度、远近及跑尺的方法影响着成图的质量和功效。立尺员在立尺之前,应弄清实测范围和实地情况,选定立尺点,并与观测员、绘图员共同商定跑尺路线,依次将尺立置于地物、地貌特征点上。

表 10-10   地形测量手簿

测站:A 后视点:B 仪器高 i:1.42 m   指标差 x:-1′   测站高程 H:207.40 m

点号	视距 $k \cdot l$ (m)	中丝读数 v	水平角 β (° ′ ″)	竖盘读数 L (° ′ ″)	垂直角 α (° ′ ″)	高差 h (m)	水平距离 D(m)	高程 (m)	备注
1	85.0	1.42	160°18′	85°48′	4°11′	6.18	84.55	213.58	水渠
2	13.5	1.42	10°58′	81°18′	8°41′	2.02	13.19	209.42	
3	50.6	1.42	234°32′	79°34′	10°25′	9.00	48.95	216.40	
4	70.0	1.60	135°36′	93°42′	-3°43′	-4.71	69.71	202.69	电杆
5	92.2	1.00	34°44′	102°24′	-12°25′	-18.94	87.94	188.46	

(三) 观测

将经纬仪照准地形点 P 的标尺,中丝对准与仪器等高处的红布条(或另一位置读数),上下丝读取视距间隔 l,并读取竖盘读数 L 及水平角 β,记入手簿进行计算(见表 10-10)。然后将 β_P、D_P、H_P 报给绘图员。同法测定其他各碎部点,结束前,应检查经纬仪的零方向是否符合要求。

测站检查后,要选取前面测站中必要数量的重合点进行检查,符合要求后进入本站的测绘工作。

(四) 绘图

绘图是根据图上已知的零方向,在 a 点上用量角器定出 ap 方向,并在该方向上按比例尺针刺 D_p 定出 p 点;以该点为高程点注记其高程 H_p。同法展绘其他各点,并根据这些点绘图。测绘地物时,应对照外轮廓随测随绘。测绘地貌时,应对照地性线和特殊地貌外缘点勾绘等高线和描绘特征地貌符号。勾绘等高线时,应先勾出计曲线,经对照检查无误,再加密其余等高线。

用光电测距仪测绘地形图与用经纬仪的测绘方法基本一致,只是距离的测量方式不同。根据斜距 S、竖盘读数 L、仪器高 i 和棱镜高 v,就可算出 D 和 H,再加 β 角,即可展绘点位。

三、全站仪野外数字测图法

用全站仪进行数字化测图,首先在控制点或图根点等测站点上架设全站仪,将测站点和后视点的坐标输入到全站仪中(设站),然后在各个碎部点上立棱镜进行测量,对测量的碎部点坐标数据进行存储,存储时可以同时输入该点的属性信息(外业操作码),再将测量数据传输到电脑中,用专业绘图软件(如用 CASS 软件)绘制地形图。在使用全站仪采集碎部点位信息时,因外界条件影响,不能够全部直接采集到所有碎部点的信息,且对所有碎部点直接采集会使工作量增大,影响工作效率,因此必须结合丈量的方法并运用共线、对称、平行、垂直等几何关系确定出所需要的碎部点,以便提高工作效率。

四、GNSS-RTK 单点测量测图法

由于 GNSS-RTK 测量技术具有快捷、方便、精度高等优点,已被广泛用于大比例尺地形

图测绘工作中。在大比例尺地形图测绘工作中，采用 GNSS-RTK 技术进行碎部点数据采集，可以不布设各级控制点，仅依据一定数量的基准控制点，不要求点之间通视（但在影响 GNSS 卫星信号接收的遮蔽地带，还应采用全站仪测绘方法进行细部测量）。GNSS-RTK 测图仅需一人操作，在要测的碎部点上停留几秒钟，能实时测定点的位置并能达到厘米级精度，还能同时输入采集点的特征编码，通过电子手簿或便携机记录，在点位精度合乎要求的情况下，把一个区域内的地物、地貌特征点的坐标测定完后，可在室外或室内用专业测图软件绘制成图。

五、三维激光扫描测量成图法

前面的方法都是接触式单点测量方式。三维激光扫描技术是一种以每秒 100 多万点的速度对半径 1 000 m 左右的场景进行全自动高精度立体扫描测量的先进技术，又称为"实景复制技术"，这项技术将在 GNSS 卫星导航定位技术的配合下，和航天卫星遥感测量技术、高中低空航空摄影测量技术、地面移动测量技术、水上多波束测量技术成为地图地理信息产品数据源获取的重要手段，已为工程建设逆向设计建模测绘发挥了主要作用，取得了不少成果。

■ 任务四　地物测绘

一、地物测绘的一般原则

（1）凡能依比例尺表示的地物，就应将其水平投影位置的几何形状测绘到地形图上，如房屋、双线河流、球场等。或是将它们的边界位置表示到图上，边界内再填充绘入相应的地物符号，如森林、草地等。对于不能依比例尺表示的地物，则测绘出地物的中心位置并以相应的地物符号表示，如水塔、烟囱、小路等。

（2）地物测绘必须依测图比例尺，按地形测量规范和地形图图式的要求，经综合取舍，将各种地物表示在图上。

地物测绘主要是将地物的形状特征点（也即其碎部点）准确地测绘到图上，例如地物的转折点、交叉点、曲线上的弯曲交换点等。连接这些特征点，便得到与实地相似的地物图像。

二、地物的测绘

地形图图式将地物符号归纳为居民地、独立地物、管线和垣栅、境界、道路、水系、植被等几部分，其测绘方法如下。

（一）居民地

居民地是人们集中活动的地方，是地形图上十分重要的地物要素。居民地按其大小分为城市、集镇和村庄等几种类型。

测绘居民地时，应着重表示居民地的外部轮廓特征、内部街道分布及通行情况，表示清楚街道口与道路的连接，以及与其他地物的关系。对分割或包围居民地的地物，以及那些对接近居民地有隐蔽、障碍或有方位作用的地物，均应认真表示。

在大比例尺数字测图中，居民地中的建筑物一般用极坐标法按比例逐一测绘，而对于排

列整齐的大片房屋,不必逐一施测,可在精确测定该片房屋的两条互相垂直的外边沿线后,用量距内插或方向与直线相交法确定各房角点。居民地内部不便布设控制点的地方,则需在周围较大建筑物已测的基础上,利用各种量距、定向的方法逐一确定。

(二)独立地物

大比例尺数字测图中,独立地物的测绘有两种方式,若独立地物比较大,则按依比例尺测绘其外围轮廓,而于其中央位置配以相应的符号,如图 10-25 所示的散热塔,可用极坐标法测定周围 1、2、3 点,绘出其圆形外轮廓,中央绘上塔形建筑物符号,并注"散"字;若独立地物轮廓很小,则直接测定其定位点,如路灯、井盖、污水箅子、消防栓等。

(三)管线和垣栅

地面上输送石油、煤气或水等的管道,以及各种电力线和通信线等,统称管线;各类城墙、围墙、栏栅,称为垣栅。它们都属于线状物体,在地形图上一般采用半依比例尺的线状地形符号表示。大比例尺数字测图时,除城墙一般要依比例尺测绘外,有些架空管线的支架塔柱或其底座基础,也须按比例尺测定其实际位置,若为双杆高压线,则按图 10-26 表示,其中两个小圆圈表示两电杆的实际位置。

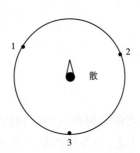

图 10-25　独立地物的测绘图

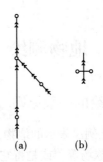

图 10-26　电线与电杆

(四)境界

境界是划定国家之间或国内行政区划的界线。特别是国界,它涉及国家的领土主权和与邻国的政治、外交关系等问题。测绘国界线,须由有经验的测量员在边防人员陪同下,准确而迅速地进行,不得有任何差错;国内行政区划界线,通常依据居民地或其他地物的归属绘出,应由地方政府有关部门指定专人在实地指认确定。

(五)道路

道路是连接居民地的纽带,是国家经济生活的脉络,是军事行动的命脉。因此,各类地图都十分重视对道路的正确测绘和表示。

地形图中通常有双线道路和单线道路两类符号。在中、小比例尺测图中铁路和公路多用双线符号表示,其中心线即为道路的真实位置;大车路以及人行小路等多用单线表示。在大比例尺测图中,除人行小路用单线表示外,其他类型的道路大都可以按比例尺测绘其宽度,然后用相应的符号表示之。

测绘道路时,除道路本身应当位置准确、等级分明、取舍恰当、分布合理外;沿道路的各种附属地物,如桥梁、隧道、里程碑、路标、路堤和路堑等,也应准确测绘;道路两侧附近具有方位意义的地物,如独立房屋、碑亭等,也应准确表示;道路与居民地的接合处应当十分明确,特别是双线道路在居民地内的走向及通行情况,更应交待清楚。

(六)水系

水系是江、河、湖、海、水库、渠道、池塘、水井等及其附属地物和水文资料的总称,它与人类生活密切相关,是地形图的要素之一,必须准确地测绘和表示。

海岸线是多年大潮(朔、望潮)的高潮所形成的岸线,一般根据海水侵蚀后的岸边坎部、海滩堆积物或海滨植被所形成的痕迹来确定,比较容易用仪器测定其准确的位置。低潮时的水涯线称为低潮界,它与海岸线之间的地段称为干出滩(即浸潮地带),干出滩内的土质、植被、河道及其他地物均应表示。因此,首先应设法测定低潮界的位置,方可正确表示有关干出滩的地形。

低潮界一般采用这样的方法测定:当干出滩伸展的范围不大(几百米以内)时,可于低潮时刻直接用视距法测定低潮线;当干出滩伸展的范围较大(1 000 m以上)时,通常可于退潮时刻在距低潮界数百米处设站,快速地用视距法测定几个低潮界的碎部点和主要河道的特征点等,便可准确地描绘出干出滩的位置及其附属地物;当干出滩十分平坦且来不及于退潮时刻设站时,可于低潮界的特征点处竖立标志,用单交会法确定其位置,也可参照海图或询问当地居民用目测或半仪器法测定。

大比例尺测图中,水系及其附属地物多应依比例尺测绘,并以相应的符号表示;只有宽度小于图上0.5 mm的河流可用单线表示。

河流岸线只要准确测定其交叉点和明显的转弯点,即可参照实地形状描绘,细小的弯曲和变化可以舍弃或综合表示之。

(七)植被

植被指覆盖在地表上的各类植物。地形图上要充分反映地面植被分布的特征和性质,准确地表示植被覆盖的范围,这对于资源开发、环境保护、农牧业生产规划和军事行动等方面的用图,都具有十分重要的意义。因此,要求准确测绘地类界的转折点,以便准确地描绘植被覆盖的范围;有关植被的说明注记,应遵照图式规定的内容,于实地准确地查看和量取,以确保其可靠性。

(八)测量控制点的表示

各级测量控制点,在图上必须精确表示。图上几何符号的几何中心,就是相应控制点的图上位置。控制点点名和高程以分式表示,分子为点名,分母为高程,分式注在符号的右侧。水准点和经水准点引测的三角点、小三角点的高程,一般注至0.001 m,以三角高程测量测定的控制点的高程一般注至0.01 m。

综上所述,尽管地物类别很多,但在图上表示不外点状、线状和面状符号三类,其测绘要领是:

(1)测绘点状地物时,应测定其底部的中心位置,再以相应符号的定位点与图上点位重合,并按规定的方向描绘。独立地物底部经缩绘后多大于符号尺寸,需将其轮廓按真实形状绘出,并在轮廓内绘相应符号。

(2)测绘线状地物时,主要测定物体中心线上的起点、拐点、交叉点和终点,再对照实地地物,以相应符号的定位线与图上点位重合绘出。

(3)测绘面状地物时,应测绘地物轮廓的特征点,再对照实地地物,以相应符号的轮廓线与图上点位重合后绘出。部分面状地物如居民地、水库、森林等,还应在轮廓范围内(或外)加注地理名称或说明注记等。

三、碎部点测定的跑尺方法

立尺员依次在各碎部点立尺的作业,通常称为跑尺。立尺员跑尺好坏,直接影响着测图速度和质量,在某种意义上说,立尺员起着指挥测图的作用。立尺员除须正确选择地物特征点外,还应结合地物分布情况,采用适当的跑尺方法,既要做到不漏测、不重测,又要节省体力。

(1)地物较多时,应分类立尺,以免绘图员连错,不应单纯为立尺员方便而随意立尺。例如,立尺员可沿道路立尺,测完道路后,再按房屋立尺,当一类地物尚未测完时,不应转到另一类地物上去立尺。

(2)当地物较少时,可从测站开始,由近到远,采用螺旋形跑尺路线跑尺。待迁测站后,立尺员再由远到近以螺旋形跑尺路线跑回到测站。

(3)若有多人跑尺,可以测站为中心,划分几个区,采取分区专人包干的方法跑尺。

不管如何跑尺,从测站开始,按由近到远,到最大视距,再按由远到近,回到测站,检查绘图员绘图正确与否的跑尺一路线不会变化。

四、地物表示的关系处理与综合取舍

测绘地物时除按照有关规定表示每个符号外,还应该正确处理以下几种关系。

(一)正确处理符号之间的关系

图上表示地物时,主要问题是如何处理各种符号之间的关系,如不同符号相交或相遇,怎样根据不同情况按相交、压盖、间隔、移位或共边的关系表示,以达到真实、准确、清晰、易读的目的。现将地物符号表示中常遇到的几个问题说明如下。

(1)正确应用街道线符号。表示清楚街道的出入口,既能正确反映居民地的通行情况,也能反映街道的主次,如图 10-27 所示,箭头所指均为街道线符号,如不补齐或不绘街道线,居民地的通行情况等则含糊不清。

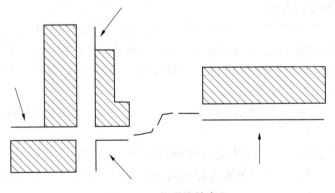

图 10-27　街道线的表示

(2)高出地面的建筑物,直接建筑在陡坎或斜坡上的房屋或围墙,其房屋或围墙应按正确位置绘出,坎、坡无法准确表示时,可移位 0.2 mm 绘出;悬空建筑在水上的房屋与水涯线冲突时,可间断水涯线,而将房屋完整表示。

(3)通信线和电力线遇居民地时,应相接于居民地边缘,不留间隔;当遇到独立地物时,应断开 0.2 mm;当遇到双线路、双线堤、双线河渠、湖泊、水库、鱼塘时,则应连续绘出不必中断。

（4）铁路与公路相交，铁路照常绘出，公路中断于铁路边缘；双线公路相交，要保证其连通；双线路与房屋围墙等高出地面的建筑物边界线重合时，可用建筑物边线代替道路边线，且在道路边线与建筑物接头处，应间隔 0.2 mm；双线路与单线路相交，单线路接于双线路边线；道路与河流相交，一定要实线相交；道路通过桥梁应间隔 0.2 mm；虚线路拐弯或相交处应为实线。

（5）河流在桥下穿过时，河流符号应中断于桥梁符号边缘；河流通过涵洞，也中断于涵洞符号边缘；河流、湖泊的水涯线与陡坎重合时，仍应在坡脚绘出水涯线。

（6）境界以线状地物一侧为界时，应离线状地物 0.2 mm 按规定符号描绘境界线；若以线状地物中心为界，境界线应尽量按中心线描绘，确实不能在中心线绘出时，可沿两侧每隔 3~5 cm 交错绘出 3~4 个符号，并在交叉、转折及与图边交接处绘出符号以表示走向。

（7）地类界与地面有实物的线状符号（如道路、河渠、土堤、围墙等）重合时，可省略地类界符号；当与地面上无实物的线状符号（如境界）或架设线路的符号（如电力线、通信路等）重合时，地类界移位绘出，不得省略。

（8）当植被为线状地物符号分割时，应在每块被分割的范围内至少绘出一个能说明植被属性的符号。

地物测绘是地形测图的重要内容，测定地物点的难点是如何正确理解和运用地形图图式规定的地物符号，恰如其分地表示实际地物，使用图者不致产生错觉或混淆。这就要求测量人员要不断地学习图式和规范，不断地总结经验，以提高和丰富这方面的知识。图式和规范的规定在实际工作中必须遵守。但是，规范和图式的规定并不能包括工作中的所有情况，这就需要我们根据基本原则，灵活运用，测绘出高质量的地图来。

（二）正确掌握综合取舍原则

既然地形图上不可能、也无必要逐个表示全部地物，这就必然存在地物的取舍与综合问题。因此，必须紧紧把握所测地形图的性质和使用目的，重点、准确地表示那些具有重要使用价值和意义的地物，如突出的、有方位意义的地物；对战场行动有障碍、荫蔽、支撑以及有利于夜间判定方位的地物；对经济建设中勘察、规划、设计、施工等有重要价值的地物；以及用图单位要求必须重点表示的地物，都要按实地位置准确表示。

移位或综合表示次要地物。次要，是相对主要而言的，如两地物相距很近，且均需在图上表示，但都不能按其真实位置描绘时，则可将其中主要地物绘于真实位置，次要地物移位表示。移位后的地物应保持其总的轮廓特征及正确的相关位置。

对于那些既不能综合又不能移位表示的密集地物，可只表示主要地物，舍去次要地物。例如，戈壁滩上有些干河床，像蜘蛛网一样的密集，既无必要一一表示，又不能综合成大干河床，只能选择主要的，而舍去次要的。这样既保持了图面清晰，又保证了主要干河床位置正确。对于那些临时性的、易于变化的和用途不大的地物，一般不表示。

地物的综合取舍，贯穿于整个测图过程，它与所测地形图的比例尺关系密切，也与测图人员的经验有关。能否正确地进行形状的概括、数量的概括，综合取舍是否合理，直接关系到地图的质量，它是一项重要而又严肃的工作。特别是对中小比例尺测图，作业人员要做到正确的综合取舍，不但要有高度的责任心，同时还有熟练的测绘技术及丰富的社会知识、相关专业知识和识图用图的经验，并通过反复实践，多次比较和体会，方能合理地综合取舍，满足用图需要。

任务五　地貌测绘

地貌是地球表面高低起伏形态的通称,按其形态和规模可分为山地、丘陵、平原和盆地等,地貌在地形图上一般用等高线和注记表示。

1791年法国人都彭特里尔受荷兰工程师克鲁吉1728年用等深线表示河床的启示,绘制了第一张等高线地形图。

一、地貌的分类与组成

地表物质的起伏形态和性质,称为地貌与土质。它以其"形"与"质",影响人类的生产活动、经济建设,并对其他地形要素的存在与分布产生影响。

地貌按高低起伏程度的不同,划分为不同的类型,其具体的划分又随着需要和作用的不同,有着不同的标准。就地形测量而言,为了达到经济实用的目的,对不同的地面坡度地形图提出不同的精度要求,采取适当的测量方法。在中小比例尺地形测图中,地貌按坡度分为

(1)平地。图幅内绝大部分的地面坡度在2°以下,比高一般不超过20 m。

(2)丘陵地。图幅内绝大部分的地面坡度在2°~6°,比高一般不超过150 m。

(3)山地。图幅内绝大部分的地面坡度在6°~25°,比高一般在150 m以上。

(4)高山地。图幅内绝大部分地面坡度在25°以上地区。

【小贴士】

"比高"是相对高差,比如说陡坎的比高是2.0 m,意思是坎上比坎下的高程高出2.0 m,在地形图中池塘鱼塘和地坎都要求适当测注比高。

大比例尺测图通常只在平地或丘陵地区进行,无须考虑地形类别。

地貌按土质和成因,分为石灰岩地貌、黄土地貌、沙漠地貌、雪山地貌和火山地貌。

地貌按形态的完整程度,又分为一般地貌和特殊地貌。特殊地貌是指地表受外力作用改变了原有形态的变形地貌和形态奇特的微地貌形态。前者如冲沟、陡崖、陡石山、崩崖、滑坡;后者如石灰岩地貌中的孤峰、峰丛、溶斗,沙漠地貌中的沙丘、沙窝、小草丘,黄土地地貌中的土柱溶斗。

地貌形态虽然多种多样,但从测绘等高线的角度看,任何一个完整的地貌单元,通常由山顶、鞍部、山谷、山脊、山脚等地貌元素组成,如图10-28所示。

(1)山顶是山体的最高部分,按其形状的不同分为尖山顶、圆山顶和平山顶,特别高大陡峭的山顶,称为山峰。

(2)鞍部是两山顶相邻之间的低凹部分,形如马鞍。

(3)山脚是山体的最下部位。

(4)山脊是从山顶到山脚或从山顶到鞍部凸起的部分。山脊最高点连线称山脊线,因雨水以山脊线为界流向两侧,故又称分水线。山脊按形态可分为尖山脊、圆山脊和平山脊。

(5)山谷是相邻两山脊之间的低凹部分。它的中央最低点的连线称山谷线,亦称合水线。山谷按形态的不同分为尖形谷(V形)、圆形谷(U形)和槽形(口形)谷。

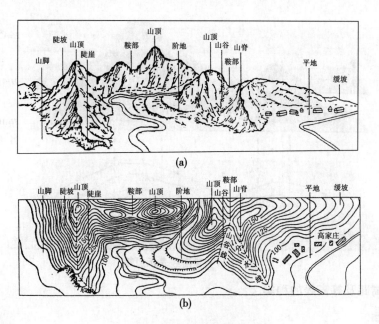

图 10-28 地貌要素

(6)四周高、中间低,无积水的地域叫凹地,大范围的则称盆地。

(7)山坡是连接山脊与山谷的山体,也称为山背。

二、等高线的概念

等高线是地面上高程相等的各相邻点所连成的闭合曲线。长期以来,等高线一直是地形图上显示地貌要素的有力工具,它不但能完整而形象地构成地形起伏的总貌,而且还能比较准确地表达微型地貌的变化,同时也能提供某些数据和高程、高差和坡度等。

(一)等高线表示地貌的原理与特性

如图 10-29 所示,设想用一组高差间隔相等的水平面去截地貌,则其截口必为大小不同的闭合曲线,并随山梁、山凹的形态不同而呈现不同的弯曲。将这些曲线垂直投影到平面上并按比例尺缩小,便形成了一圈套一圈的曲线,它们即构成等高线。这些曲线的数目、形态完全与实地地貌的高度和起伏状况相应。

等高线具有如下特性:

(1)等高性。同一条等高线上各点的高程相等。

(2)闭合性。等高线是闭合曲线,等高线必定是闭合曲线,如不在本图幅内闭合,则必在相邻的图幅内闭合。在描绘等高线时,凡在本图幅内不闭合的等高线,应绘到内图廓,不能在图幅内中断。

(3)非交性。一般不相交、不重合,只有通过悬崖、绝壁或陡坎时才相交或重合。

(4)正交性。等高线与分水线、合水线正交,即在交点处,分水线、合水线应该与等高线的切线方向垂直。

(5)密陡稀缓性。在等高距相同的情况下,图上等高线愈密地面坡度愈陡;反之,等高线愈稀,地面坡度则愈缓。

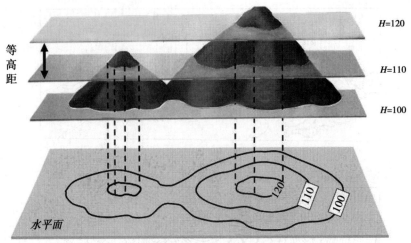

图 10-29　等高线表示原理

(二) 等高距及等高线的种类

1. 等高距

相邻等高线的高差,叫等高距。等高距愈小,表示地貌愈真实、细致;但若过小,将会使图上等高线密集而影响地形图的清晰。如果等高距过大,则显示地貌粗略,一些细貌形态将被忽略,从而影响地形图的使用价值。由图 10-30 看出:等高距 h 的大小与等高线的水平间隔 D 和地面坡度 α 有以下关系:

$$h = D\tan\alpha = lM\tan\alpha \tag{10-11}$$

式中:l 为图上相邻等高线间隔;M 为比例尺分母。

地形图的基本等高距,以等高线的高程中误差的经验公式验算:

$$M_{\text{等}} = \frac{1}{4}H_{\text{d}} + \frac{0.8M}{1\,000}\tan\alpha \tag{10-12}$$

式中:H_{d} 为等高距;M 为测图比例尺分母;α 为地面坡度。

在常用的设计坡度,等高线的高程中误差均不应大于 1/2 等高距;在较大的设计坡段,也不大于一倍等高距。不同比例尺、不同地形的地形图所采用的等高距,如表 10-11 所示。

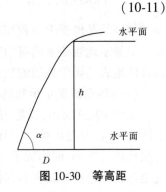

图 10-30　等高距

表 10-11　地形图的基本等高距　　　　　　　　　　(单位:m)

地形倾角(α)	比例尺			
	1:500	1:1 000	1:2 000	1:5 000
$\alpha < 3°$	0.5	0.5	1	2
$3° \leqslant \alpha < 10°$	0.5	1	2	5
$10° \leqslant \alpha < 25°$	1	1	2	5
$\alpha \geqslant 25°$	1	2	2	5

注:①一个测区同一比例尺,宜采用一种基本等高距;

　　②水域测图按水底地形倾角和比例尺选择基本等深(高)距。

【小贴士】

地形图对高程精度的要求,很大程度体现在等高距的选择问题上,在缓坡地 1:1 000~1:5 000 比例尺,多取等高距(H_d)为比例尺分母(M)的 1/2 000,山地为 1/1 000, 1:500 比例尺图最小等高距为 0.5 m。这种规格能保持等高线的名义值不至于有较大出入。规定还考虑到等高线不宜过密,规格也不宜过多。等高距的选取与比例尺有关、与坡度有关,还与用户的需求有关。

同一城市或测区的同一种比例尺地形图,应采用同一种等高距。但测区面积大,且地面起伏比较大时,可允许以图幅为单位采用不同的等高距。同时,等高线的高程必须是所采用等高距的整倍数,而不能是任意高程的等高线。例如,使用的等高距为 2 m,则等高线的高程必须是 2 m 的整倍数,如 40 m、42 m、44 m,而不能是 41 m、43 m、…,或 40.5 m、42.5 m 等。

2. 等高线的种类

地形图上的等高线,按其作用不同分为首曲线、间曲线和助曲线,如图 10-31 所示。

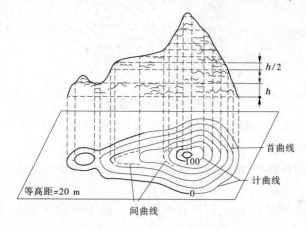

图 10-31　等高线的种类

(1)首曲线,也叫基本等高线,由高程零米起,按规定的等高距测绘,图上以 0.1 mm 细实线描绘。如 1:5万图上首曲线依次为 10 m、20 m、…

(2)计曲线。也叫加粗等高线。由高程零米起,每隔四条首曲线,以 0.2 mm 的粗实线表示。在地形图上便于查算点的高程或两点间高差。如 1:5万图上计曲线依次为 50 m、100 m、…

(3)间曲线。也叫半距等高线。是按等高距的一半,以长虚线描绘的等高线,主要用于高差不大,坡度较缓,只以首曲线不能反映局部地貌形态的地段。间曲线可以绘一段而不需封闭。在地形图上用 0.15 mm 宽的长虚线绘制。

(4)助曲线,也叫辅助等高线。通常是按 1/4 等高距描绘等高线;但也可以任意高度描绘等高线。助曲线用以表示首曲线和间曲线尚无法显示的重要地貌,图上以短虚线描绘。

【小贴士】

首曲线是基本等高线,其高程值能被 1 倍等高距整除;计曲线是加粗等高线,其高程值能被 5 倍等高距整除;间曲线和助曲线是辅助等高线,其高程值分别能被 0.5 倍和 0.25 倍等高距整除。

三、典型地貌的表示

(一) 山顶和洼地

根据等高线特性,山顶、洼地表示为数条封闭曲线,山顶等高线的内圈高程大于外圈,洼地等高线的内圈高程小于外圈,要根据高程注记区分,也可用示坡线指示斜坡向下的方向,如图 10-32 所示。

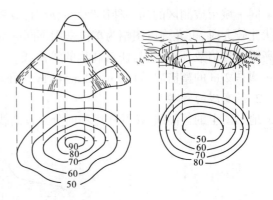

图 10-32　山顶与洼地

(1)圆山顶。图上顶部环圈大,由顶向下等高线由稀变密,测绘时山顶点和其周围坡度变化的地方均需立棱镜。

(2)尖山顶。顶部环圈小,由顶向下等高线由密变稀,测绘时除山顶外,其周围要适当增加棱镜点。

(3)平山顶。顶部环圈不仅大,而且有宽阔空白,向下等高线变密,测绘时应注意在山顶坡度变化处设立棱镜。

【小贴士】

示坡线是垂直于等高线并指示坡度降落方向的短线,示坡线往外标注是山头,往内标注的则是洼地。

(二) 山脊与山谷

如图 10-33 所示,山脊等高线向下坡方向凸出,两侧基本对称,山脊也叫分水岭。山脊的等高线均凸向低处,山脊是分水的地方,因此山脊线叫分水线。尖山脊的等高线依山脊延伸方向呈较尖的圆角状,圆山脊的等高线依山脊延伸方向呈较尖的圆弧状,平山脊的等高线依山脊延伸方向呈疏密悬殊的长方形状。

山谷的等高线均凸向高处,两侧基本对称,山谷是汇水的地方,也叫集水线。山脊线与山谷线合称地性线。

尖底谷是底部尖窄,等高线在谷底处呈圆尖状;圆底谷是底部较圆,等高线在谷底处呈圆弧状,测绘时山谷线不太明显,应注意找准位置;平底谷是底部较宽,底部平缓,两侧较陡,等高线过谷底时其两侧呈近似直角状,测绘时棱镜应设立在山坡与谷底相交处,以控制谷宽和走向。

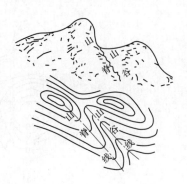

图 10-33 山脊与山谷

（三）鞍部

如图 10-34 所示,鞍部相邻两山头之间呈马鞍形的低凹部,是山区道路选线的重要位置,左右两侧等高线是近似对称的两组山脊线和两组山谷线。各种鞍部都是凭借两对等高线的形状和位置来显示其不同特征的,一对是高于鞍部高程的等高线,另一对是低于鞍部高程的等高线,具有较明显的对称性。测绘时鞍部的最低点必须设立棱镜,其附近要以坡度变化情况适当选择测量点位。

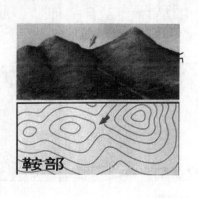

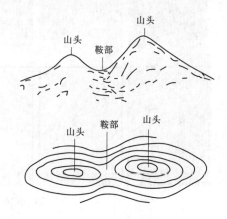

图 10-34 鞍部

（四）陡崖和悬崖

如图 10-35 所示,陡崖是坡度>70°的陡峭崖壁,石质,土质,用陡崖符号表示;悬崖是上部突出、下部凹进的陡崖,上部等高线投影到水平面,与下部的等高线相交,下部凹进的等高线用虚线表示。

（五）其他特殊地貌

特殊地貌通常不能用等高线表示,图式中制定有相应的符号,其表示图例如图 10-36、图 10-37 所示。测绘时,应测出分布特征,然后绘以相应符号。

四、地貌特征点的测定

（一）地貌特征点的测定方法

地貌的测绘,大体分为测绘地貌特征点、连接地性线、确定等高线的通过点和按实际地

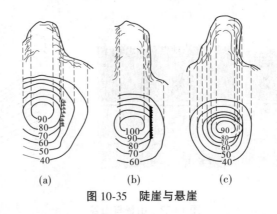

图 10-35　陡崖与悬崖

图 10-36　特殊地貌 1

貌勾绘等高线,即一测、二连、三分、四绘。计算机根据高程点高程值生成三角网,通过算法自动生成等高线,无论人工勾绘还是计算机自动生成等高线,等高线修正都必不可少。

测绘地貌,首先要全面分析地貌的分布形态,尤其是山脊、山谷的走向,找出其坡度变化和方向变化的特征点。地貌特征点包括山顶点、山脚点、鞍部点、分水线(或集水线)的方向变换点及坡度变换点。

如图 10-38 所示,在测定地貌特征点的同时要根据其位置和实地点与点之间的关系正确连接分水线或集水线,虚线表示山脊线,实线表示山谷线。地性线连好后,即可按地性线两端碎部点的高程,在地性线上求得等高线的通过点。一般来说,地性线上相邻两点间的坡度是等倾斜的,根据垂直投影原理可知,其图上等高线之间的间距也应该是相等的。因此,确定地性线上等高线的通过点时,可以按比例计算的方法求得。

在地性线上求得等高线通过点后,即可根据等高线的特性勾绘等高线。

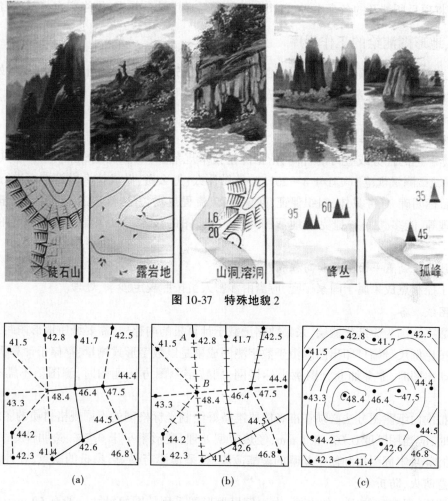

图 10-37　特殊地貌 2

图 10-38　等高线的勾绘

（二）测绘地貌时的跑尺方法

1.沿山脊线和山谷线跑尺法

当地貌比较复杂时,为了绘图连线方便和减少差错,立尺员从第一个山脊的山脚开始,沿山脊线向上跑尺,到达山顶后,再沿相邻的山谷线向下跑尺直至山脚。然后再到相邻的下一个山脊线和山谷线,直至跑完为止。这种跑尺方法,立尺员的体力消耗较大。

2.沿等高线跑尺法

当地貌不太复杂,坡度平缓且变化均匀时,立尺员按"之"字形沿等高线方向一排排立尺。遇到山脊线或山谷线时顺便立尺。这种跑尺方法便于观测和勾绘等高线,又易发现观测、计算中的差错,同时立尺员的体力消耗较少。但勾绘等高线时,容易错误判断地性线上的点位。故绘图员要特别注意对地性线的连接。

■ 任务六　大比例尺地形图测绘

大比例尺地形图测绘应当根据单位技术人员、仪器设备状况等技术实力,选择合适的技

术方法,将项目所涉及的各个工种、各个环节的先后顺序结合起来,最终完成测图项目。

一、地形图测绘的工作程序

"凡事预则立,不预则废",地形图测绘前,必须事先做好周密的计划与准备,做好测图方案,后续的工作才有章可循、有规可依。

(一)准备工作

1.编写技术设计书

根据下达的任务或签订的合同,依据测量技术规范如《工程测量标准》(GB/T 50027—2020)、《城市测量规范》(CJJ/T 8—2011),从做什么、怎么做、做成什么样等方面进行设计,要做到目标明确、任务具体、组织保证、岗位落实、流程正确、方法科学、要求具体、质量保证、工期合理等,能多快好省地完成地形图测绘,地形图的技术设计书是地形图测绘的关键环节。

2.抄录控制点平面坐标和高程成果

由于控制点成果属于国家秘密,应当由涉密人员按照规定抄录、处理。

3.图纸准备

因数字测图为无纸化测绘,采集数据记载于计算机的内存里,需要纸质地形图时计算机会自动按比例尺分幅打印出图。由于数字测图成果是以数字形式测量、存储于计算机中的,只有打印出图时,才叠加套合图廓坐标格网,用数字测图方法测图时,测图前不需要准备图纸。

模拟的白纸测图方法必须在准备阶段准备好绘制坐标格网的不同规格材质的图纸。白纸测图时,应当用厚度 0.07~0.1 mm、经热定型处理、变形率小于 0.2%、透明性好、伸缩率小、不怕潮湿、牢固耐用和便于蓝晒的聚酯薄膜,聚酯薄膜有易燃、易折的缺点,在使用过程中应注意防火、防折。

为测绘、保管和使用上的方便,大比例尺地形图采用的图幅尺寸一般有 50 cm×50 cm、40 cm×50 cm、40 cm×40 cm 三种,测图时可根据测区情况选择所需的图幅规格。

1)绘制坐标格网

坐标方格网的绘制可用坐标仪和用方眼尺按对角线法绘制。

如图 10-39 所示,先用直尺在图纸上画两条相互垂直的对角线 AC、BD,再以对角线交点 O 为圆心量出长度相等(此长度一般为图幅对角线一半略长)的四段线段,得 a、b、c、d 四点,连接各点即正方形 $ABCD$。从 A、B 两点起,各沿 AD、BC 每隔 10 cm 定一点;从 A 、D 两点起,各沿 AB、DC 每隔 10 cm 定一点,将上下和左右两边相对应的点一一连接起来,即构成直角坐标方格网。连线时,纵横线不必贯通,只画出 1 cm 长的正交短线即可。坐标格网绘成后,必须检查绘制的精度。用直尺检查各方格网的交点是否在同一直线上,其偏离值不应超过 0.2 mm;小方格网的边长与理论值 10 cm 相差不应超过 0.2 mm;小方格网对角线长度与其理论值 14.14 cm 相差不应超过 0.3 mm。如超过限值应重新绘制。

方格网检查合格后,根据测区控制网各控制点的坐标(X_i,Y_i)按照尽量把各控制点均匀分布在格网图中间的原则,选取本幅图的圆点坐标,在图廓外注明格网的纵横坐标值(X_i,Y_i),并在格网上边注明图号,下边注明比例尺。

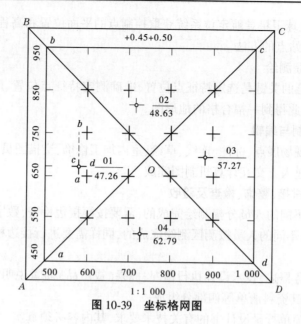

图 10-39　坐标格网图

2）展绘控制点

绘出坐标格网后，根据控制点的坐标值先确定点所在的方格，然后计算出对应格网的坐标差数 X' 和 Y'，按比例在格网相对边上截取与此坐标相等的距离，最后对应连接相交即得点的位置。如图 10-39 中，要展绘 1 号点，其坐标 $X_1 = 679.12$ m，$Y_1 = 580.08$ m，测图比例尺为 1:1 000。由坐标值可知 1 点所在方格（$X = 650 \sim 750$，$Y = 500 \sim 600$），其纵坐标 $X = 29.12$ m，按比例在方格内截取 29.12 m 得横线 cd，横坐标差 $Y = 80.08$ m，按比例在本格网内截取 80.08 m 得纵线 ab，将相应截取的横线 cd 与纵线 ab 相交，其交点即为 1 点在图上的位置。在此点的右侧平画一短横线，在横线上方注明点号，横线的下方注明此点的高程。

控制点展好后应检查各控制点之间的图上长度与按比例尺缩小后的相应实地长度之差，其差数不应超过图上长度的 0.3 mm，合格后才能进行测图。

4. 仪器检查、校正

对投入测图作业的仪器设备，必须对外表进行检视，对转动机构、仪器内部功能进行检验校正，使其符合测量要求。

5. 测区踏勘

了解测区自然地理状况、经济情况、风土人情、控制点位置及完好情况。

6. 拟订工作计划

结合踏勘实际情况，确定测区困难类别，合理配置人、财、物资源，制订切实可行的技术方案，编写能够遵从落实的技术设计书，组建强有力的技术队伍。

（二）图根控制测量

地形图是以图根控制测量为基准测绘的，图根点既是地形图测绘的基础，又是等级控制点密度低、不能满足地形图测绘而加密补充的"末端"控制点。

图根控制测量的方法根据使用仪器设备的不同、根据获取观测值的不同，分为传统的三角测量、三边测量、边角测量、导线测量等获取平面位置的方法，几何水准测量、三角高程测量等获取高程位置的方法，也有使用美国的 GPS、俄罗斯的 GLONSS、中国的北斗、欧盟的伽

利略等现代 GNSS 全球卫星导航定位系统获取控制点的平面位置和高程,还有用交会、内外分点、支点等增补测站点的方法。

(三)地物与地貌测绘

地物与地貌测绘的关键是选定特征点位置、准确测定特征点位置、图实一致连接点、精心绘制加工美化,由此得到一幅合格的地形图。

(四)地形图绘制与编辑

白纸测图是在现场展点、标注、连线、草绘、室内加工修饰,交描图员内业清绘描图完成。数字测图是室内通过人工交互计算机制图完成。

(五)地形图的拼接、整饰、检查及验收

白纸测图因是不同的人员分幅测绘完成的,需要按幅接边检查,数字测图是按明显的线状地物划分测区,由不同的人员按测区测绘完成的,同样需要进行接边检查。

(六)技术总结

技术总结由任务概述、技术设计执行情况、成果(或产品)质量说明和评价、上交和归档的成果(或产品)及其资料清单等四部分组成。

技术总结不应简单抄录设计书的有关技术要求,其内容必须真实、全面,重点突出,要对执行技术设计过程中出现了哪些技术问题、处理的方法、达到的效果、经验、教训和遗留问题等进行重点叙述。

(七)测图结束后应汇交的资料

成果汇总上交是在全面完成大比例尺地形图测绘内、外业工作的基础上,对取得的图件、数据和文字等成果分别进行整理,逐级汇总的工作。对作业员、项目部、承接单位、测绘质检部门在生产、检查、管理中形成的成果进行逐级汇总。

上交的资料除成果资料外,还要上交过程资料。通常成果资料交业主,过程资料交生产单位技术档案资料室。

1.成果资料

文字成果、图件成果、数据表格及地形数据库。文字报告指技术设计书、技术总结、检查验收报告、成果分析报告等;图件指地形图、图幅分幅结合图、控制网图等;数据表格指以图幅为单位的控制点成果表、点之记等。

2.过程资料

原始记录手簿、平差计算手簿、精度统计表、图历簿、工作日志等。

二、地形图测绘的要求

(一)碎部测量的要求

无论经纬仪测图、全站仪测图还是 GNSS-RTK 测图,无论在一般地区测图、城镇建成区测图、工矿区测图还是水域区测图,获取碎部点位置将是测图的首要问题,跑尺员能否将碎部点正确选择于地物、地貌的特征点上,是保证成图质量和提高测图效率的关键。从安置仪器、后视定向、立尺、观测、记录、计算、绘图的整个过程中,跑尺员、观测员、记录计算者、绘图员的工作态度和技术水平,都在影响着成图的质量和测图的效率。

具体各种地物、地貌碎部点测量要求,前文已经写明,这里不再赘述。

(二)地形图绘制要求

1.纸质地形图的绘制

(1)轮廓符号的绘制,应符合下列规定:

①依比例尺绘制的轮廓符号,应保持轮廓位置的精度。

②半依比例尺绘制的现状符号,应保持主线位置的几何精度。

③不依比例尺绘制的符号,应保持其主点位置的几何精度。

(2)居民地的绘制,应符合下列规定:

①城镇和农村的街区、房屋,均应按外轮廓线准确绘制。

②街区与道路的衔接处,应留出 0.2 mm 的间隔。

(3)水系的绘制,应符合下列规定:

①水系应先绘桥、闸,其次绘双线河、湖泊、渠、海岸线、单线河,然后绘堤岸、陡岸、沙滩和渡口等。

②当河流遇桥梁时应中断;单线沟渠与双线河相交时,应将水涯线断开,弯曲交于一点。当两双线河相交时,应互相衔接、圆滑。

(4)道路网的绘制,应符合下列规定:

①当绘制道路时,应先绘铁路,再绘公路及大车路等。

②当实线道路与虚线道路、虚线道路与虚线道路相交时,应实部相交。

③当公路遇桥梁时,公路和桥梁应留出 0.2 mm 的间隔。

(5)等高线的绘制,应符合下列规定:

①应保证精度,线画均匀、光滑自然。

②当图上的等高线遇双线河、渠和不依比例尺绘制的符号时,应中断。

(6)境界线的绘制,应符合下列规定:

①凡绘制有国界线的地形图,必须符合国务院批准的有关国境界线的绘制规定。

②境界线的转角处,不得有间断,并应在转角上绘出点或曲折线。

(7)各种注记的配置,应分别符合下列规定:

①文字注记,应使所指示的地物能明确判读。一般情况下,字头应朝北;道路河流名称,可随现状弯曲的方向排列;各字侧边或底边,应垂直或平行于现状物体;各字间隔尺寸应在 0.5 mm 以上;远间隔的亦不宜超过字号的 8 倍;注记应避免遮断主要地物和地形的特征部分。

②高程的注记,应注于点的右方,离点位的间隔应为 0.5 mm。

③等高线的注记字头,应指向山顶或高地,字头不应朝向图纸的下方。

(8)外业测绘的纸质原图,宜进行着墨或映绘,其成图应墨色黑实光润、图面整洁。

2.数字地形图的编辑处理

(1)数字地形图编辑处理软件的应用,应符合下列规定:

①首次使用前,应对软件的功能、图形输出的精度进行全面测试,满足本规范要求和工程需要后,方能投入使用;

②使用时,应严格按照软件的操作要求作业。

(2)观测数据的处理,应符合下列规定:

①观测数据应采用与计算机联机通信的方式,转存至计算机并生成原始数据文件;数据

量较少时也可采用键盘输入,但应加强检查。

②应采用数据处理软件,将原始数据文件中的控制测量数据、地形测量数据和检测数据进行分类,并分别进行处理。

③对地形测量数据的处理,可增删和修改测点的编码、属性和信息排序等,但不得修改测量数据。

④生成等高线时,应确定地性线的走向和断裂线的封闭。

(3)地形图要素应分层表示。分层的方法和图层的命名宜采用通用格式,也可根据工程需要对图层结构进行修改,但同一图层的实体宜具有相同的颜色和相同的属性结构。

(4)使用数据文件自动生成的图形或使用批处理软件生成的图形,应对其进行人机交互式图形编辑。

(5)数字地形图中各种地物、地貌符号、注记等的绘制、编辑,与纸质地形图绘制要求相同。当不同属性的线段重合时,可同时绘出,并采用不同的颜色分层表示。

(6)数字地形图的分幅,应满足下列要求:

①分区施测的地形图,应进行图幅裁剪,并对图幅边缘的数据进行检查、编辑;

②按图幅施测的地形图,应进行接图检查和图边数据编辑。图幅接边误差应符合接边规定;

③图廓及坐标格网绘制,应采用成图软件自动生成。

(7)数字地形图的编辑检查,应包括下列内容:

①图形的连接关系是否正确,是否与草图一致、有无错漏等;

②各种注记的位置是否适当,是否避开地物、符号等;

③各种线段的连接、相交或重叠是否恰当、准确;

④等高线的绘制是否与地性线协调、注记是否适宜、断开部分是否合理;

⑤对间距小于图上 0.2 mm 的不同属性线段,处理是否恰当。

(8)数字地形图编辑处理完成后,应按相应比例尺打印地形图样图,再进行内外业检查。

三、技术总结的撰写

测区工作结束后,要编写技术总结,并按规定要求提交成果、成图资料,以便归档。

编写技术总结应根据任务的要求和完成的情况按作业的性质和阶段来编写。从任务和测区情况、技术设计方案、作业方法、执行的规范标准、完成的工作量、成果成图的质量,以及理论与实践的结合上,均应认真分析研究,并加以总结提高。通过总结,肯定成绩,积累经验,吸取教训,改进工作,以便更好地指导今后的生产,以便进一步提高作业的技术和理论水平,以便有关部门可靠地利用所测成果、成图资料。编写技术总结主要依据技术设计书、检查验收材料及验收报告。编写技术总结应力求内容准确、完整和系统,文字叙述简明、具体和结论明确。

技术总结主要包括:

(一)一般说明

简述测图的作业单位、起讫日期及工作组织情况;测区名称、地理位置、面积、比例尺、等高距和完成的图幅数量(附小比例尺测区略图);测区地形条件、气象特点和交通条件及其对作业的影响;作业所依据的规范、图式和有关的技术文件。

（二）已有成果资料的利用和说明

（1）已有控制测量成果的利用说明：作业单位、施测年度和依据的标准；对利用的已有平面控制网的名称、等级、采用的坐标系统和精度，并附略图标明点的密度和分布情况；对利用的已有水准点的名称、等级、采用的高程系统和精度；已有控制点标志的埋设和保存情况。

（2）简述原测图的作业单位、测图时间、依据的标准；比例尺、等高距、成图方法、图幅数量；成果、成图精度和利用情况，接边情况等。

（三）首级及加密控制实施情况

应叙述布网方案，点的数量及密度、觇标及标石类型，使用的仪器及检验结果，观测方法及观测结果的质量统计。

（四）图根控制实施情况

说明施测方案、作业方法和布点情况，并根据测图范围大小附较小比例尺的控制点略图；作业的质量情况，并附控制测量精度统计表；作业中所遇到的问题和处理情况。

（五）碎部测量或数据采集实施情况

概述测图的方法和工作组织情况；作业的质量情况；接边情况；作业中所遇到的问题和处理情况。

（六）内业成图情况

采用的方法和使用的仪器、软件简介；作业质量情况；地物、地貌的综合取舍情况；接边情况和接边中发现的问题及处理情况；分幅情况及数据格式转换情况；作业中所遇到的问题及处理情况。

（七）工程的经济指标统计

投入的人力、物力、总工日，完成的工作量，劳动生产率，完成任务的经济效益情况。

（八）结论

对整个测量工作进行总的分析，做出是否合乎要求的结论；对作业方法和技术要求的改进意见。

四、资料上交

（一）控制测量部分

等级控制点的委托保管书及点位说明或点之记；各种仪器及水准尺、钢尺等的检验资料；等级及图根控制的外业观测手簿和计算资料；控制点成果表；综合图（包括分幅编号、控制点、水准路线等）。

（二）地形图部分

地形图、图历簿、碎部点重合点检查记载手簿可按用图单位需要确定是否提交。

（三）综合资料

设计书、技术总结、验收报告。

任务七　地形图的检查验收

优秀的成果是生产出来的，而不是检查出来的。测绘对象包罗万象，测绘的方法随着测绘对象的变化而变化，简单机械重复劳动的测绘基本没有，因此检查验收是地形图测绘生产的必需环节,不是可有可无的。

一、地形图检查验收的精度要求

地形图基本精度应符合下列规定:

(1)图上地物点相对于邻近图根点的点位中误差,不应超过表10-12的规定。

表10-12　图上地物点的点位中误差

区域类型	点位中误差(mm)
一般地区	0.8
城镇建筑区、工矿区	0.6

注:隐蔽或施测困难的一般地区测图,可放宽50%。

(2)等高线的插求点相对于邻近图根点的高程中误差,不应超过表10-13的规定。

表10-13　等高线插求点的高程中误差

一般地区	地形类别	平坦地	丘陵地	山地	高山地
	高程中误差(m)	$\frac{1}{3}H_d$	$\frac{1}{2}H_d$	$\frac{2}{3}H_d$	H_d

注:1. H_d 为地形图的基本等高距。

　2. 隐蔽或施测困难的一般地区测图,可放宽50%。

(3)工矿区细部坐标点的点位和高程中误差,不应超过表10-14的规定。

表10-14　细部坐标点的点位和高程中误差

地物类别	点位中误差(cm)	高程中误差(cm)
主要建构筑物	5	2
一般建构筑物	7	3

(4)地形测图地形点的最大点位间距,不应大于表10-15的规定。

表10-15　地形点的最大点位间距　　　　　　(单位:m)

比例尺	1:500	1:1 000	1:2 000	1:5 000
一般地区	15	30	50	100

(5)地形图上高程点的注记,当等高距为0.5 m时,应精确至0.01 m;当等高距大于0.5 m时,应精确至0.1 m。

二、纸质地形图的检查验收

(一)地形图拼接

地形图是分幅、分区域测绘的,相邻图幅、相邻区域必须拼接成为一体。由于测绘误差的存在,在相邻图幅、区域拼接处,地物的轮廓线、等高线不可能完全吻合,若接合误差在允许范围内,可进行调整。否则,对超限的地方需进行外业检查,在现场改正。

为便于拼接,要求测出图廓外、区域外 5 mm,对线状地物应测至主要的转折点和交叉点;对地物的轮廓应将其完整地测出。

为保证图边拼接精度,在建立图根控制时,在图幅、区域边界附近布设足够的解析图根点。

图 10-40 中,表示左右两幅图在相邻边界衔接处的等高线、道路、房屋等都有偏差。根据地形测量规范规定,接图误差不应大于表 10-12、表 10-13 相应地物、地貌中误差的 $2\sqrt{2}$ 倍。例如,对于主要地物中误差为±0.6 mm 的情况,则在接边时,同一地物的位置误差不应大于图上±0.6×$2\sqrt{2}$ =±1.7(mm);又如,6°以下地面等高线中误差为 1/3 等高距,设测图等高距为 1 m,则接边时两图边同一等高线的高程之差不应超过±0.9 m。

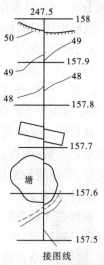

图 10-40　地形图拼接

由于图纸本身性质不同,拼接时在做法上也有所不同。

1. 聚酯薄膜测图的拼接方法

由于薄膜具有透明性,拼接时直接将相邻图幅图廓坐标格网套合,仔细观察接边处地物、地貌是否互相衔接,有无遗漏,取舍是否一致,各种符号注记是否相同等。接边误差符合要求,按取中的方法进行改正。具体作法是先将其中一幅图边的地物地貌按平均位置改正,而另一幅则根据改正后的图边进行改正。改正直线地物时,应按相邻两图幅中直线的转折点或直线两端点连接。改正后的地物和地貌应保持合理的走向。

2. 白纸测图的接图方法

用白纸测图时,需用 5 cm 宽,比图廓边略长的透明纸作为接图边纸。在接图边纸上需先绘出接图的图廓线、坐标格网线并注明其坐标值。然后将每幅图各自的东南两图廓边附近 1~1.5 cm,以及图廓边线外实测范围内地物、地貌及其说明符号注记等摹绘于接图边纸上。再将此摹好的东、南拼接图边分别与相邻图幅的西、北图边拼接。

(二)纸质地形图的检查验收

地形图及其有关资料的检查检收工作,是测绘生产的一个重要环节,是测绘生产技术管理工作的一项重要内容。

地形图的检查验收应当执行《测绘成果检查验收规定》《测绘成果质量评定标准》和《工程测量规范》(GB 50026—2007)。要在测绘人员自己充分检查的基础上,经过 100% 的过程检查、监理检查后,提请业主和省级以上测绘质检机构进行总的检查和质量评定。若合乎质量标准,应予以验收。检查验收的主要技术依据是地形测量技术计划、现行地形测量规范和地形图图式。

1. 自检

测绘作业人员,在整个测绘过程中,应将自我检查贯穿于测绘始终。自检的主要内容有:使用仪器工具的定期检校,控制测量成果,图廓、坐标格网的展绘,控制点平面位置和高程展绘注记,测站上的已知点检查、归零检查,测站所测的地物、地貌有无遗漏或错误,跑尺员的互查,在迁站途中的巡查,迁站后的重合点检查,对发现的问题,随即改正。做到"站站清、线线清、段段清、片片清、天天清、幅幅清、项项清",是对测绘作业人员的根本要求。

2. 提交资料

测图工作结束后,需将各种有关资料整理妥当或装订成册,以供总的全面检查与验收,上交资料分为控制测量、地形测量及技术总结三部分。

控制测量成果包括:测区的分幅及其编号图、控制网(点)图(包括水准路线)、各种外业观测手簿、内业计算手簿、制点成果表(包括坐标和高程)。

地形测图成果包括:地形原图、碎部点记载手簿、野外接边图、地形图履历簿。

3. 全面检查

1) 内业全面检查

内业全面检查,就是对上交成果资料的齐全性、完整性、美观性,质量的符合性进行检查,内业检查发现的问题为外业检查提供线索,确定外业巡查和重点检查区域。

地形图内业检查主要内容有:图廓及坐标格网;各级控制点的展绘注记;图上控制点密度及埋石点数;地物、地貌表达;各种注记;图面地貌特征点数量和分布能否保证勾绘等高线的需要,等高线与地貌特征点高程是否适应;接边;各种资料手簿。

2) 外业检查

根据内业检查情况,随机或有计划地按比例确定检查数量、巡视路线和设站检查区域。检查中发现错误,应立即在实地对照改正,如错误超过规定比例,退回返工暂不验收。测绘成果、成图,经全面检查符合要求,予以验收,并根据质量评定标准,评定质量等级。

3) 检查要求

位置精度检查必须进行野外设站检查,尽量以与原测站不同的已知点为依据,利用高精度或同精度方法,每幅图施测 25 个以上点的坐标进行比较,填写表 10-16 并计算中误差。

表 10-16　地物点点位精度检查记录表

图名图号	检查部位属性	点号	原测坐标		检测坐标		坐标较差		$\Delta^2 = \Delta_x^2 + \Delta_y^2$
			x	y	x'	y'	Δx	Δy	
检查结果			$[\Delta\Delta] = \sum \Delta^2 =$				解析点位中误差 $m = \pm$		

注:$[\Delta\Delta]$ 为 Δ^2 之和,中误差 m 计算公式为:$m = \pm\sqrt{\dfrac{[\Delta\Delta]}{n}}$,超过允许误差视为粗差,粗差率不得大于检查数量的 5%。

(1)解析点点位误差检查与精度评定。

(2)间距误差检查,通常采用原勘丈距离或解析反算边长与实地检测距离或检测坐标反算边长相比较,填写表 10-17,并计算中误差。

表 10-17　地物点间距检查记录表

图名图号	检查部位属性	点号	原测距离(m)	比较距离(m)	较差 d(cm)	d^2
检查结果			$[dd] = \sum d^2 =$		解析点位中误差 $m = \pm$	

注:$[dd]$ 为 d^2 之和,中误差计算公式为:$m = \pm\sqrt{\dfrac{[dd]}{n}}$。

(3)高程注记点间距误差检查。

三、数字地形图的检查验收

数字地形图主要从空间精度、属性精度以及时间精度等方面进行检查。

(一)空间精度检查

空间精度检查评价主要从位置精度、数学基础、数据完整性、逻辑一致性、要素关系处理、接边等方面加以检查评价。数据完整性主要检查分层的完整性,实体类型的完整性,属性数据的完整性及注记的完整性等。逻辑一致性检查评价包括检查点、线、面要素拓扑关系的建立是否有错,面状要素是否封闭,一个面状要素有不止一个标识点或有遗漏标识点线画相交情况是否被错误打断,有无重复输入两次的线画,是否出现悬挂结点,以及其他错误的检查。要素关系处理检查评价内容包括确保重要要素之间关系正确并忠实于原图,层与层间不得出现整体平移,境界与线状地物,公路与居民地内的街道以及与其他道路的连接关系是否正确。严格按照数据采集的技术要求处理各种地物关系。

1. 粗差检测

图形数据是数字线画图(DLG)的一类重要数据,粗差检测主要是对图形对象的几何信息进行检查,主要包括线段自相交、两线相交、线段打折、公共边重复、同一层及不同层公共边不重合等。

2. 数学基础精度

数学基础精度主要包括坐标带号、图廓点坐标和坐标系统。

3. 位置精度

位置精度包括平面位置精度和高程精度,检测方法有实验检测和误差分布检验。

(二)属性精度检查

属性数据质量可以分为对属性数据的表达和描述(属性数据的可视表现)、对属性数据的质量要求(质量标准)两个质量标准,保证了这两方面的质量,可使属性数据库的内容、格式、说明等符合规范和标准,利于属性数据的使用、交换、更新、检索,数据库集成以及数据的二次开发利用等。属性数据的质量还应该包括大量的引导信息以及以纯数据得到的推理、分析和总结等,这就是属性元数据,它是前述数据的描述性数据。因此,属性元数据也是属性数据可视表现的一部分。而精度、逻辑一致性和数据完整性则是对属性数据可视表现的质量要求,主要包括属性值域的检验、属性值逻辑组合正确性检验、用符号化方法对各属性值进行详细评价。

(三)时间精度检查

通过查看元数据文件,了解现行原图及更新资料的测量或更新年代,或根据对地理变化情况的了解,直接检查资料的现势性情况,再根据预处理图检查核对各地物更新情况。用影像数据采用人机交互方法进行更新,须将影像与更新矢量图叠加,详细检查是否更新,更新地物的判读精度,对地物判读的位置精度、面积精度及误判、错判情况做出评价。

(四)逻辑一致性检查

逻辑一致性检验主要是指拓扑一致性检验,包括悬挂点、多边形未封闭、多边形标识点错误等。构建拓扑关系后,通过判断各线段的端点在设定的容差范围内是否有相同坐标的点进行悬挂点检查,以及检查多边形标识点数量是否正确。

（五）完整性与正确性

检查内容包括文件:命名、数据文件、数据分层、要素表达、数据格式、数据组织、数据存储介质、原始数据等的完整性与正确性。

（1）文件命名完整性与正确性的检查。

（2）数据格式完整性与正确性的检查。

（3）文档资料采用手工方法检查并录入检查结果,元数据通过以下方法实现自动检查:建立"元数据项标准名称模板"与"元数据用户定义模板",将"元数据项标准名称"与"被检元数据项名称"关联起来;通过"元数据用户定义模板"中的"取值说明"及"取值",对元数据进行自动检查。

■ 任务八　地形图的基本应用

一、点位坐标的量测

欲确定地形图上某点的坐标,可根据格网坐标用图解法求得。

如图 10-41 所示,欲求图上 A 点的坐标,首先找出 A 点所处的小方格,并用直线连成小正方形 $abcd$,其西南角 a 点的坐标为 x_a、y_a,再量取 ap 和 an 的长度,即可获得 A 点的坐标为

$$\begin{cases} x_A = x_a + ap \cdot M \\ y_A = y_a + an \cdot M \end{cases} \quad (10\text{-}13)$$

式中:M 为地形图比例尺分母。

为了提高坐标量算的精度,必须考虑图纸伸缩的影响,可按下式计算 A 点的坐标:

$$\begin{cases} x_A = x_a + \dfrac{10}{ad} \cdot ap \cdot M \\ y_A = y_a + \dfrac{10}{ab} \cdot an \cdot M \end{cases} \quad (10\text{-}14)$$

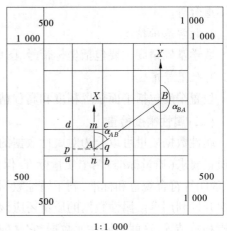

1:1 000

图 10-41　量测点的坐标

式中:ap、an、ab、ad 均为图上量取的长度,mm,量至 0.1 mm;M 为地形图比例尺分母。

图解法求得的坐标精度受图解精度的限制,一般认为,图解精度为图上 0.1 mm,则图解坐标精度不会高于 0.1M（单位为 mm）。

二、距离的量测

如图 10-41 所示,要确定 A、B 两点间的距离,可用以下两种方法。

（一）图解法

用直尺直接量取 A、B 两点间的图上长度 d_{AB},再根据比例尺计算两点间的距离 D_{AB}。公式为

$$D_{AB} = d_{AB} \times M \quad (10\text{-}15)$$

也可以用卡规在图上直接卡出线段长度,再与图示比例尺比量,得出图上两点间的水平距离。

(二)解析法

利用图上两点的坐标计算出两点间的距离。这种方法能消除图纸变形的影响,提高距离精度。如图10-41所示,先按式(10-14)求出 A、B 两点的坐标值 (x_A, y_A)、(x_B, y_B),然后按下式计算出两点间的距离:

$$D_{AB} = \sqrt{(x_B - x_A)^2 + (y_B - y_A)^2} = \sqrt{\Delta x_{AB}^2 + \Delta y_{AB}^2} \tag{10-16}$$

若图解坐标的求得考虑了图纸伸缩变形的影响,则解析法求距离的精度高于图解法的精度。图纸上绘有图示比例尺时,一般用图解法量取两点间的距离,这样既方便,又能保证精度。

三、坐标方位角的量测

在图10-41中,欲确定直线 AB 的坐标方位角,可用以下两种方法。

(一)图解法

过 A、B 两点分别作坐标纵轴的平行线,然后用测量专用量角器量出 α_{AB} 和 α_{BA},取其平均值作为最后结果,即

$$\overline{\alpha}_{AB} = \frac{1}{2}\left[\alpha_{AB} + (\alpha_{BA} \pm 180°)\right] \tag{10-17}$$

此法受量角器最小分划的限制,精度不高。当精度要求较高时,可用解析法。

(二)解析法

先求出 A、B 两点的坐标,然后按下式计算 AB 直线的象限角 R:

$$R = \arctan\left|\frac{\Delta y_{AB}}{\Delta x_{AB}}\right| = \arctan\left|\frac{y_B - y_A}{x_B - x_A}\right| \tag{10-18}$$

根据 Δx_{AB}、Δy_{AB} 的 +、- 求得方位角 α_{AB},具体方法前文已讲过,这里不再赘述。

由于坐标量算的精度比角度量测的精度高,因此解析法所获得的方位角比图解法可靠。

四、点的高程与两点间坡度的量测

(一)求点的高程

对于地形图上某点的高程,可以根据等高线及高程注记来确定。如图10-42所示,若所求点正好处在等高线上,则此点的高程即为该等高线的高程,图中 A 点的高程 $H_A = 45$ m。若所求点不在等高线上,则应根据比例内插法确定该点的高程。在图10-42中,欲求 B 点的高程,首先过 B 点作相邻两条等高线的近似公垂线,与等高线相交于 m、n 两点,然后在图上量取 mn 和 nB,按下式计算 B 点的高程:

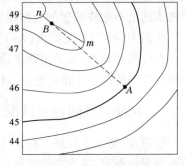

图10-42 求点的高程

$$H_B = H_n + \frac{nB}{mn} \cdot h \tag{10-19}$$

式中:h 为等高距,m;H_n 为 n 点的高程,m。

如图 10-42 所示中：

$$H_B = 48 + \frac{6.3}{9.0} \times 1.0 = 48.7(\text{m})$$

当精度要求不高时,也可用目估内插法确定待求点的高程。

(二)求两点间的坡度

设图 10-42 上直线两端点间的高差为 h,两点间的距离为 D,则地面上该直线的平均坡度为：

$$i = \frac{h}{D} = \frac{h}{d \cdot M} \qquad\qquad (10\text{-}20)$$

式中:坡度 i 通常用百分率(%)或千分率(‰)表示。

若 $h_{AB} = 3.7$ m、$D_{AB} = 100$ m,则 $i = 3.7\%$。如果直线两端位于相邻两条等高线上,则所求的坡度与实地坡度相符。如果直线跨越多条等高线,且相邻等高线之间的平距不等,则所求的坡度是两点间的平均坡度,与实地坡度不完全一致。

五、按等坡线选取最短路线

在山区或丘陵地区进行管线或道路工程设计时,均有指定的坡度要求。在地形图上选线时,先按规定坡度找出一条最短路线,然后综合考虑其他因素,获得最佳设计路线。

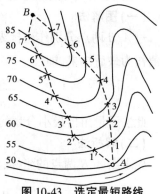

图 10-43　选定最短路线

如图 10-43 所示,要从 A 向山顶 B 选一条公路的路线。已知等高线的基本等高距为 $h = 5$ m,比例尺 1:10 000,规定坡度 $i = 5\%$,则路线通过相邻等高线的平距应该是 $D = h/i = 5/5\% = 100$ m。在 1:10 000 图上平距应为 1 cm,用分规以 A 为圆心,1 cm 为半径,作圆弧交 55 m 等高线于 1 或

$1'$。再以 1 或 $1'$ 为圆心,按同样的半径交 60 m 等高线于 2 或 $2'$。同法可得一系列交点,直到 B。把相邻点连接,即得两条符合于设计要求的路线的大致方向。然后通过实地踏勘,综合考虑选出一条较理想的公路路线。

由图 10-43 中可以看出,A-$1'$-$2'$-$3'$…线路的线形,不如 A-1-2-3…线路线形好。

在作图过程中,如果出现半径小于相邻等高线平距的情况,即圆弧与等高线不能相交,说明该处的坡度小于指定坡度,此时,路线可按最短距离定线。

六、判断两点间通视情况

在道路、管线等线路工程设计中,为了合理地确定线路的纵坡,或在场地平整中,进行填、挖土方量的概算,或为布设测量控制网,进行图上选点,以及判断通视情况等,均需详细了解沿线方向的坡度变化情况。因此,要根据地形图并按一定比例绘制能反映某一方向地面起伏状况的断面图。

如图 10-44 所示,地面上有 A、B 两点,若要绘制 AB 方向的断面图,具体步骤如下：

(1)在图纸上绘制一直角坐标,横轴表示水平距离,纵轴表示高程。

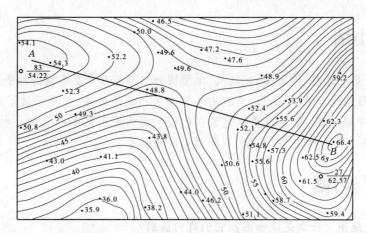

图 10-44 绘山顶上的两点 A、B 的断面

水平距离的比例尺与地形图的比例尺一致。为了明显地反映地面的起伏情况,高程比例尺一般为水平距离比例尺的 10~20 倍,如图 10-45 所示。

(2)在纵轴上标注高程,在横轴上适当位置标出 A 点。将直线 AB 与各等高线的交点,按其与 A 点之间的距离转绘在横轴上。

(3)根据横轴上各点相应的地面高程,在坐标系中标出相应的点位。

(4)把相邻的点用光滑的曲线连接起来,便得到地面直线 AB 的断面图,如图 10-45 所示。

若要判断地面上两点是否通视,只需在这两点的断面图上用直线连接两点,如果直线与断面线不相交,说明两点通视,否则,两点之间视线受阻。图 10-45 中,A、B 两点互相通视。两点间通视问题的判断,对于架空索道、输电线路、水文观测、测量控制网布设、军事指挥及军事设施的兴建等都有很重要的意义。

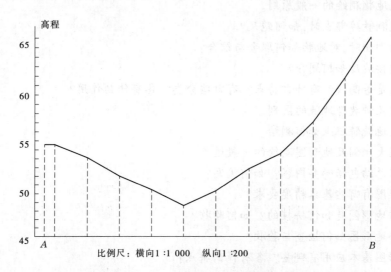

比例尺:横向1:1 000 纵向1:200

图 10-45 绘制 A、B 间的断面线

■ 项目小结

本项目主要从地图、地形图、比例尺、地形图分幅与编号等基本概念入手,讲了地物测绘的原理,地物测绘的方法,等高线、地貌的表示方法和测绘方法,然后又讲了地形图的接边、成果上交、成果验收等,最后简要叙述了在已绘制好的地形图基础上的一些地形图基本应用,如测量坐标、距离、方位角、坡度,判断两点间通视等。

■ 思考与习题

1. 什么是地图? 什么是地形图? 它们有何区别?

2. 什么是比例尺? 比例尺有哪些表示方法? 什么是比例尺精度? 比例尺精度在测图中有何意义?

3. 我国基本比例尺系列有哪些? 如何划分大比例尺、中比例尺和小比例尺?

4. 地形图图幅要素包含哪些?

5. 图式符号如何分类? 各有什么特点?

6. 什么是图式符号的定位与定向? 如何定位? 如何定向?

7. 地形图注记有哪些分类? 注记有什么要求?

8. 地形图分幅的基本原则是什么?

9. 什么是梯形分幅? 传统梯形分幅如何划分? 新梯形分幅如何划分?

10. 什么是接图表? 有什么作用?

11. 简述极坐标法测量碎部点的原理。

12. 碎部点测量方法有哪些? 各适用于什么情况?

13. 简述经纬仪白纸测图的工作过程。

14. 简述地物测绘的一般原则。

15. 简述测量碎部点时,如何跑尺?

16. 地物测绘时,对地物如何取舍与综合?

17. 地貌按坡度如何划分?

18. 什么是等高线? 有什么特点? 有哪些分类? 各有什么作用?

19. 列出几种典型地貌的区别。

20. 简述地貌特征点如何测绘。

21. 简述大比例尺地形图测绘的一般过程。

22. 技术总结包括哪些内容? 如何编写?

23. 地形图有哪些基本精度要求?

24. 纸质地形图是如何拼接的? 如何验收?

25. 数字地形图如何检查与验收?

26. 地形图基本应用有哪些? 各有什么特点?

27. 极坐标法测碎部点,在 A 点架设仪器。已知 $X_A = 753.89$,$Y_A = 374.04$,$H_A = 107.42$ m,仪器高为 1.52 m,仪器照准 B 点的棱镜测得垂直角为 $+3°20'08''$、斜距为 173.21 m、方位

角为 184°24′38″,棱镜高为 2.00 m,计算 B 点的三维坐标。

28. 如图 10-46 所示,直线 AB 为一地性线,已知 H_A = 437.4 m。在 K 点设置仪器,高度为 1.6 m,测定 B 点的垂直角为 α_{KB} = +30°,棱镜高为 2.2 m,仪器至 B 的平距为 D_{KB} = 150 m。若 K 点高程为 H_K = 363.5 m,等高距为 2.5 m。

试计算:

(1) B 点高程(不计两差改正,保留一位小数);

(2) AB 点间通过等高线的数目和每条等高线的高程。

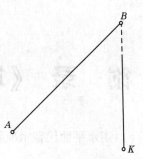

图 10-46　等高线图

附　录　《地形测量》公式汇编

（1）用水平面代替水准面对距离的影响：

$$\frac{\Delta D}{D}=\frac{1}{3}\left(\frac{D}{R}\right)^{2}$$

式中：ΔD 是用水平面代替水准面对距离的影响值；D 是水平距离；R 为地球半径，$R=6\ 371\ \text{km}$。

结论：在半径为 10 km 的测区内，可以用平面代替大地水准面，其产生的距离投影误差可以忽略不计。

（2）用水平面代替水准面对高差的影响：

$$\delta_{h}=\frac{D^{2}}{2R}$$

式中：D 为水准仪到水准尺的水平距离。

结论：对高差测量，即使距离很短，也不能忽视地球曲率对高程的影响，在观测过程中必须采取措施（水准测量中，保持前后视距相等），消除或减弱其影响。

（3）真误差：

$$\Delta=\widetilde{L}-L$$

式中：Δ、$\widetilde{L}$、L 为真误差、真值和观测值。

（4）中误差：

$$\sigma=\lim_{n\rightarrow\infty}\sqrt{\frac{[\Delta\Delta]}{n}}$$

中误差的估值公式：

$$\hat{\sigma}=\sqrt{\frac{[\Delta\Delta]}{n}}$$

式中：σ、$\hat{\sigma}$、Δ、n 为中误差、中误差的估值、真误差、观测次数。

（5）极限误差：

$$\Delta_{限}=3\sigma\quad\text{或}\quad\Delta_{限}=2\sigma$$

式中：$\Delta_{限}$、σ 为极限误差、中误差。

（6）相对误差

$$\frac{\sigma}{D}=\frac{1}{D/\sigma}=\frac{1}{N}$$

式中：D、σ 为所测距离、中误差。

（7）误差传播之倍乘函数。

有 $y=kx$，k 为常数，x 的中误差为 σ_{x}，求 σ_{y}。

$$\sigma_y = k\sigma_x$$

（8）误差传播之和差函数。

①有 $z = x \pm y$，x、y 的中误差分别为 σ_x、σ_y，求函数 z 的中误差 σ_z。

$$\sigma_z = \sqrt{\sigma_x^2 + \sigma_y^2}$$

②特殊情形，若各观测值精度相同，均为 σ 时，则

$$\sigma_z = \sqrt{n}\,\sigma$$

③求平均值的中误差。

对某一个量 L 同精度（中误差为 σ）观测 n 次，最后取这 n 个量的算术平均值 $\frac{1}{n}(L_1 + L_2 + \cdots + L_n)$ 作为结果，则求该算术平均值的方差值。

$$\bar{\sigma} = \frac{1}{\sqrt{n}}\sigma$$

（9）误差传播之线性函数。

测量的工作中往往有很多函数存在，如水准测量从已知点 A 测到待测点 B，由若干段组成，各段设置的路线长度或测站数可能不同，则待求点的高程为

$$H_B = H_A + p_1 h_1 + p_2 h_2 + \cdots + p_n h_n$$

式中：H_A 为已知值；p_1、p_2、$\cdots$、p_n 为数值，所以上边 H_B 计算式为线性函数。

如果各观测量之间不相互独立，则存在协方差 $\sigma_{h_1 h_2}$、$\sigma_{h_1 h_3}$ $\cdots$ $\sigma_{h_{n-1} h_n}$，简写为 σ_{12}、σ_{13}、$\cdots$、σ_{1n}、$\sigma_{(n-1)n}$，为了书写方便，设观测的量为 $L = (L_1, L_2, \cdots, L_n)$，定义其方差阵为

$$D_{LL} = \begin{bmatrix} \sigma_1^2 & \sigma_{12} & \cdots & \sigma_{1n} \\ \sigma_{21} & \sigma_2^2 & \cdots & \sigma_{2n} \\ \vdots & \vdots & & \vdots \\ \sigma_{n1} & \sigma_{n2} & \cdots & \sigma_n^2 \end{bmatrix}$$

当观测量之间相互独立时，所有的协方差均为零，即矩阵中除主对角线元素有值外，其余均为零，变成了下式：

$$D_{LL} = \begin{bmatrix} \sigma_1^2 & 0 & \cdots & 0 \\ 0 & \sigma_2^2 & \cdots & 0 \\ \vdots & \vdots & & \vdots \\ 0 & 0 & \cdots & \sigma_n^2 \end{bmatrix}$$

当观测量之间不相互独立时，令 $P = (K_1 \quad K_2 \quad K_3 \quad K_4)$

若要求解 $\sigma_{H_B}^2$ 的值，可以写作：

$$\sigma_{H_B}^2 = D_{H_B H_B} = P D_{LL} P^{\mathrm{T}}$$

（10）误差传播的非线性函数：

$$Z = f(x_1, x_2, \cdots, x_n)$$

令 $x = (x_1, x_2, \cdots, x_n)^{\mathrm{T}}$，其方差阵为

$$D_{XX} = \begin{bmatrix} \sigma_1^2 & \sigma_{12} & \cdots & \sigma_{1n} \\ \sigma_{21} & \sigma_2^2 & \cdots & \sigma_{2n} \\ \vdots & \vdots & & \vdots \\ \sigma_{n1} & \sigma_{n2} & \cdots & \sigma_n^2 \end{bmatrix}$$

当 x_i 具有真误差时,函数 Z 也因之产生真误差 Δ,根据高等数学知识,误差都是微小量,可以近似用函数的全微分表示,对式 $Z = f(x_1, x_2, \cdots, x_n)$ 两边全微分,得:

$$dZ = \frac{\partial f}{\partial x_1} dx_1 + \frac{\partial f}{\partial x_2} dx_2 + \cdots + \frac{\partial f}{\partial x_n} dx_n$$

用 Δ_Z 代替 dZ,Δ_{x_i} 代替 dx_i,则上式变为

$$\Delta_Z = \frac{\partial f}{\partial x_1} \Delta_{x_1} + \frac{\partial f}{\partial x_2} \Delta_{x_2} + \cdots + \frac{\partial f}{\partial x_n} \Delta_{x_n}$$

用 $k_i = \dfrac{\partial f}{\partial x_i}$ 替代上式,得:

$$\Delta_Z = k_1 \Delta_{x_1} + k_2 \Delta_{x_2} + \cdots + k_n \Delta_{x_n}$$

上式形式上和线性函数类似,但每项的系数并不是简单的整数,而是一个偏导数。之后求解其方差和中误差的过程直接应用式 $\sigma_{H_B}^2 = D_{H_B H_B} = PD_{LL}P^{\mathrm{T}}$ 的同型式求解:

$$\sigma_Z^2 = D_{ZZ} = KD_{XX}K^{\mathrm{T}}$$

(11)水准测量读数原理:

$$h_{AB} = a - b$$

h_{AB}、a、b 为 A、B 两点间高差,后视中丝读数,前视中丝读数。

(12)两点间高差计算:

$$h_{AB} = H_B - H_A$$

式中:h_{AB}、H_A、H_B 为 A、B 两点间高差,A 点高程,B 点高程。

h_{AB} 表示从 A 点到 B 点高差,以 B 点高程减 A 点高程,注意下标含义,两个字母顺序不同,表示高差是相反的。

(13)管水准器分划值的计算:

$$\tau = \frac{2 \text{ mm}}{R} \cdot \rho''$$

式中:τ、R、ρ 为管水准器最小分划对应的圆心角值、水准管圆弧半径、弧度与角度互化常数($206\,265''$)。

结论:分划值与灵敏度的关系为:分划值大,灵敏度低;分划值小,灵敏度高。但水准管气泡的灵敏度愈高,气泡愈不稳定,使气泡居中所花费的时间愈长。

(14)附合水准路线高程平差。

①计算高差闭合差:

$$f_h = \sum_{i=1}^{n} h_i - (H_{终} - H_{始})$$

②若高差闭合差小于限差(这里以四等水准测量为例),即

$$f_h \leqslant f_{限} = \pm 20 \sqrt{L}$$

计算每一测段高差改正数：

$$v_i = -\frac{f_h}{\sum\limits_{i=1}^{n} L_i} \cdot L_i$$

改正数之和应等于高差闭合差的相反数：

$$\sum_{i=1}^{n} v_i = -f_h$$

③计算改正后的测段高差：

$$h_{i改} = h_i + v_i$$

④推算待定点高程：

$$H_{i+1} = H_i + h_{i改}$$

(15)闭合水准路线高程平差，与附合路线相比，只有高差闭合差计算不同：

$$f_h = \sum_{i=1}^{n} h_i$$

(16) i 角的计算：

$$i = \frac{h''_{AB} - h'_{AB}}{S_A - S_B} \cdot \rho''$$

式中：i、h''_{AB}、h'_{AB}、S_A、S_B、ρ 为 i 角、第二次高差、第一次高差、水准仪到 A 点距离、水准仪到 B 点距离、弧度与角度互化常数（206 265″）。

(17)水平角读数原理。

水平度盘顺时针注记，望远镜分别瞄准目标 A、B，在水平度盘上读数为 a、b，水平角 β 为

$$\beta = b - a$$

(18)垂直角与天顶距的换算关系：

$$\alpha = 90° - Z$$

式中：α、Z 为垂直角、天顶距。

(19)水平度盘配置：

DJ$_6$ 型：

$$G = \frac{180°}{m} \cdot (k-1) + \frac{60'}{m} \cdot (k-1)$$

DJ$_2$ 型：

$$G = \frac{180°}{m} \cdot (k-1) + 10' \cdot (k-1) + \frac{600''}{m} \cdot \left(k-\frac{1}{2}\right)$$

式中：m 为总测回数；k 为测回序号。

(20)垂直角与指标差的计算：

$$\alpha = \frac{1}{2}(R - L - 180°) \quad x = \frac{1}{2}(R + L - 360°)$$

式中：α、x、L、R 为垂直角、指标差、盘左竖盘读数、盘右竖盘读数。

(21)某一方向照准部偏心误差：

$$\varepsilon = \rho'' \cdot \frac{e}{R} \sin(M - \theta)$$

式中：ε 为该方向的照准部偏心误差；e 为照准部偏心距；θ 为照准部偏心角，见附图1。

结论:方向的照准部偏心误差,ε 不仅与偏心元素 e 和 θ 有关,而且与目标方向的读数有关。但由它对盘左盘右读数的影响符号相反,大小相等,任一方向的盘左盘右读数取平均值时均可消除 ε 的影响。

（22）2 倍照准差:

$$2C = L - R \pm 180°$$

结论:视准轴误差一般可以通过一测回中上、下半测回方向值求平均而得到消除。视准轴与横轴的关系是机械的结合,在短时间内可以认为 C 是常数。水平角观测中,通常以同一测回各方向 $2C$ 互差的大小来反映观测质量的高低,规范要求互差不超过 $13''$。

（23）横轴误差:

$$X = i \cdot \tan\alpha$$

式中:i、X、α 为横轴倾斜角度、横轴误差对水平角影响、垂直角。

结论:X 随垂直角增大而增大;当垂直角 $\alpha = 0$,$X = 0$,即观测目标与仪器同高时,不受横轴倾斜误差的影响;横轴倾斜对盘左、盘右观测值的影响大小相等而符号相反,故取盘左、盘右读数的平均值,可以抵消横轴误差的影响,即一测回同一方向的观测值不含横轴误差。

（24）测站点偏心对水平角的影响:

$$\delta_1 = \frac{e\sin\theta}{S_A} \cdot \rho''$$

$$\delta_2 = \frac{e\sin(\beta' - \theta)}{S_B} \cdot \rho''$$

式中:δ、e、θ、S_A 与 S_B、β' 分别为仪器对中误差对水平角的影响、偏心距、水平角观测的起始方向与偏心方向的夹角、测站点到目标点的距离、观测水平角（见附图 2）。

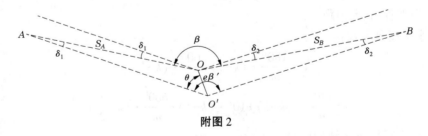

附图 2

结论:

①仪器对中误差对水平角的影响与测站偏心距成正比,与观测边长成反比。

②当水平角接近 $180°$、偏心角接近 $90°$ 时,对中误差影响最大。因此,观测接近 $180°$ 的水平角或过短的边长时,应特别注意仪器的对中整平。

（25）目标偏心对水平角的影响（见附图 3）:

$$\delta_1 = \frac{e_1\sin\theta_1}{S_A}\rho''$$

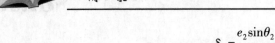

$$\delta_2 = \frac{e_2 \sin\theta_2}{S_B}\rho''$$

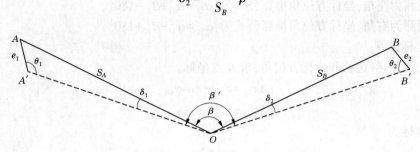

附图 3

符号含义同上述测站偏心公式。

结论：

① 目标偏心误差对方向值影响与目标偏心距成正比，与观测边长成反比。因此，观测边越短，越要注意将目标杆立在目标点位中心上并尽可能立直，杆子一定要细一些，尽量照准目标的底部。

② 垂直于瞄准方向的目标偏心（$\theta = 90°$）影响最大。

(26) 钢尺量距计算公式。

两点间距离：

$$D_{AB} = n \times l_0 + q$$

式中：l_0、n、q 分别为钢尺整尺段长度、整尺段数、不足整尺段长度。

(27) 距离丈量中的相对误差：

$$\frac{|D_{往} - D_{返}|}{D_{平均}} = \frac{1}{D_{平均}/|D_{往} - D_{返}|} = \frac{1}{K}$$

(28) 尺长方程式：

$$l = l_0 + \Delta k + \alpha l_0 (t - t_0)$$

式中：l 为钢尺在温度 t 时的实际长度；l_0 为钢尺的名义长度；Δk 为在标准温度下，钢尺实际长度与名义长度的差数；α 为钢尺的温度线膨胀系数；t_0 为设定的标准温度；t 为测量时的钢尺温度。

(29) 距离测量三差改正。

尺长改正：

$$\Delta D_l = D' \frac{\Delta l}{l_0}$$

温度改正：

$$\Delta D_t = D'(t - t_0)$$

倾斜改正（高差改正）：

$$\Delta D_h = -\frac{h^2}{2D'}$$

经过各项改正，可得地面上两点之间的水平距离为

$$D = D' + \Delta D_l + \Delta D_t + \Delta D_h$$

（30）坐标方位角的推算通式。

如果观测为左角，坐标方位角推算公式为：$\alpha_{前} = \alpha_{后} + \beta_{左} - 180°$。

如果观测为右角，坐标方位角推算公式为：$\alpha_{前} = \alpha_{后} - \beta_{右} + 180°$。

（31）坐标正算。

已知 A 点坐标、边长和坐标方位角，求 B 点坐标。

$$\begin{cases} \Delta x_{AB} = S_{AB} \cdot \cos\alpha_{AB} \\ \Delta y_{AB} = S_{AB} \cdot \sin\alpha_{AB} \end{cases}$$

则 B 点的坐标为

$$\begin{cases} x_B = x_A + \Delta x_{AB} \\ y_B = y_A + \Delta y_{AB} \end{cases}$$

（32）闭合导线内业计算。

①角度闭合差的计算与调整。

闭合导线中六边形 $B - P_1 - P_2 - P_3 - P_4 - P_5$ 内角和的理论值 $\sum\beta_{理} = (n-2) \times 180°$。由于测角误差，使得实测内角和 $\sum\beta_{测}$ 与理论值不符，其差称为角度闭合差，以 f_β 表示，即

$$f_\beta = \sum\beta_{测} - (n-2) \times 180°$$

其容许值 $f_{\beta容}$ 参考不同等级导线方位角闭合差容许值。当 $f_\beta \leqslant f_{\beta容}$ 时，可进行闭合差调整，将 f_β 以相反的符号平均分配到各观测角去。其角度改正数为

$$v_\beta = -\frac{f_\beta}{n}$$

当 f_β 不能被 n 整除时，则将余数均匀分配到若干较短边所夹角度的改正数中。角度改正数应满足改正后的角值为 $\sum v_\beta = -f_\beta$，此条件用于计算检核。

②计算改正后的角度。

$$\beta_i = \beta_i' + v_\beta$$

调整后的角值应进行检核，必须满足：$\sum\beta = (n-2) \times 180°$，否则表示计算有误。

③各边坐标方位角推算。

如果观测为左角，坐标方位角推算公式为：$\alpha_{前} = \alpha_{后} + \beta_{左} - 180°$。

如果观测为右角，坐标方位角推算公式为：$\alpha_{前} = \alpha_{后} - \beta_{右} + 180°$。

④各边坐标增量的计算。

根据各边长及其坐标方位角，即可按坐标正算公式计算出相邻导线点的坐标增量。

⑤导线坐标增量闭合差的计算和调整。

闭合导线纵横坐标增量的总和的理论值应等于零，即

$$\sum\Delta x_{理} = 0$$

$$\sum\Delta y_{理} = 0$$

由于量边误差和改正角值的残余误差，其计算的观测值 $\sum\Delta x_{测}$、$\sum\Delta y_{测}$ 不等于零，与理论值之差，称为坐标增量闭合差，即

$$\begin{cases} f_x = \sum\Delta x_{测} - \sum\Delta x_{理} = \sum\Delta x_{测} \\ f_y = \sum\Delta y_{测} - \sum\Delta y_{理} = \sum\Delta y_{测} \end{cases}$$

由于 f_x、f_y 的存在,使得导线不闭合而产生 f,称为导线全长闭合差,即

$$f = \sqrt{f_x^2 + f_y^2}$$

f 值与导线长短有关,通常以全长相对闭合差 k 来衡量导线的精度,即

$$k = \frac{f}{\sum D} = \frac{1}{\dfrac{\sum D}{f}}$$

$\sum D$ 为导线全长。当 k 在容许值范围内,可将以 f_x、f_y 相反符号按边长成正比分配到各增量中去,其改正数为

$$\begin{cases} v_{xi} = \left(-\dfrac{f_x}{\sum D}\right) \times D_i \\[3mm] v_{yi} = \left(-\dfrac{f_y}{\sum D}\right) \times D_i \end{cases}$$

⑥各边改正后的坐标增量计算。

按增量的取位要求,改正数凑整至厘米或毫米,凑整后的改正数总和必须与反号的增量闭合差相等。然后将相应的坐标增量计算值加改正数计算改正后的坐标增量。

$$\begin{cases} \Delta \bar{x}_i = \Delta x_i + v_{xi} \\[2mm] \Delta \bar{y}_i = \Delta y_i + v_{yi} \end{cases}$$

⑦导线点坐标计算。

根据起点坐标和各条边改正后的坐标增量,依次计算导线点坐标,并回到起点进行坐标检查。

(33)附合导线的计算。

附合导线计算与闭合导线计算基本相同,只是角度闭合差 $\sum \beta_{理}$、坐标增量闭合差 $\sum \Delta x_{理}$、$\sum \Delta y_{理}$ 三项不同。

①角度闭合差 f_β 中 $\sum \beta_{理}$ 的计算

$$f_\beta = \sum \beta_{测} - \sum \beta_{理}$$

当以左角计算时,$\sum \beta_{理} = \alpha_{终} - \alpha_{始} + n \cdot 180°$。当以右角计算时,$\sum \beta_{理} = \alpha_{始} - \alpha_{终} + n \cdot 180°$。

$$f_\beta = \sum \beta_{右}^{左} \pm (\alpha_{始} - \alpha_{终}) - n \cdot 180°$$

②附合导线坐标增量闭合差则

$$f_x = \sum \Delta x_{测} - \sum \Delta x_{理} = \sum \Delta x_{测} - (x_{终} - x_{始})$$

$$f_y = \sum \Delta y_{测} - \sum \Delta y_{理} = \sum \Delta y_{测} - (y_{终} - y_{始})$$

(34)三角高程测量原理。

将仪器架设在 A 点,观测 B 觇标的垂直角 α,并量取仪器高 i 和觇标高 v,A、B 之间的水平距离为 D

$$h_{AB} = D \cdot \tan\alpha + i - v$$

B 点的高程 H_B 为

$$H_B = H_A + D \cdot \tan\alpha + i - v$$

(35)前方交会。

已知点 A、B 的坐标分别为(x_A,y_A)和(x_B,y_B)，见附图4。在 A、B 两点设站，测出水平角 α 和 β，计算待定点 P 坐标。

$$\begin{cases} x_P = \dfrac{x_A\cot\beta+x_B\cot\alpha-y_A+y_B}{\cot\alpha+\cot\beta} \\[2mm] y_P = \dfrac{y_A\cot\beta+y_A\cot\alpha+x_A-x_B}{\cot\alpha+\cot\beta} \end{cases}$$

(36)后方交会。

从某一个待定点 P 上设站，观测三个已知点 A、B、C，得观测角 α、β 和 γ（见附图5），然后根据三个已知点 A、B、C 的坐标和观测角 α、β 和 γ，计算待定点 P 的坐标方法。

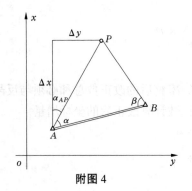

附图4　　　　　　　　　　　附图5

$$\begin{cases} x_P = \dfrac{P_A x_A+P_B x_B+P_C x_C}{P_A+P_B+P_C} \\[2mm] y_P = \dfrac{P_A y_A+P_B y_B+P_C y_C}{P_A+P_B+P_C} \end{cases}$$

$$P_A=\frac{1}{\cot\angle A-\cot\alpha};\ P_B=\frac{1}{\cot\angle B-\cot\beta};\ P_C=\frac{1}{\cot\angle C-\cot\gamma}$$

(37)测边交会。

①测边交会化为前方交会。

附图6中 A、B 两点为已知点，P 为待定点，a、b 为观测边，c 为已知边，可由 A、B 两已知点的坐标反算求得，则 AB 边长 c 为

$$c=\sqrt{(x_B-x_A)^2+(y_B-y_A)^2}$$

在 $\triangle ABP$ 中由于三条边的边长已知，可由余弦定理计算出 α 和 β，则有：

$$\begin{cases} \alpha=\arccos\left(\dfrac{c^2+b^2-a^2}{2bc}\right) \\[2mm] \beta=\arccos\left(\dfrac{c^2+a^2-b^2}{2ac}\right) \end{cases}$$

当求出 α 和 β 后，就可使用前方交会计算 P 点坐标（见附图7）。

②直接计算待定点坐标的公式。

$$\begin{cases} x_P = \dfrac{a_1 x_A + b_1 x_B - h(y_A - y_B)}{a_1 + b_1} \\[2mm] y_P = \dfrac{a_1 y_A + b_1 y_B + h(x_A - x_B)}{a_1 + b_1} \end{cases}$$

（38）比例尺精度。

$\delta = 0.1\ \text{mm} \cdot M, M$ 为地图比例尺分母。

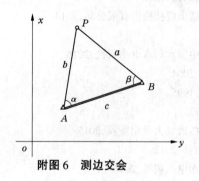

附图 6　测边交会

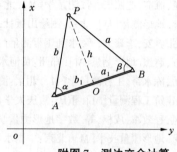

附图 7　测边交会计算

参考文献

[1] 顾晓烈,鲍峰,程效军.测量学[M].上海:同济大学出版社,1999.

[2] 许娅娅,锥应,沈照庆,等.测量学[M].北京:人民交通出版社股份有限公司,2014.

[3] 王晓春.地形测量[M].北京:测绘出版社,2010.

[4] 赵红,张养安,李聚方,等.水利工程测量[M].北京:中国水利水电出版社,2016.

[5] 李聚方,赵杰.地形测量[M].郑州:黄河水利出版社,2004.

[6] 李青岳,陈永奇.工程测量学[M].北京:测绘出版社,1995.

[7] 李辉.建筑工程测量[M].重庆:重庆大学出版社,2013.

[8] 潘正风,程效军,成枢,等.数字地形测量学[M].武汉:武汉大学出版社,2015.

[9] 牛志宏.地形测量技术[M].北京:中国水利水电出版社,2012.

[10] 张博,曹志勇,王芳.地形测量[M].北京:中国水利水电出版社,2016.

[11] 中华人民共和国国家质量监督检验检疫总局,中国国家标准化管理委员会.1:500 1:1 000 1:2 000 外业数字测图规程:GB/T 14912—2017[S].北京:中国标准出版社,2017.

[12] 中华人民共和国住房和城乡建设部.城市测量规范:GJJ/T 8—2011[S].北京:中国建筑工业出版社,2021.

[13] 靳祥升.水利工程测量[M].郑州:黄河水利出版社,2010.

[14] 中华人民共和国住房和城乡建设部.工程测量标准:GB 50026—2020[S].北京:中国计划出版社,2021.

[15] 焦建新,沈荣林,闫玮,等.全站仪测量导线中的错误分析和处理[J].南京工业大学学报,2007,29(4):98-100.

[16] 孙艳崇.导线测量边角错误的检查方法[J].科技展望,2015(7):147-148.

[17] 郭玉珍,朱恩利.测量数据处理及软件应用[M].郑州:黄河水利出版社,2012.

[18] 靳祥升.测量平差[M].郑州:黄河水利出版社,2010.

[19] 张慧慧.误差理论与测量平差实训[M].西安:西安交通大学出版社,2014.

[20] 武汉大学测绘学院测量平差学科组.误差理论与测量平差基础习题集[M].武汉:武汉大学出版社,2007.

[21] 辛星.测量数据处理[M].北京:科学出版社,2011.

[22] 潘正风,程效军,等.数字地形测量学[M].武汉:武汉大学出版社,2018.